U0261822

终南文化书院

中华文化传承学术丛书

思想在文学现场

韩 伟 著

中国社会科学出版社

图书在版编目(CIP)数据

思想在文学现场/韩伟著. —北京：中国社会科学出版社，2018.4
ISBN 978-7-5203-2205-8

Ⅰ.①思… Ⅱ.①韩… Ⅲ.①生态学—美学—研究
Ⅳ.①Q14-05

中国版本图书馆 CIP 数据核字(2018)第 053017 号

出版人 赵剑英
责任编辑 韩国茹
责任校对 张爱华
责任印制 张雪娇

出　　版 中国社会科学出版社
社　　址 北京鼓楼西大街甲 158 号
邮　　编 100720
网　　址 http：//www.csspw.cn
发行部 010-84083685
门市部 010-84029450
经　　销 新华书店及其他书店

印　　刷 北京君升印刷有限公司
装　　订 廊坊市广阳区广增装订厂
版　　次 2018 年 4 月第 1 版
印　　次 2018 年 4 月第 1 次印刷

开　　本 710×1000 1/16
印　　张 18.5
插　　页 2
字　　数 311 千字
定　　价 78.00 元

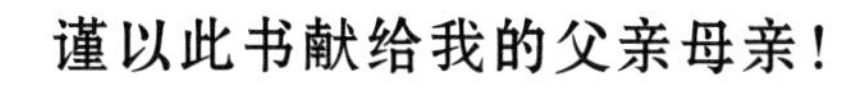

谨以此书献给我的父亲母亲！

目　　录

三 批评在文学现场

当代文学的时代诉求（代序）

一个时代有一个时代的文学。我们无法用古今中外经典文学的标准来衡量今天的文学。在今天，文学出版可谓空前的繁荣，每年出版的长篇小说大约3000部。如此庞大的长篇小说出版量，不尽人意之处在所难免。然而我们不能因为一部分作品，甚至是一大部分作品的差强人意就否定整个中国当代文学。当然我们研究者和文学批评者，也可以就当前文学存在的问题提出富有建设性的批评意见，这样才能有效地促进中国当代文学的发展。中国当代文学呼唤有生命力和免疫力的文学。真正的文学，是提供高端的精神果实，是充满信仰和爱意的，是温暖的文字，是开启心智和净化灵魂的，是具有免疫力的。苏童说："写作在某种意义上是作家自己的呼吸、血液的再现方式，这种体会通过写作体现出来，可以说，写作是一种自然的挥发。"这是一种有状态的写作，是一种作家与文学交织在一起的文学的释放。文学成为作家生命的自然流淌，作家的思想、情感、生命活力在文学中得以延宕、再生。

任何文学问题都源于现实问题，任何现实问题都蕴含着文学问题。文学反映现实，现实烛照文学。文学是时代的证言。文学就应该自觉地表达人类生存的困境，这种困境既来自于人类生命存在的"生存"问题，也来自于人类生命存在的"发展"问题。发展的极限追求冲击着人类生存的底线，人类在长期的历史发展积淀中形成的生存信念和发展理想受到了极大的挑战，尤其是新技术革命带来的"全球化"问题和"物化"问题。"全球化"一方面给人们提供了无边的背景和宏大的视野，另一方面也让人们备感渺小与虚无。"物化"问题直击人的精神和心灵，物成为衡量和评价人的有效尺度，物成为文学的表征世界。

文学也应该自觉地反映当代社会思潮，在人类自我意识的文化表达中推动社会的发展和进步。与传统社会重视"思想中的现实"大相径庭的是，当代社会以强调多元、相对与虚无的方式消解了传统的“绝对确定性”。相对主义与虚无主义构成当代人类所面对的深刻的文化危机。“英雄”谢幕与“神圣形象”的消解成为这个时代特征，如果从文化层面上来说，就是“大众文化的兴起”和“精英文化的失落”。“扁平化”“平面化”“媚俗化”“市场化”成为时代文化的主题词，文学也无可逃避地跌落到这个巨大的泥潭中。问题是，文学如何从这个时代的泥潭中跋涉出来，以一种理性的姿态来塑造和引导新的时代精神。李建军在谈到“中国当代小说最缺少什么”这个问题时，他给出的最重要的答案是“缺少真正意义上的人物形象，缺乏可爱、可信的人物形象”。李建军从文学性的角度来谈当代小说的缺失问题，是很有道理的。但笔者以为，文学社会责任问题同样值得重视。小说在传达文学意味的同时，也应该强化对“作为人类生活的当代意义的社会自我意识”的思考。文学社会责任是人们对于文学存在合理性的一种当然诉求，强调文学的社会责任和担当意识，其意义绝不仅限于文学领域，亦与社会主义道德体系建设、先进文化的发展、民族优良传统的弘扬以及“中国梦”的实现密切相关。

文学何为？怎么样的文学才是无愧于时代的伟大的文学？“伟大的艺术作品像风暴一般，涤荡我们的心灵，掀开感知之门，用巨大的改变力量，给我们的信念结构带来影响。我们试图记录伟大作品带来的冲击，重造自己受到震撼的信念居所。”中国当代文学的时代使命，应该包含这些命题。一、中国当代文学应该表达多元化的时代发展问题。作家对时代的感性直观与理性把握，是文学的应有之意。当然在对生活和生命的态度方面，文学必须摆脱“时代”和社会的束缚，必须超越阶级、性别、信仰以及族群的狭隘性，进而达到世界性和人类性的高度，否则，就很难成为具有普遍性和永恒性的经典作品，也很难对广大读者产生深刻而持久的影响。二、中国当代文学应该表达普遍的社会人生观、价值观。社会普遍的人生观、价值观是一个时代精神的缩微，从中可以窥视出时代发展的气息。三、中国当代文学应该表达中国人民崇尚和平的愿望。和平一直是中国人民最朴素最真诚的梦想。在中国文学的历史长河中，“和平”承载着太多的民族苦难和悲剧人生，尤其是积贫积弱的近代中国，更能说明问题。中国人民历来是向往和崇尚和平的，中国文学应该表达中国人民对和平的深刻领悟。四、中国当代文学应该表达“和谐中国”。和谐是一个人、一个家、一个民族、一个地区、一个国家，乃至世界发展的共同基础。没有和谐就谈不上发展与进步。文学是人类情感与精神的共同的场域，文学让我们心潮激荡，感慨系之。文学不仅仅要反映和表达时代精神，而且更为重要的是塑造和引领新的时代精神。五、中国当代文学应该表达“个人梦与中国梦”。无数个“个人梦”就汇集成了“中国梦”。“中国梦”又是我们“个人梦”得以实现和起航的“精神场”。中国当代文学有责任也有义务表达“个人”与“国家”。六、中国当代文学应该表达“党的时代旨意”。党带领我们摆脱了积贫积弱、任人宰割的历史，党也正带领着我们朝着伟大的“中国梦”阔步向前。我们的文学应该表达“党的时代旨意”，成为时代发展的助推剂。

总之，“文学何为”是我们文学创作者和研究者应该沉重思考的一个问题。文学永远也不会脱离它生成和反映的时代，文学的时代诉求是文学意义生成的重要内涵。文学反映时代，是时代发展演变轨迹的见证，是思想着的时代的镜像。

一　文学批评及其理论问题

媒体时代的文学批评

当代文化意识形态领域的开放性与多元化，使大众传媒的影响日益扩大，并在一定程度上左右着话语导向。文化产业的运作和发展也开始随着大众传媒影响力的渗透而自觉改变着自身的经营策略，媒体批评正是在这样一个思想理念不断更新的时代应运而生。媒体时代的文学批评作为一种新的批评样式，始于20世纪90年代，从其产生之初，便引发学界对其存在价值与意义的质疑，批评之声不绝于耳，但媒体批评是顺应信息社会快速发展而形成的一个新兴的批评类别，无论对其持否定意见还是肯定性的认可，都值得当下文学批评家关注并思考。文章试图对“媒体批评”进行学术性界定，并将其置于当下的文化语境中，对其价值作了深刻的思考。

一　何为“媒体批评”

媒体时代文学批评的出现打破了过去学院批评“一统天下”的格局，如今媒体批评异军突起，使文学批评由一元走向了多元，这不仅是对传统学理化批评的挑战，也对其自身发展与完善提出了更高要求。针对媒体批评的争论从未停歇，学界质疑的焦点主要集中在媒体批评所传递的思想内涵能否承担起文学批评的职责问题上。美国文艺理论家汤普森曾说过：“大众传播的技术媒介的发展，进一步拓宽了社会互动的空间和时间。大众传播媒介扩展了符号形式在时间和空间中的有效性，但它是以一种特定的方式来实现的，即它容许生产者和接受者之间存在着某种特别的中介性互动。”[①] 在大众传媒迅速扩张的时代，媒体批评正是作为沟通文学生产者与接受者之间的媒介而存在的，在当今有些浮躁的文坛中，文学批评自身亦面临诸多问题，媒体批评的介入不仅对文学产业的发展起到推波助澜的作用，更间接引发批评界对文学批评价值坚守与批评家责任问题的重新思考，为此不妨对媒体批评作简单的脉络梳理。

实际上，随着媒体刊发有关文学评论文字起，媒体批评就已经产生了。早在20世纪初法国著名批评家蒂博代在其《六说文学批评》中就将文学批评分为“自发的批评”“职业的批评”和“大师的批评”三种类型，虽未直接提出媒体批评的概念，但“自发的批评”从本质上看正是我们今天所谈论的“媒体批评”，当时蒂博代对其有多种命名，诸如“口头批评”“报纸批评”“专栏批评”“每日批评”“当日批评”“新闻记者的批评”“新闻式的批评”“沙龙批评”等，这些都是对媒体批评较早的提法。而在我国，这种“自发的批评”发轫于近代报刊兴起之时，清末民初报刊的迅速发展，无疑使所谓的“自发的批评”逐渐形成规模，由此可见，传播媒介的繁荣为媒体批评的诞生提供了丰厚的土壤。

当下学者对于媒体批评的争论主要是由媒体批评的自身性质所引发的，对“何为媒体批评”的论述，学界看法大致相仿。陈晓明认为：“媒体批评，主要是指发表在报纸杂志和互联网上的那些短小精悍的文学批评。”[②] 王一川更全面客观地评析了媒体批评的特点：“媒体批评是指各种大众传播媒体上经常出现的文学动态、名家轶事、公众议论等新闻、轶事与批评的杂糅形态。它多出于媒体的编辑、记者或那些‘职业写手’之手，往往专门投合普通公众的文学好奇心，竭力追新求异，成为数量最广大的普通市民读者的日常文学‘收视指南’或‘阅读导向’。它的直接目的很简单而又真实：保障并扩大媒体的收视率或发行量，并为此而竭尽全力。随着文艺娱乐版在媒体版面上的比重的增长和扩张，这种媒体批评实际上已经位居当前文学批评格局的‘中心’位置，对于公众变得愈益庞大和具有控制力，其直接体现媒体的追新求异特性和以保障收视率或发行量为目的的批评。媒体批评有时也援引吸收行业批评或学理批评，以便通

① 郑微波：《文艺批评与传媒时代互动》，《重庆师范学院学报》（哲学社会科学版）2002年第3期。

② 陈晓明：《聚焦“媒体批评”》，《光明日报》2001年5月16日（B02）。

过增加行业权威性或学术性而提升收视率或发行量。媒体批评力求顺应和制作普通市民的时尚趣味，它们不约而同地拒绝被认为带有学究气的学理阐释（当然有时也以此作为新作品的‘学理包装’）。读者阅读也往往听凭势如汪洋大海的媒体批评的强力指导，学理化的批评文字是不愿读或读不懂的。”① 媒体批评确实具备传统学院式批评所不具备的优势，它从公众的视角出发，关注当下文艺现象，以当前最炙手可热的作家作品为主要批评对象，文风通俗易懂、自由灵活，崇尚新闻性、时效性，其对现实的敏锐把握，以及极强的针对性和传播性都使传统文学批评望尘莫及，但淡化学理性、有时过于追求轰动效果的庸俗性评论，是制约媒体批评发展的病因之一。又如白烨所言：“媒体批评指的是报纸和时尚杂志中的很浅显的带有新闻报道性的那样一种批评，包括电视节目上有一些以批评为题目的谈话性的节目，也包括一些网络上的帖子和文章。媒体批评的特点总体上讲是浅俗，它表达的是新市民审美口味的表达与满足。所以媒体批评难以承担严格意义上的批评职能。”② 与白烨先生持相近观点的学者不在少数，可以说媒体批评产生至今，对其批评之声远大于褒扬之词，媒体批评确有自身学理性欠缺的不足，甚至有媚俗之风，这些都是媒体批评客观存在的硬伤，但学院式批评高高在上的姿态却在一定程度上凸显出媒体批评的“平民化”色彩。

置于当下文艺背景下来探讨媒体批评，不可避免地涉及批评话语转向的问题。不自觉地向现实与内心转向的心理诉求，使媒体批评作为一种批评样式，更贴近大众，尖锐犀利，敢于针砭时弊，形成了一个舆论自由表达的宽松话语场，“在上世纪 90 年代以后，媒体文艺舆论的话语权发生位移，明显地从学者专家那里转移到记者、编辑手中，批评方式也由‘文艺批评’变成以新闻消息、访谈、专栏文字为样式的媒体批评”③。所以说媒体批评的产生是文学批评在当下自然发展的结果，文化意识形态的转型与大众传媒的推波助澜，均为媒体批评成为当下最炙手可热的批评样式提供了保证。我们不妨将视线再次转向 20 世纪，从宏观入手了解媒体

① 王一川：《批评的理论化——当前学理批评的新趋势》，《文艺争鸣》2001 年第 2 期。

② 王山：《“网络批评、媒体批评与主流批评”研讨会述评》，《文艺报》2001 年 8 月 7 日（第 2 版）。

③ 熊唤军：《从文艺批评到媒体批评——对媒体文艺舆论话语权位移的观察》，《新闻前哨》2005 年第 10 期。

批评所涉范围和影响，“20 世纪 90 年代以来，随着社会主义市场经济体制的建立和大众传媒的繁荣发展，中国媒体文学批评蓬勃发展。在传媒与大众的共同策划下，中国的文学批评进入了一个众声喧哗的时代，呈现出前所未有的热潮，一个个专业化或非专业化的批评话题进入大众视野，批评文章层出不穷，争鸣之声此起彼伏。如今，不少报刊都开设有媒体文学批评的栏目，如《文学报》的‘新阅读’、‘新书坊’，《南方周末》的‘每月新作观止’，《中国青年报》的‘新书报道’、‘新作快说’等等。而互联网更像巴赫金所说的‘狂欢广场’，其开放性和民主性使大众有了充分的‘话语权’。在网络上，我们经常看到网民对当下的各种文学现象展开热烈交流。媒体文学批评借助大众传媒的广泛性、时效性和现代时尚的观念迅速向受众传播，对受众影响极大，几乎占据了文学批评的主流地位，成为不可忽视的文化现象”[①]。尤其是文化娱乐现象涉足文坛之后，使媒体批评逐渐占据批评阵地，大有成为主流批评形式之势，并进一步影响公众的文学兴趣与文化消费走向，“随着文艺娱乐版在各媒体版面上比重增长和扩张，这种媒体批评实际上已经位居文学批评的‘中心’位置，对于公众变得愈益庞大和具有控制力。这是九十年代以来新近获得急剧扩展的新的批评形态”[②]。90 年代至今，文学批评发生的这些变化，不禁引发我们对批评现状的重新思考。当前，大众传媒为我们提供了一个相对开放自由的话语场，媒体批评借助这个平台，以一种开放的姿态对文学作品和文学现象发表评论，同时一些文学批评专栏的开辟，更拓宽了媒体批评的受众面和影响力，媒体批评正不自觉地占据着主流批评的话语空间。

当下，我们对媒体批评的认识大多停留在怀疑与否定层面，虽然争鸣之声不绝于耳，但值得我们关注的是学者对媒体批评的质疑掩盖了缺乏对媒体批评研究的事实，一味地对媒体批评持否定意见，难免忽视对媒体批评存在的合理性的思考，“2000 年 3 月 18 日，《文汇报》登载了艾春的《传媒批评，一种新的批评话语》和洪兵的《期待健全的媒体批评》，这是学术界首次使用‘传媒批评’、‘媒体批评’的概念，它标志着社会开始关注媒体文学批评。洪兵认为，要建立健全媒体批评，必须要有一种审视媒体的目光，而对于公众而言，他们可能并不具备这样的判断基础。艾

---

① 唐洁璠：《媒体文学批评发展前瞻》，《梧州学院学报》2007 年第 2 期。

② 王一川：《批评的理论化——当前学理批评的新趋势》，《文艺争鸣》2001 年第 2 期。

春则更明确地指出，传媒批评作为大众文化的一翼，有着自身的运动方式与运动规律，而如何正面发挥它的社会批判能量，取决于知识分子在多大程度上参与其中的工作。但遗憾的是，目前学术界对媒体文学批评的研究是不够的，专门研究媒体文学批评的理论性文章很少。理论来源于实践又反过来指导实践，媒体文学批评需要专业批评家加强理论研究，为它的健康发展提供正确的理论指导，促使它由‘自发’状态进入‘自觉’状态。批评界有责任为媒体批评的合理化发展提供一个理论支持。”① 而这种学理性的支持，首先应该建立在对媒体批评肯定性接受的层面上，我们知道传媒与大众文化一起造就了媒体批评的繁荣局面，大众文化简而言之就是一种文化形态，它以大众传播媒介为载体，通过模式化、平面化、批量化、普适化的传播手段作用于大众的感官之上，公众通过这种类像化的传播媒介获取感性十足的文化讯息，可以说“媒介是我们感官的延伸，它可以使我们超越自己感官限制去看和听”②，媒体批评正是借助于大众文化与传播媒介的这些特点，建立起一个公众可以畅所欲言的立体化的批评交流平台。仔细分析不难发现，大众文化消费价值的提升，激发了整体文化消费能力的增长，媒体批评适时地抓住了公众对文化消费时尚化的推崇，集体式的消费狂欢为媒介文化的发展提供了先机。在消解文化的同时，文学批评传统的审美性与学理性亦在被消解，从而使媒体批评进一步完成了文学批评的消费化转向。在当今娱乐化、视觉化充斥文坛的现实背景下，文学批评也出现了主体泛化的现象，一些编辑、作家、记者甚至普通读者与网路写手都与专业批评家一起共同成为媒体批评的主体，使得文学批评自身也发生着转变，由过去专业化、精英化、权威化、学术化的特点转换为大众共同参与的平民化色彩浓厚的文学交流。主体与精英意识的泛化与转向，使当代的大众文化也适时地在这种新形势下确证自己的文化价值导向。因此，大众传媒无意于对文学深度进行挖掘，它更注重阅读的广泛性与评论效果的轰动性，以此牢牢抓住受众的兴趣点，这就很难避免某些娱乐成分和急功近利的评论。

当代大众文化的传播和发展释放了非意识形态化的日常情感神经，大众嬉戏在文化自由消费的舞台上，集体性的狂欢式畅所欲言，也是对当下

① 唐洁璠：《媒体文学批评发展前瞻》，《梧州学院学报》2007年第2期。

② 周宪：《中国当代审美文化研究》，北京大学出版社1997年版，第245页。

文化的一种自觉性关注与抒发。传媒志趣下的文学批评已逐渐跟随消费文化的导向转变了自身固有的批评话题。尽管文学批评依旧坚守并宣扬自己的精神路线，但文学批评已经被置于大众消费文化之下，与大众传媒相结合，使媒体批评的存在与发展顺理成章。另一方面也引发了消费语境下对媒体批评的质疑，其中一个具体例子是："媒体批评表面看是通过媒体对作家和作品进行批判和审视，而实际上是一种变相的炒作和软广告。媒体批评的通常做法是当一本新书出来之后，媒体首先与出版社联系，达成协议，再由出版社购买媒体版面，借助媒体一角向公众抛售新书，而媒体则召集一大批批评家和记者，展开对此书的讨论攻势，以此来获得媒体价值，既提高了此书的知名度，也赢得了巨大的经济效益。"[①] 媒体批评顾名思义就是要依靠大众传媒的运作，因此，媒体批评的话语指向与标准就以此为导向，对于媒体批评的指责也大抵源于此。

媒体批评面临一个文学与消费的界限问题，开放性的批评风格使文学批评家可以更多依靠媒介表达自己的感性想法，而如果过度地注重娱乐性消解，或者掺杂某些媚俗化成分，甚至为名利而著，那么媒体批评的前景将不容乐观，也势必会对媒体批评造成不良影响。因此无论文学批评样式经历怎样的更新，批评家的创作态度和职业道德始终是批评之本。

二　重识媒体批评的价值

在当代社会文化生活中，大众传媒与大众文化已经建立起一种相互共生的关系，尤其是自21世纪以来，大众传媒在文化生活中扮演着越来越重要的角色，对公众文化生活的影响日益加深，大众对文化方面的需求已经不自觉地在根据传媒的导向而进行取舍。"事实上，大众传媒在诞生之日起就已经开始了与大众文化的联姻，大众传媒也因受众的大众化而趋向'化大众'，以特别的方式迎合大众的口味。大众传媒与大众文化相互促进，相互发展，在相互的推波助澜中蔚为大观，成为20世纪最为壮观的

① 朱中原：《当代文学批评的五大症候》，《北京文学》2005年第10期。

文化景象。”[①] 大众传媒对文化产业的影响可谓无孔不入，文化产业也需要大众传媒的参与，传媒与文化的合作共生关系，不仅刺激了公众的文化支出，更使媒体批评扩大了自身的影响力。公众的文化消费在很大程度上受大众传媒所主导的媒体批评的影响，大众传媒从自身利益及发展角度出发，对当下流行的文艺现象或文学作品作考量，并通过媒体批评的宣传和影响，成为左右大众文化消费的“风向标”，有大众传媒参与的文化消费，已不单纯是对文化本身的解读，更是商品经济时代对文化消费的一次很好的商业运作。从传播学和接受美学的角度来看，“一旦大众传媒介入审美过程，会使审美活动在某种程度上被操纵。在读者正式接受文本之前，大众传播通过种种方式向读者传达关于文本的信息，这些信息都是经过精心选择和编排的，甚至有些完全是凭空捏造出来的，但由于大众传媒自身的权威性和大量复制、多层面的信息轰炸，因此它能潜移默化地影响读者，塑造他们的‘期待视野’”[②]。这就不免含有某种功利色彩，而媒体批评正是大众传媒利益获取的中介，不少批评家也正是基于此而对媒体批评持否定意见。然而，贴近日常生活的媒体批评毕竟是大众喜闻乐见的读本，媒体批评本身短小精悍、通俗易懂，又不乏犀利的笔锋与尖锐的批判精神，正好符合了公众的阅读要求，“感性化的传媒批评恰恰迎合了大众文化与消费主义的文化语境，依凭着现代传播媒介的文化权力和读者对感性之维、游牧文化的回归，占据评坛中心要津而张扬十足的话语霸权”[③]。由此媒体批评能够轻而易举地占据文化消费市场就不难理解了。它是从大众文化与消费主义的联姻中获利，同时二者又都需要借助媒体批评这一文学样式来加大自身的宣传力度，并直接影响公众的文化消费。可以说，大众传媒的影响力广泛席卷公众消费的各个领域，同时，民众对文化生活方面的需求又尤为突出。他们的着眼点主要集中在满足自身的感官享受上，并不在意文本所具有的学理性内涵，而传统的文学批评往往以一种高深的学术姿态，坚持纯理论化的学理性表达，这种过于专业化与理论化的学术风格对于普通读者而言，确实难以接受。而传统学院批评自身也进入了一个怪圈，他们的论述往往只是满足于学者的理解或者只限于自我理解，并

① 许文郁、朱元忠、许苗苗：《大众文化批评》，首都师范大学出版社 2002 年版，第 25 页。

② 祁林：《试论接受美学与传播学的互动关系》，《江苏社会科学》1997 年第 3 期。

③ 张邦卫、李文平：《“后批评时代”与传媒符码——兼论传媒文艺批评的感性之维》，《湘潭师范学院学报》（社会科学版）2005 年第 3 期。

不考虑公众的欣赏阅读水平，这不仅局限了传统文学批评的传播力度与学术影响，也使文学批评与公众的距离渐行渐远。相反，媒体批评相对通俗浅显的文风，能够紧跟当前文化消费市场的动态，更能为广大读者所接受并能使读者从中获取大量即时的文化信息与消费指南。在市场化、网络化全面覆盖的今天，媒体批评虽然面临着质疑与挑战，但它的影响力正逐渐取代传统学院式批评而成为公众关注的主要文艺形式和最炙手可热的批评样式。这有赖于当下大众传媒对文学批评的消解与重构，大众传媒想要营造的是全民娱乐化的文学盛宴，媒体批评恰恰作为带有娱乐狂欢色彩的文化自由交流的媒介，既彰显大众传媒主导公众文化生活的力度，又宣扬了媒体批评在当下的重要作用。

在多元文化意识形态的更迭变化中，掌握了当下文学批评的话语权就拥有了批评的主导地位。随着大众传媒的介入，使批评的话语权力被重新分配，媒体批评在其中的地位日渐突出。由于媒体批评的性质所致，其直接影响了读者在精神文化方面的消费需求，而文学实际上就是满足文化需要的主要精神消费品。媒体批评作为大众传媒与文化消费的文学中介，对其批评家的责任意识与学理性素养方面的要求就显得尤为重要，这也是引发传统学院批评家对媒体批评产生怀疑的问题所在。目前学界对媒体批评主要持以下三种观点："一是蔑视论，压根儿就看不起媒体批评，认为媒体批评是'对科学评论的挤压、蚕食，对民族文化心理和社会审美心理的冲击、侵害。'（肖云儒《质疑"传媒文艺评论"》，《文学报》，2000 年 12 月 7 日。）二是介入、改造论，主张'作为批评界也可以适当地介入传媒'（朱立元语）。'既要借助传媒，又要防止被传媒异化。'（陈伯海语）（《大众传媒时代的文学批评——上海部分文学批评家座谈会纪要》，《文学报》，1999 年 1 月 21 日。）三是结盟论，认为'文学和媒体批评……最好的共存方式是结成利益同盟，双方虽然各有自身的利益，但这种同盟也并不妨碍它们各取所需。'"① 批评界对媒体批评基本上是持批评意见的，媒体批评被当作异类当作他者，只在确定传统文艺批评的权力疆界时才有用；批评家们似乎在以训导者的口吻告诫世人，媒体批评不是文艺批评，真正的文艺批评应该是学院批评。批评家的意见有一定的道理，因为某些媒体批评的确扮演过不光彩的角色，但是我认为不妨换一个角度来看媒体

① 吴俊：《通识·偏见·媒体批评》，《文艺理论研究》2001 年第 4 期。

批评，或许对文艺批评更有益。[1] 的确，媒体批评面临一个如何将学理性与商业性相结合的挑战，就学术界对媒体批评的看法而言，主要涉及学院批评与媒体批评的批评角度问题。学院批评严谨的纯理论化专业高度，使媒体批评自惭形秽，作为媒体批评，其篇幅短小、疏于学理性的表达，固然是其硬伤，但从另一方面来看，媒体批评的优势也正在于此。它在一定程度上消解了纯理论性批评晦涩难懂、篇幅庸常的弊端，扩大了读者群，使批评不再只限于专家学者之间的争鸣。这种淡化学术性，降低批评门槛的媒体批评读本，更易于读者接受，也在某种程度上为文学批评的发展拓宽了视阈与影响。当然，媒体批评成也于此败也于此，如果过分忽视批评的学理性原则，只一味追求销量和名气，媒体批评无疑是自毁前程。实际上，无论是所谓的主流批评还是传统的学院式批评，与媒体批评并非矛盾对立关系，"'主流批评'和'媒体批评'在发展的过程中都对'学院批评'的理论品格有所借鉴，而在'市场化'转型过程中，'主流批评'和'学院批评'也都不同程度地表现出'媒体化'的倾向"[2]。我们可以明显看到，各种批评形式之间相互共生、互相影响的现实。以学理性著称的传统学院式批评不能将媒体批评拒斥千里，在焦虑与不安的心理下纷纷质疑甚至以激烈言辞声讨媒体批评，也有辱文学批评畅所欲言，各抒己见的学术原则。由于批评角度与性质上的差异，我们不能拿学院批评的职能来衡量媒体批评的价值。媒体批评的领域涉及大众文化的方方面面，它早已打破文学艺术的界限，是在不违背文艺创作原则的前提下对文本价值予以基本判断的一种雅俗共享的批评样式，其集新闻性、可读性、时效性于一身，并有效指导读者的文艺消费，这些都是媒体批评值得肯定的优势。"媒体批评虽然不具有专业批评那样严整的学理性，但却具有从众性，极具捕获力和煽惑力。有人曾经说过：一篇由新闻记者速成的消息或报道（更不用说稍许下功夫的文章了），远胜于由批评家苦心经营的批评文章——这并非夸张。"[3] 可见，批评家苦心经营的批评文章，并非胜过新闻记者速写而成的所谓文学报道，这正体现了媒体的特点，也说明媒体批评在商品社会中天然拥有的高于传统批评的优势。因此，对媒体批评价值

① 张春林：《传媒语境中文艺批评的话语反思》，《文艺评论》2002 年第 6 期。

② 邵燕君：《倾斜的文学场——当代文学生产机制的市场化转型》，江苏人民出版社 2003 年版，第 240 页。

③ 陈骏涛：《对 90 年代文学批评的一种描述》，《东方文化》2001 年第 1 期。

的衡量，若以学院式理论批评为标准并上升为学科建设的高度，确实对媒体批评未免苛求过度。

作为两种截然不同的文学批评样式，各自都面临如何使批评更有效地指导文学阅读，并在更大程度上满足我们的精神文化需求的问题。对于传统文学批评而言，文学批评价值的降低与批评家责任意识的缺失是不可回避的现实问题，“比之蓬勃发展的文艺创作，文艺评论无论在力度上，在人才的聚集上都显得不足。评论著作出版困难，评论队伍不断走失，更使得文艺评论在进入90年代日益产生危机感。人们不满评论界的‘疲软’和‘失语’，感到评论著作太少”①。同时，“20世纪90年代文艺批评陷入了困境之时，恰好是媒体批评兴起并渐露峥嵘之日。不少批评家认为媒体惹了批评的祸，于是展开了对媒体批评的猛烈抨击，以图拯救文艺批评于危难。然而，媒体批评依然势头强劲，学院批评也未见东山再起。在我看来，说媒体惹了文艺批评的祸，不过是一种幻象；学院批评与媒体批评之间的相互责骂，不过是一种权力游戏，对拯救文艺批评于事无补”②。透过20世纪90年代以来文学评论著作数量上的减少和学理性的缺失，反映出传统学院批评对理论深度的要求与受众阅读范围方面的矛盾。如果一味指责是媒体批评异化了传统批评模式，难免有失公允，而进入21世纪批评家责任意识的缺失也使我们重新审视文学批评自身出现的这些异化症候。相对而言，在市场化运作的商业背景下，媒体批评也面临一个如何将艺术性与商业性相结合的问题，一方面媒体批评趋于通俗化与大众性的轻松阅读，使其难免疏于学理化要求而逐渐具有泛文化的倾向；另一方面大众享有参与文学批评的权利，具备一定知识水平的普通民众，完全可以在媒体的广阔平台上各抒己见，媒体批评提供的高度开放自由的抒写空间也使写手真正体验到创作的自由，不禁激发其创作欲望，尤其是网络上各种文化讨论与争鸣，进一步扩大了媒体批评的影响。同时，在一定程度上使曾经让人望而却步、高高在上的文学批评似乎走下了神坛，这固然为公众提供了对文学批评再认识的机会，但我们也应该清醒认识到过度的市场化操作会使媒体批评偏离纯粹的审美原则，造成批评美感的缺失，亦更加突显自身学理性不足的弊端。面对传统学院式批评家的质疑，媒体批评亟待

① 张炯：《序言》，载白烨《观潮手记》，河北教育出版社1998年版，第3页。

② 张春林：《传媒语境中文艺批评的话语反思》，《文艺评论》2002年第6期。

弥补批评文字过于肤浅与随意性的不足，提高精英意识与审美品位，乃至上升为对人文精神的关注。

在当下社会意识形态发生转型的时期，大众传媒扮演了一个重要角色，其稳居社会生活中心，并依靠自身传播速度快、内容驳杂的特殊性，不断扩大受众群，使文学批评的范围超出了传统的批评模式，这不禁对载于媒体之上的文学批评的自律性提出了更高要求。批评家是出于自身的研究心得与职业操守而著书立说，然后发表于刊物之上或结集成书，进而投放市场并接受检验，而某些媒体批评的运作方式是：先制造噱头或者热点，引起公众广泛关注，再由发行方制造话题，最后才轮到批评家登场。这显然有悖于文学批评的创作原则，本末倒置的批评模式对文学而言毫无意义，而过于商业化的广告式媒体批评更是对文学批评本真意义的违背。商业行为介入媒体批评导致的批评失真，遮蔽了媒体批评真实的意识形态诉求，媒体批评应该发挥自身观点新颖、言简意赅的特点，借助当下开放性的文化交流平台，提升批评的文学性与思想性，使媒体批评得到良性发展。学院式批评家也不妨借助这个平台，将严谨治学精神与专业化的批评文字融入时效性极强的媒体批评中，彰显其权威性与深厚的学术底蕴。在多元化的媒体格局中，媒体批评与学院批评完全可以相互借鉴、融合，不仅能够重新审视文学批评的定位，更有助于重新确证媒体批评的价值。

中国社会全面走向市场化，体现在精神文化领域内的媒体批评的影响力逐渐胜过传统学院式批评，这是文学批评顺应文化产业发展而自然发生的一个非主观性的变化趋势。媒体批评的存在有其合理性，虽然较之学院式批评，缺乏丰富的学理内涵和专业水平，但媒体批评在人们日常文化生活和精神消费方面的作用和影响不容小觑，俨然已成为主要的文化消费风向标，《人民日报》于2005年1月20日刊发的《为“媒体批评”辨言》，可以说从官方角度客观肯定了媒体批评对于文艺作品广为流布与传播的功用。媒体批评存在的问题并不能等同于媒体批评本身，绝不能据此作为一概否定媒体批评的理由。媒体批评的蓬勃发展，不仅给传统批评带来了强烈冲击，也为传统批评重识自我价值提供了很好的反思机会。传统批评如何在社会转型期走出困境，如何肩负起自身的使命和强烈的道德责任，都是批评家必须面对并试图解决的重要问题。

真正的媒体批评为我们呈现的是一种基于学理性精神之上又超越理性的感性享受，是将我们带入纯文学层面的心灵净化，“它穿越了理性的屏障，迎合了受众的文化消费心理，唤醒了受众内心深处的‘酒神意识’，以‘感性狂欢’的形式释放着摇曳多姿的魅力”[①]。阅读者沉浸在媒体批评读本中获得的是至上的感官享受与视觉冲击，这是对媒体批评价值的诠释与肯定。

三 媒体批评的现代诉求

当今时代，文化信息大量充斥着日常生活的各个方面，人们的思想观念也随之发生改变。较之以往，由主流文化意识形态主导文化市场的局面已经一去不复返，取而代之的是多元时代主题下人们对文化的多视角消解而形成的一种自由文化的多元状态，著名学者陈思和将其概括为一种“无名”状态，“在比较稳定、开放、多元的社会环境里，人们的精神生活日益丰富，那种重大而统一的时代主题已经无法拢住整个时代的精神走向，于是价值多元、共生共存的状态就会出现。文化思潮和观念只能反映时代的一部分主题，却不能达到一种共名的状态，这种文化状态称为‘无名’”[②]。传统的价值观念在这种所谓“无名”状态下，已经失去了光环，其权威的价值指向作用正逐渐被多元文化的价值诉求所取代，正如孟繁华所言：“人们迅速抛弃了所有的传统，整合社会思想的中心价值观念不再有支配性，偶像失去了光环，权威失去了威严。在市场经济中解放了的‘众神’迎来了狂欢的时代。”[③] 人们对于传统文化心理的释放，使带有娱乐性、休闲性的大众文化占据着文化生活的中心，“鲜有政治色彩的、集中突出娱乐功能的文化乘虚而入，谁也不会想到，大众文化是在这样的时机以出其不意的方式迅速而全面地占领了文化市场”[④]。多元境域下的大众传媒正是大众文化迅速占据文化市场的重要手段，“传媒的多样性使

---

① 张邦卫、李文平：《“后批评时代”与传媒符码——兼论传媒文艺批评的感性之维》，《湘潭师范学院学报》（社会科学版）2005 年第 3 期。

② 陈思和：《中国当代文学关键词十讲》，复旦大学出版社 2002 年版，第 188 页。

③ 孟繁华：《众神狂欢——当代中国的文化冲突问题》，今日中国出版社 1997 年版，第 13 页。

④ 孟繁华：《众神狂欢——世纪之交的中国文化现象》，中央编译出版社 2003 年版，第 5 页。

文化多元主义的格局成为可能"[①]，大众文化依靠传媒的力量迅速占据人们日常文化消费的中心，由文化理念的更替到消费观念的转变，大众文化完成了自身的文化建构，"大众文化在直接而迅速地反映不断变动着的群众兴趣和时代情绪、捕捉新的生活现象和适应新的审美趋向等方面，具有主流文化和精英文化不可比拟的优势"[②]。这种影响波及文学批评领域，正是媒体批评兴盛的原因。媒体批评是学院批评在媒体领域内的延伸与改变，在大众传媒影响下深受自由文化熏陶的媒体批评已经脱离了固有的批评样态，"从纯审美到泛审美，精英到大众，一体化到分流互渗，悲剧性到喜剧性，单语独白到杂语喧哗"[③]。媒体批评的视角已经延伸到文化生活的方方面面，有的学者指出，这种貌似繁荣的媒体批评已经失去了文学批评的原貌，是异化的另类批评。其实，将大众传媒影响下的媒体批评与传统的学院批评相提并论，本身就存在是否具有可比性的质疑，这就如同"将学者文化与大众传媒文化进行对照并将他们从价值上对立起来，这种做法是毫无用处且荒诞不经的"[④]。用传统学院批评的标准来匡正媒体批评的价值以及对其存在合理性提出质疑，这显然违背批评家惯常的评论方式。实际上，学院批评与媒体批评的关系不能简单地用对立矛盾来概括，"学院批评与媒体批评之间既有分工，更应该有协作。一方面，媒体批评需要学院派批评家的学理支持和权威性，以提高媒体批评的文化档次和可信度；另一方面，学院批评也需要媒体的传播渠道，以扩大学院批评的受众面和影响力"[⑤]。这是我们所希望看到的学院批评与媒体批评互相借鉴、共存的状态，而不是相互排挤和对立。学院批评深厚的学术功底和严谨的治学精神是媒体批评所欠缺的，媒体批评贴近生活，言简意赅的特点也值得学院批评借鉴。此外，文学批评本身就是一个刺激文化消费的特殊精神文化产品，在文化交流过程中，要考虑到大众对文化的接受心理。在当今信息社会快速发展之下，媒体批评有效地成为沟通文学批评与文化消费的桥梁，它在大众传播媒介的作用下，对当下日常文化生活的引导作用是学

① 孟繁华：《传媒与文化领导权》，山东教育出版社2003年版，第250页。

② 许士密：《论大众文化的人文提升》，《理论导刊》2005年第5期。

③ 王一川：《从启蒙到沟通——90年代审美文化与人文精神转化论纲》，《文艺争鸣》1994年第5期。

④ ［法］让·波德里亚：《消费社会》，刘成富、全志钢译，南京大学出版社2001年版，第107页。

⑤ 张春林：《传媒语境中文艺批评的话语反思》，《文艺评论》2002年第6期。

院批评所望尘莫及的，“媒体批评的现象是越来越普遍了，它的势力越来越大，文学和社会的影响也越来越广泛。这既是所谓媒体时代的社会必然现象，同时也恐怕是全体社会的正常需求。”① 在大势所趋的文化常态运作下，加之大众传媒的深远影响，媒体批评大众化与平民化的色彩将更加突出。人们已经习惯通过媒体批评来阅读当下流行的文艺现象和文学动态，对作家作品的实时浏览也通过媒体批评来完成。无论怎样，在大众传媒与文化消费主导的文化氛围下，人们已经接受了新的文学批评传播模式，即媒体批评，这也是文学批评顺应当下社会变化而进行的一种有益尝试。

大众传媒的出现颠覆了之前简单的传播模式，打破了传统思维状态下积淀的厚重理论框架，改变了以往深沉的学术风格。媒体批评更加适应大众传媒的运作特点，其有效的传播方式增强了批评的时效性，并依靠媒体的传播力度，进一步扩大了文艺批评的受众面与影响力。事实上，在传播模式的更新中具有内在活力的批评更能发挥效应。在大众传媒的运作下，文学和媒体批评的创作正逐渐被大众传媒所模式化，“‘写作/批评’成了大众传媒制度体系中的一个具体事件——这个事件的发生与结束，都不再由写作者自己来决定，而通过传媒和传媒的运作来加以操纵。这就是我们今天经常发现的：在大多数时候，写作者是根据传媒需要来确定自己写什么或不写什么；而写作过程同样脱离了写作者对于文学性的深刻把握，转向对于传媒技术的适应”②。我们不能一概否定大众传媒对文学创作与媒体批评的影响，在媒体平台上最大的受益者可以说是文学作品。当下文化产业已经市场化，在市场经济调控运作下，通过媒体批评的推波助澜，文学作品不仅提高了知名度与印刷量，繁荣了文学市场，更为文学批评注入了活力，但随之而来的不和谐之声却冲击着每位批评家的道德底线。因为有太多粗制滥造、名不副实的作品流入文学市场，而批评家为了某些不齿的金钱勾当或者朋友交情，歪曲文学事实，已违背文学的纯洁性和文学批评的公正性。对于广大读者而言，严谨、科学、客观、学理性的批评才是真正有价值的读本，这一点无论对学院批评还是媒体批评而言，都至关重要。然而，从本质上来说，“实际上，当代文学乃至于当代文化的贫乏性

① 吴俊：《通识·偏见·媒体批评》，《文艺理论研究》2001 年第 4 期。
② 王德胜：《媒介变化·大众文化·文学批评》，《民族艺术研究》2003 年第 4 期。

是更为致命的问题，这需要文学批评保持理论和艺术的敏感性，去阐发那些有创新可能的新生事物，以此来打开有限的思想自由的天地。真正的自由体现在思想空间的拓展、认知方式的多样性、精神胸怀之宽广辽阔”①。这是对文学批评，尤其是对当下盛行的媒体批评精神层面的要求。现代社会对传统思维方式的不断更新，不能取代文学业已存在的固有价值体系，媒体批评始终是文学批评的一种样态，不能脱离批评而存在。文学批评可以借助传媒的力量扩大受众面，并根据媒体的导向，取舍批评话题，使批评不再高高在上、遥不可及，而能为普通读者所接受。同时，媒体也从文学批评的繁荣中获益，重要的是文学批评不能成为媒体借以炒作的工具，也不能为了追求名利效应而失去文学批评自身主体精神。

无论时代如何发展，批评都是一种立足文本的个性化体验活动，批评家不是停留在对文本所表现的个人化生存经验的复述与再现上，而是要从自身对文本的独特体验出发，发掘文本潜藏的深刻寓意。批评家的这种独特感性认识，不仅对传统学院式批评来说至关重要，对媒体批评更是如此。尤其在媒体竞争如此激烈的文化市场上，是否集可读性与理论化于一身是批评能否长期良性发展的关键，“媒体竞争的深化必然给媒体批评与学院批评的协作和学院派批评家介入媒体批评提供广阔的前景……文艺批评的深度和厚度，完全有可能成为下一轮媒体竞争的据点”②。随着大众传媒与文化消费的不断发展和完善，大众传媒与理论批评界要共同面对以何种心态与方式来使媒体批评成为一种合理化的精神文化象征，而不是将媒体批评仅仅停留在文化消费方面，或是一味地对其持有批判、否定态度，是要更多地将视线转向如何完善媒体批评，弥补媒体批评自身学理化不足的缺陷，提升媒体批评的品质。这不仅是对大众传媒影响下文化消费档次的提升，更为文学批评在21世纪如何担负起批评职责和维护学科价值提供了很好的思考角度。

① 陈晓明：《媒体批评：骂你没商量》，《南方文坛》2001年第3期。

② 张春林：《传媒语境中文艺批评的话语反思》，《文艺研究》2002年第6期。

文学批评的价值坚守与批评家的责任意识

毋庸置疑，21 世纪以来的文学批评确有值得反思之处。在批评日趋多元化的背景下，人们依然很难摆脱二元对立的思维模式。诚如有的学者所言："其实迄今为止关于当代文学批评的文本，绝大部分都是从意识形态的意义谱系里归结批评的主题与意义，从既定的文化秩序来描述批评家的位置。当代的批评权威完全是以其政治附加值来强化其文化资本，因而当代批评确实是意识形态次一等级的指意系统。"① 为此，本文拟从三方面入手对当下文学批评存在的问题作一番梳理和阐释。

一　文学批评的价值坚守

当下文学批评正处在一个空前的文学繁盛期，"百家争鸣"的学术氛围更为批评提供了相对自由独立的话语场。作为文学批评，其宗旨始终是"为读者的批评"，是文学的捍卫者和守护者，立足作品之上的纯文学批评文本是规范、健全文学市场的关键所在，由此，文学批评对文学的匡正意义远大于其批评文本本身的意义。然而，"批评的多元化和现实社会的干预性淡化了纯文学的研究倾向，'媒体批评'、'文化批评'、'民谣批评'、'快餐批评'彻底解构了以往文学批评文本的学究气息和宏大模式，批评话题和话语具有泛文化的特点和社会政治针对性，如'人文精神'、'精英意识'、'跨文化'、'异质性'、'失语症'、'知识分子立场'、'民

① 陈晓明：《批评的旷野》，花城出版社 2006 年版，第 58 页。

间化’等问题都有社会批判、道德批判、审美批判和政治批判相互渗透交叉的学术倾向”①。在信息传播的高速覆盖性和巨大影响力之下，传统的文学批评正面临着来自其他批评样式的冲击，但无论如何对文学批评价值的坚守，是批评家的创作前提和坚持纯文本批评的意义所在。

无论批评形式发生多大变化，对文本的质疑精神，合理客观的批评态度，强烈的批判意识以及对文学批评价值的坚守，都是批评家从事文学批评不可或缺的职业素养。当代文学批评的现实环境是学理性正逐渐淡化，一些大众化批评文本正悄然成为文学批评市场的新的增长点，较之以往被束之高阁的“学院式”批评，现在出现的这种泛文化批评样态确实给传统文学批评以冲击，但一些新兴的批评形式自身仍存在一定问题，比如为了迎合公众的娱乐化需要而将作品庸俗化处理，掺杂不少戏说甚至恶搞成分。当下批评界产生的这些现象，一方面说明批评家与文学批评环境正逐渐摆脱政治意识形态的束缚，以一种相对自由的姿态参与文学对话；另一方面却对批评家自身素质提出了更高要求，目前有些批评家缺乏自觉性地落入商业陷阱中，以违背批评良知的著述赚取知名度和经济利益，这是文学批评的悲哀。我们有理由对文学批评的精神规范“温故知新”：“文学批评是一种发现问题并依据事实分析问题的创造性活动。它强调批评者的批评立场要真实、客观、公正，行文要持之有故、言之成理、言之有物、言简意赅。”② 批评家应该始终坚守从事文学批评固有的独立精神和客观立场，扬弃偏执的“主观主义”批评观念，以严谨的文风，坦诚的质疑精神，甚至苛求的态度，对文本进行深层次的再创造，而不是一味满足于表面浮夸或贬损的低档次创作。

文学批评呈现给读者的是文学感官上的享受与精神上的指导，在此基础上强调坚守，批评才更有价值。真正的批评文本是能够展现作者翔实的业务功底和崇高的批评精神，字里行间激发读者与之产生共鸣乃至思想上的碰撞，于阅读之余，读者真正能够体验到一次纯粹心灵上的愉悦与振动，我们所说的批评精神大抵于此，“真正的批评精神是什么？就是求真务实的科学态度，就是弘扬真善美、鞭挞假恶丑的鲜明立场，就是向时代

---

① 黎风：《批评的多元化与“文化诗学”》，《四川师范大学学报》（社会科学版）2003年第5期。

② 李建军：《反对“广告式批评”》，《求是》2006年第2期。

和人民高度负责的精神。这种批评精神拒绝温文尔雅，拒绝不偏不倚，拒绝四平八稳，拒绝跟风趋时，拒绝随便妥协，更拒绝为金钱所收买而违心地阿谀奉承。”① 这是对批评精神的有力诠释，也是对文学批评价值坚守的具体要求。的确，文学批评就是要维护文学的纯洁性，文学带给我们一种精神上的享受，一种关于爱、尊严、崇高、无私的人文净化，而文学批评作为文学的守护者，就应该站在人道的立场上，以一种纯粹的文学姿态给予文学以客观翔实的评价。然而今天我们所面对的文化现状是，文学已掺杂了某些尴尬的利益关系，已经不再那么纯粹，而当下文学批评亦面临失语的困境。再反观近年来对文化批评领域内批评话题的关注，出现了一些激烈的争鸣景象与随之而来的异化现象，“审视近年来的主要文学（或文化）批评的话题，诸如‘人文精神’的讨论、‘两张’与‘两王’之争、余秋雨现象、‘《马桥词典》’风波、文化人是否应该常上电视、王朔叫板金庸、明星写传记、‘半张脸’的神话等等。随着这些文学批评话题谈论的展开，相当部分话题也逐渐失去原来话题的初衷。相当部分论者只是以此批评话题为由头，借机‘作秀’，大量煽情，标新立异，哗众取宠，借机抬杠，任意褒贬作家作品，以期成为‘学术明星’，或炒作他人为目的，获取文学之外的‘轰动效应’。于是，批评话题成为一个‘你方唱罢我登场’的公共表演场所，煞是热闹。更有甚者，由于讨论各方缺乏应有的批评学理，而成为批评的悍斗，导致有的批评话题也由于失去兴趣的听众离席而自然终结，很少再有人就这些原本具有文学意义的话题展开深入探讨和研究”②。由此可见，文坛上“争奇斗艳”的繁荣景象背后，蕴藏着一种“文化虚热”的泡沫式样态，为某种利益驱使所著的异化文本的影响力大有盖过纯文学意义上的批评文本之势，可以说文学批评的价值正在减弱，一些真正具有文学意义的话题在人们的一片文化争鸣中正逐渐被冷落。当然不可否认文坛上仍活跃着一批青年批评家，他们个性鲜明，锋芒毕露，站在坚定的学理性立场上，坦诚直面文本，以理性的视角直陈己见，彰显严谨的学术态度和独立的批评精神，这种对文学孜孜不倦的深切体悟，是对批评价值的强有力坚持与守护。

可以说，批评家强烈的批判意识与坚定的职业操守，是文学批评价值

① 李建军：《反对“广告式批评”》，《求是》2006 年第 2 期。

② 景秀明：《近年来文学批评的几种不良倾向》，《文艺评论》2000 年第 6 期。

坚守的必要前提，也是批评之本，更是维护文学纯洁性的一道屏障，如果批评有失偏颇，那么这道屏障的作用就会大大减弱。而当今文坛出现的种种失实判断，正在消解文学批评的固有属性，正如谢有顺所言：“批评作为一种判断，在当代批评的实践中，往往面临着两个陷阱：一是批评家没有判断，或者说批评家没有自己的批评立场。这种状况在当代批评中非常普遍。许多的批评家，可以对一部作品进行长篇大论，旁征博引，但他惟独在这部作品是好是坏、是平庸还是独创这样一些基本问题上语焉不详，他拒绝下判断，批评对他来说，更多的只是自言自语式的滔滔不绝，并不触及作品本质。这是一种最为安全的批评，既不会得罪作者，又不会使自己露怯，但同时它也是一种最为平庸的批评，因为批评家失去了判断的自信和能力。这种批评的特点是晦涩、含混、在语言上绕圈子，它与批评家最可贵的艺术直觉、思想穿透力和做出判断的勇气等品质无关。这样的批评有什么用呢？一个批评家，如果不敢在第一时间作出判断，如果不能在新的艺术还处于萌芽状态时就发现它，并对它进行理论上的恰当定位，那他的劳动就不可能得到足够的尊重，他的价值也值得怀疑；二是在判断这个意思的理解上，一些批评家把它夸大和扭曲了，使得它不再是美学判断和精神判断，而是有点法律意义上的宣判意味，甚至有的时候还把它当作‘定罪’的同义词来使用。比起前者的拒绝判断，这属于一种过度判断，走向另一极端。这样的例子并不鲜见。批评界很多专断、粗暴、横扫一切、大批判式的语言暴力，均是这方面的典范。美学判断一旦演变成了严厉的道德审判，我想，那还不如不要判断——因为它大大超出了文学批评的范畴。”[①] 文学批评是建立在说真话讲真话基础上的一种判断，它并不是简单意义上的对错之分，而是要求批评家站在理性客观的学理化立场上，从文学作品入手，对其作出一种上升到理论化高度的审美价值层面的深入探索与表达，因此失去判断或者有违本意的失真判断，对文学作品与作家而言都是莫大的伤害，更是文学批评自身的倒退。

作为文学的守护者，文学批评在精神层面上的价值与意义远大于文本表层的含义。从事文学批评，经历的是一次与作者的心灵对话，是对文本解读之后的再创造，是为读者提供的一个建设性的并具有指导意义的参阅读本，优秀的批评文字会带给读者一种精神洗礼。因此，文学批评是有效

① 谢有顺：《批评的野心》，《南方文坛》2001 年第 4 期。

沟通作者与读者的重要媒介，文学批评价值坚守的意义自不言而喻。

二 批评家的责任意识

批评家是文学的守护者也是文学的清道夫，当下文学批评的失语现状，使批评家的责任意识尤其受到关注。面对文学出现的“虚化”繁荣景象，批评家以何种标准针砭时弊是对当下批评家职业操守的考量，也是对文学批评价值的确证。批评家的精神气质主要体现在道德上的严格自律，对于一个真正的批评家来说：“重要的是要保持道德上的一贯，而不是思想上的一贯。”① 事实上，批评家所要做的就是站在公正、严谨、客观、科学的立场上对文本做出真实的评价，并有勇气表达自己的独立见解，提出具有建设性和指导意义的观点，这才是批评家精神气质的展现，正如法国著名文学评论家蒂博代所言：“一个批评家是以自己的气质，以自己在文学、政治和宗教上的好恶来判断同代人的，他尽可能地把这些变为一种权威的方式。”② 社会文化意识形态赋予批评家特有的批判权利，这就对批评家的职业素养提出了更高要求，而批评家的责任意识是其中最基本也是最重要的修养，一方面它表现在对文学出现的某些异化现象的指正或是言辞激烈的批评上，这种从纯文学角度出发，对文学负责的态度正是我们所需要的批评精神，也是对文学批评价值的有力肯定；另一方面，批评家又以一种文学守护者的姿态引导读者进行一种良性阅读，可以说扮演了一个精神层面的阅读引导者的角色。因而，作家和读者都能从批评家的责任意识中感受到文学批评的价值和意义。

批评家责任意识的淡薄与否，具体体现在批评文本的公正性上，批评家的主体价值和审美诉求最终是通过文本进行传达。透过批评文字我们可以考量批评家是否以一种全面、翔实、负责的理性态度记录内心的真实感受，是否立足文本，通过坦诚的质疑真正发挥文学批评的作用，这也是批

---

① 李建军：《真正的批评及我们需要的批评家》，《南方文坛》2002 年第 2 期。

② ［法］蒂博代：《六说文学批评》，赵坚译，生活·读书·新知三联书店 2002 年版，第 70 页。

评家所应具备的最基本的文学素养，“一个真正意义上的批评家，他所存在的惟一理由和意义，就是对一切文本表达自己真实的看法，而不是在某种温情脉脉的关系中玩弄着模棱两可的话语游戏。批评的有效性，就是建立在批评家自身独特的审美发现以及对这种发现的真实表达中，就是要让批评回归到批评家自身的内心本质中，全面、真实、不留余地地发出自己灵魂深处的声音。”[①] 批评源于批评家个性的张扬与心声的真诚流露，针砭时弊，大胆发出自己的质疑之声，摒弃一些非学术上的利益沾染，完全以一个批评家对文学负责的态度评论作品，这是我们真正需要的批评精神。“评论家献出生命，选择了评论。因此，评论远不是描述阐释、判断。更重要的是，评论显现文学评论家的主体价值。……当一个评论者用泪水，也借墨水写作的时候，你是很简单地用墨水制服他的。”[②] 这种批评的责任意识已经内化为批评家自身的文学气质，它超出了普通批评文本的基本内涵，已经上升为一种“为文学”“为批评”的伦理层面，是以极强的道德感，消除一切私心贪欲所创作的精神读本，带给读者的不仅是文学上的启发与点醒，更是心灵上的震动与洗礼。

在商品社会快速发展的今天，意识形态对文学的影响正日渐减弱，多元化的文化传播模式为我们提供了更广阔的交流空间，批评家也以开阔的视野积极参与到当下繁荣的文化讨论中，“为文艺争鸣”的学术氛围，无论对作家、批评家，或是读者，都是一个极佳的文学狂欢式的各抒己见的自由舞台，文学批评在这一背景下的发展与繁荣是有目共睹的。当然其中出现的问题也使我们更加关注批评家的责任意识，其中主要面临的是功利性的挑战。某些文学批评者在各种利益驱使下，过分迎合市场需要，从事一种为“为名利而著述”的，有违文学批评宗旨的创作。“如果我们肯定文学批评具有功利性的批评性质，那么这种功利性也应该是一种广义上的功利性。它不应该只是为了一个人、为了某一集团谋取私利，而应该在于提升全民的精神文化素质，以倡导健康向上的人格建设为批评的理论旨归，也不应该以多元思维掩盖对真善美的追求。”[③] 无论时代如何发展，批评家都要怀着对读者负责的强烈道义感，以一种批评家所独有的审美感

---

① 惠西平主编：《突发的思想交锋：博士直谏陕西文坛及其他》，太白文艺出版社 2001 年版，第 54 页。

② 贺兴安：《评论：独立的艺术世界》，长江文艺出版社 1990 年版，第 16 页。

③ 康梅钧：《文学批评在何处存活》，《文艺争鸣》2001 年第 4 期。

知力与判断力，加上对文学的高度敏感性作用于文本之上，甄别考量，这是对批评家知识分子气质的基本要求。“在文学这个复杂而隐秘的世界里，我不敢说批评家要成为写作的引导者和规范者，但是他至少要有所发现，从而能使读者更自由地阅读和选择。真正的批评应该在有效地阐释作品的同时，也能有效地自我阐释，以致二者之间能达成美学和存在上的双重和解。”① 这是对批评家和批评精神的有力诠释，批评家是文学的关怀者和倡导者，大胆指证文学作品中的问题，是批评家责任意识与严谨学风的体现，而为了满足某种利益需要发表的“伪文学”文章与言论，只会将文学批评置于尴尬境地。此外，当下文学批评还出现了一种称为“酷评”的新式批评，最具代表性的有葛红兵的《为二十世纪中国文坛写一份悼词》、朱大可等人合著的《十作家批判书》等。“酷评，其表现是，攻其一点不及其余，以挑刺为乐又无限放大，尤以文坛名家为批评目标，随心所欲地予以讥刺和调侃，在这样的仇视感和嬉戏姿态面前，一切文学性价值只能是虚无的了。近期有关巴金文学成就的再评价论争，见仁见智原本无可厚非，遗憾的是，部分批评者出语峻刻，不读作品却以为同样具有批评资格，甚至公开宣称对巴金文学成就的判断无须以读巴金作品文本为前提。”② 这种不负责任、“棒杀式”的媚俗化批评，其道德良知与学术上的审美旨趣何在？另外，还存在一些不负责任的互相吹捧的文字，“精品”“杰作”“大师”，比比皆是，正如有的学者指出：“没有比传媒的商业化炒作和批评家的丧失原则的吹捧更有害于创作的了。他们勾肩搭背，挤眉弄眼，上下其手，不负责任地讨好作者，坑害读者。他们硬是要把狗屎说成黄金。这简直是在审美的精神领域犯罪。这是一种基源于商业动机的腐败性合谋。他们在谋杀文学，是在行骗。这些批评家和传媒人也许并不缺乏审美感知力和判断力，他们缺乏的是真正的知识分子气质，缺乏为读者负责的道义感，缺乏说真话的勇气。很多时候，我宁愿听狗叫，也不愿听‘批评家’说话。从他们的嘴里出来的永远是空话、假话和套话。”③ 如果批评家毫无公信度可言，批评还有存在的价值么？“这个时候，我认为批评应该是一种异见，批评家要敢于直言，敢于真实地面对自己的内

① 谢有顺：《批评的野心》，《南方文坛》2001 年第 4 期。
② 刘阳：《“文学批评个人化”：在后形而上学范式下》，《文艺理论研究》2006 年第 5 期。
③ 李建军：《关于文学批评和陕西作家创作的答问》，《文艺争鸣》2000 年第 6 期。

心，敢于说出自己所看见的事实。”[①] 对于批评而言，这是最基本的学术规范，是对道德良知的坚持，也是批评家生存的学理性底线，因而再次强调批评家的责任意识，其意义不言而喻。“如果说，对文本解读的精致和准确与否，是关系到一个批评家是否有能力来承担批评使命的问题；那么，以高度警惕甚至挑剔的眼光来评判那些不断引起公众关注的作品，更是体现一个批评家对公正性与科学性的强力维护。”[②] 作为一个批评家，他不仅要提出建立在文本之上的学理性观点，更要站在学术前沿，以很强的学术敏感度对当下学界一些实时动态予以直言不讳的评述。在此不妨重新体悟早期文学理论家的治学态度与精神：“使人想起中国文学现代化进程中很有个性的文学批评家周作人先生，他认定‘人的文学’并辛勤地耕耘这块属于他‘自己的园地’。同样，李健吾也执著于‘灵魂在杰作中的游涉’。他们依仗这种坚韧的文学批评精神，在文学批评领域里都取得了为后人所景仰的批评成就。虽然，他们的知识资源当时也是来自西方。然而，他们却抱定‘拿来主义’的态度，自沉到西方的文化资源中去，汲取它们的营养，化为自己的血脉，决不以‘浪’、‘潮’相标榜。”[③] 这种严谨的治学精神与严于律己的学术态度，是对当下批评家的鞭策。无论是为追逐利益的违心之作还是酷评热的兴起，都是文学批评在商品经济快速发展与多元文化冲击下，文学在自身变革过程中发生的异化症候的一部分，这些不能成为文学批评价值坚守与强化批评责任意识的绊脚石。

批评家的精神气质与伦理标准直接体现了批评家责任意识的淡漠与否，21 世纪的文坛重新强调批评家的责任意识，是对文学的重新把握和文学批评自身价值的确认，也是对批评家的肯定，一个真正名副其实的批评家，应该是一位无偏爱无私心的文学捍卫者，站在公正客观的立场上，以一个旁观者或是局外人的视角专注于对作品本身优劣的甄别，如若掺杂了利益方面的索取或是情感方面的纠葛，那批评本身就沦为失实的判断，所以，在此强调批评家的责任意识既是对批评活动的规范，更是对文学市场出现的虚化繁荣景象的纠正。文学批评是文学的守护者，然而 21 世纪以来的文学已褪掉 20 世纪八九十年代的繁盛光环，虽然当下文学作品层

---

① 谢有顺：《批评的野心》，《南方文坛》2001 年第 4 期。

② 洪治纲：《重返批评的苛求之路——读李建军的文学批评》，《文艺理论与批评》2003 年第 4 期。

③ 康梅钧：《文学批评在何处存活》，《文艺争鸣》2001 年第 4 期。

出不穷，各门各派大有抢占文学主流市场之势，其中，无论是历史小说、网络小说，还是青春文学，抑或是当代作家新作力作，都打着史上某某之最的旗号，但真正具有多少文学含量却不敢恭维，读者是否买账亦另说。正如著名文艺理论家谢冕所言："多少显得有点放纵的文学正在急速地失去读者的信用……相当多的文学作品不再关心公众，它们理所当然地也失去公众的关心。他们随心所欲地编制和制造适当消费的需要，他们忘却记忆并且拒绝责任，他们在现实的逃逸既潇洒又机智，既避隐现实的积重，也避隐自身的困顿。"① 面对当下文学发展的现状，文学批评家更应该用批评之笔维护文学的纯洁性，义不容辞地扛起匡正文学之大旗，以彰显文学批评的价值和批评家的强烈责任感。

三　重塑文学批评的价值维度

文学批评是一种心灵上的文学阐述，是主体精神的自由表达，文学批评与文本的对话是一种全身心地集中投入所迸发的艺术享受，并赋予作品以长久的艺术生命力，思绪飞扬跋扈，笔法纵横恣肆，文字饱含热情，触及的是读者灵魂深处纯净的文学情怀和置于作品之上的批评意识的懵懂与自我意识的萌发。文学批评是对文学的净化，是对文学现状的现实关怀，是怀着对文学的一腔眷恋与激情，忠于文学的执着情愫，"文学批评就是一种生命的述说，而且是一种独特的，让自己生命自由舒展，无拘无束的述说。它需要批评家全身心地接触另外一个艺术生命，从各个方面和层次去感受和理解对方，才能把自己独特之处表现出来"②。由此可见，文学批评是批评家全心投入，忘我专注于作品并与之对话的文学活动，它抛开一切主观因素，从文本本身入手，通过批评家的评述帮助读者进行更有益的阅读，批评的价值与精髓亦在于此。在当下文坛有些喧哗、浮躁的氛围下，重塑文学批评的意义，不仅旨在强化文学批评的学科意义，更是有针对性地促使文学从业者在充斥过多经济利益的文坛中重新审视与确证文学

---

① 谢冕：《世纪末文学批判》，湖南文艺出版社 2004 年版，第 61 页。

② 殷国明：《独创的贫困——有感于"跨世纪"文学批评》，《东方文化》1997 年第 5 期。

批评的价值。

重塑文学批评的价值之路并非一路平坦，从当下的文学环境来看，文学自身就出现了一些虚化现象。随着大众传媒影响下多元话语的深入，文学也经历了一个由单一纸质模式向多样化媒介发展的过程，其内容亦渐趋繁杂，80后青春文学、历史演义、玄幻武侠小说、网络小说等新的文学读本已成为文学市场上不可忽视的新生力量而占据文学的主要版面。值得肯定的是，它们拓宽了文学固有的涉猎范围，但同时也带来了不可回避的泛文学问题，文本的纯文学价值和思想内涵正在变革中日渐淡化，与此相关的文学批评的现状也引发众多有良知的批评家的担忧与批判。当今文学批评领域内存在的一些异化征候不一一列举，就批评家而言，如前文所述，面临功利性的挑战以及著述某些不负责任的"酷评"式文章，究其原因，在喧嚣的文化领域内，批评家渐已失去专注阅读文学作品的耐心和潜研的学斋式批评精神，"由于没有文本阅读量作基础，批评家已经失去了在批评对象面前的主动权。他们无法自觉而主动地选择批评对象，只能听命于'媒体'或某种权威的声音。某种意义上，媒体以'炒作'的方式对我们时代文学的判断已经影响了批评家的判断，他们无法在比较的坐标上来抵制和抗拒媒体的声音，因为他们不比媒体阅读得更多。即使对所阅读作品的批评，也常常不是'细读'式的、学术化的，而是蜻蜓点水式的臆想化的批评。许多批评家不仅不会去反复阅读、探究一部文本，而且似乎已经失去了完整地阅读一部作品的耐心，有时只看看内容提要、故事梗概就可以写批评文章或在研讨会上高谈阔论了"①。这些问题引发了我们对批评家自身素质的质疑与担忧，批评家责任伦理意识的淡漠也直接影响到批评文本的学术内涵。"的确，某些批评仍然保留了颐指气使的遗风，种种专横独断的结论经常让人想到了恫吓，老式政治话语残存的威慑力构成了这种批评咄咄逼人的潜台词。相反，另一些批评开始沦为令人反感的广告术，过分的赞誉代替了严肃的分析和阐述；批评家甚至使用一些夸张的言辞为作品指定一个并不恰当的位置。这种批评一部分来自不负责任的友情，另一部分是商业气氛的产物。大众传媒一旦分享了作品的销售利润，这种批评可能在某些圈子之内愈演愈烈。事实上，批评的成就更多

① 吴义勤：《文本研究：当下文学批评的软肋》，《南京师范大学学报》2007年第5期。

地体现为，批评家多大程度地参与了这个时期的文化对话。”① 确实，文学批评是文化领域内思想碰撞的结果，是批评家置于文化背景下积极参与文学对话的理性阐发。文学批评不是哗众取宠的文学宣泄，也不是靠媒体的炒作坐收渔翁之利的单向名利索取，它是建立在有理有据的批评基础上，从事实和理性剖析的角度出发，敢于直面现实，提出独立见解的学术性活动。批评家翔实的学理性知识与联系当下现状的现实分析能力，是批评价值合理化重塑与坚持的关键，加之读者的阅读与接受能力，更赋予批评以新的活力，并共同将对文本的认识引向深入，这是当下我们所需要的文学批评。

文学批评是一种开放性的学术交流与争鸣的文学对话形式，开放性的学术思维和严谨的治学精神是文学批评良性发展的前提。传统的学院式批评往往给人束之高阁之感，批评的主题与话语结构也具有浓厚的学理性色彩，因而很难激起大众的阅读兴趣，往往只能成为学者之间互议的话题，这些批评家也坚持纯理论层面的文学批评，自诩维护文学批评的纯净性。而多元境域下的文化意识形态的转型，使传统文学批评也开始思考在西方话语的冲击下，如何保持自身的独立性又能吸收西方文论的有益精髓，以期实现兼收并蓄的批评模式。虽然文学理论的本土化也是建立在最初对西方文论的引进与借鉴上，但强调本土的价值与意义并不与西方话语体系的冲击相矛盾，相反更能激发本土的创作欲望与热情，并在某种程度上实现自我建构和发展。关于文学批评本土化诉求引发的热议，可以说已涉及对文学批评现状之文学价值观的探讨，有些学者以一种相对温和的态度看待当下的批评现状，“他们在直面现实的基础上，对批评的定位、批评的功能、批评的出路等问题进行了重新的思考，希望能在喧嚣声中建立起自己的批评园地。他们已不再简单地将批评的变化归结为批评家的责任感的丧失，也并不消极地面对批评的边缘化，而是在承认市场经济带来了批评多元化的前提下，寻求有效摆脱困境的方式以期确立自己的位置。或许有人会说，这种思考仍可能无法担当起传统批评整饬文化和艺术的重任，但其不懈的努力却让我们看到了批评的健康前景。其中，王一川以‘批评的理论化’为当前的学理批评找到了一种定位方式。他认为，置身在与鉴赏型、媒体型和日常型批评相互共存的多元格局中的学理批评应当在学院

① 南帆：《低调的乐观》，《南方文坛》1997年第1期。

氛围中理直气壮地走自身的理论化道路”①。面对多元话语影响下的文化冲击，文学批评思考的是如何既坚持自身的学理化高度，又紧跟时代脉搏，适时地汲取西方文论之精髓，而实际上坚持学术理论的纯净性并不与借鉴外来文化思想的精华相冲突，相反其更有助于确证自身的批评价值。值得一提的是，这涉及在繁杂的文化意识形态更迭中，文学批评如何坚持自身独立的批评原则和有效发挥批评作用的问题。对此不妨重读李建军为批评所做的纯文学意义上的阐述：“真正意义上的批评意味着尖锐的话语冲突，意味着激烈的思想交锋。这决定了批评是一种必须承受敌意甚至伤害的沉重而艰难的事业。它是一种特殊而复杂的文化行为：既要以精微、细致的感性体验作为起点，又要超越感性的简单与琐屑，达到理想的高度；可以在激情燃烧、我心飞翔的高峰体验中陶醉，不知手之舞之足之蹈之，但为了获得妥实可靠的判断，又必须冷静下来，以便进入一种客观的澄明之境。纯粹意义上的文学批评，意味着对文学一往情深的爱，意味着为了捍卫文学的尊严和价值而表现出来的勇敢而执著的精神。为了说出自己的感受和判断，为了表达自己的愿望和理想，那些真正的批评家的内心充满了难以遏抑的激情和冲动，很少考虑直言不讳的坦率会给自己带来什么不利的后果。批评是一种特殊形式的精神创造活动。它意味着对事实的尊重。只有根据对事实的分析得出的结论，才能成为真正有价值的判断。个人的趣味固然会参介进来，极大地影响着批评家的感受和判断，但是一个成熟的自觉的批评家必须将一己的好恶，控制在适当的范围之内，必须让理性的分析态度占据上风。感性最终让位于理性，想象最终让位给事实，这是批评家应该服从的要求。文学批评所应承担的责任伦理，是为自己时代的文学提供真实、可靠的判断，从而将这些判断转化为积极的具有生产性的话语力量。具体地说，就是要有助于读者了解真相，同时又要作为一种制衡力量，对作家的写作进行价值评估和质量监督。对当下文坛来讲，强调这一点，有着特别重要的意义。”② 李建军从纯文学角度阐述批评的概念，是对批评原初意义的感性体验和理性把握。文学批评是执着的批评精神与情感激烈碰撞的思想结晶，是由作家创作到读者阅读的接受美学链条中不可缺少的制衡力量，批评家坦诚的学术态度又是健全文学批评

① 周兴华：《批评的批评：世纪之交的反思与期待》，《文艺评论》2005 年第 4 期。

② 李建军：《批评家的精神气质与责任伦理》，《文艺研究》2005 年第 9 期。

机制的前提，也是对文学批评价值的重新整合。批评家抛弃个人喜好，以积极的批评热情，直言不讳，从学理性的高度审视文学作品的审美旨趣，真正实现了对文学现状的学理性关怀与指证。

简而言之，文学批评对于文学的重要性是其他文艺形式无法比拟与取代的，它是文学的见证者和守护者，又是文学为广大受众所熟知甚至喜爱的重要引荐者，文学批评为文学建构起一座通向未来的关于当下历史与文化变迁的桥梁；反之，文学也为文学批评的存在与发展提供了强有力的意义佐证。米兰·昆德拉曾说："我从来不讲文学批评的坏话。因为对于一个作家，没有比面临批评的不存在而更糟糕。我所指的文学批评是把它作为思索和分析：这种批评善于把它所要批评的书阅读数遍（如同一部伟大的音乐，人们可以无穷无尽地反复地听，伟大的小说也一样，是供人反复阅读的）；这种文学批评对现实的无情始终充耳不闻，对于一年前，30年前，300年前诞生的作品都准备讨论；这种文学批评试图捉住一部作品中的新鲜之处，并把它载入历史的记忆之中。如果思索不跟随小说的历史，我们今天对于陀思妥耶夫斯基、乔伊斯和普鲁斯特便会一无所知。没有它，任何作品都会付诸随意的判断和迅速的忘却。"[①] 这是对文学批评价值的强有力诠释，反观当下，正经历着一个喧嚣浮躁的文学时代，文学批评对于所面对的虚化文学现状的重新审视以及在此期间对自身出现的问题的直面探讨，都为文学批评在多元文化交流融合的背景下，如何保持自身的独立性提供了一个很好的思考切入点。在这一过程中强调文学批评的价值坚守与批评家的责任意识就显得尤为重要，对于重塑文学批评的价值亦更具启发与指导意义。

---

① ［捷克］米兰·昆德拉：《被背叛的遗嘱》，孟湄译，上海人民出版社1995年版，第22页。

科学性：文学批评必不可少的一个维度

文学批评作为文学理论的重要内容和文学活动的重要组成部分，其特点和原则是由其性质决定的。从一定层面上来说，文学批评的写作过程就是评论家面对评论对象时以逻辑综合判断的形式表现出来的抽象思维过程。这就要求评论家以一定的文学理论和文学批评知识为基础，对作品进行分析、鉴别、阐释和判断。批评家在批评实践中要深刻理解艺术规律和特点，合理把握作品的审美个性和艺术感染力，本着客观公正实事求是的态度去评判作品。从这个意义上说，文学批评要想做到恰当公允，就离不开对科学性原则的追求。也正因为如此，科学性应该成为文学批评必不可少的一个维度，从而使文学批评区别于一般意义上的文学鉴赏。

自近代科学发展伊始，科学与文学在人们的认识论中就分属截然不同甚至对立的两大阵营，表现为抽象与形象的对立，理性与感性的抗争。随着认识的不断深化，文学研究者开始关注文学的一般原则及其客观性，而文学批评的科学性也随之受到重视。

一　科学性：文学批评的立法原则

文学批评有其丰富的历史资源，特别是20世纪以来，文学批评与各种科学方法和学术思潮相结合，由特定的理论背景产生了批评视角、解读方式和行文风格相对稳定的多种文学批评模式，如精神分析批评、原型批评、结构主义批评、后现代主义批评、后殖民主义批评、女性主义批评等多种批评流派，这种状况表明了文学批评有着科学化、系统化的诉求和趋势。20世纪的文学批评不断与其他学科联姻，形成了特有的理论框架。对哲学的借鉴与突破为现象学提供了理论营养，精神分析心理学的发展催生了精神分析批评，语言学的革命为结构主义文学批评带来了灵感，而文化学批评则借鉴了文化人类学的理论和方法。人文学科的理论成果和研究方法为文学批评提供了坚实的学术基础，成为各种文学批评流派的理论前提。这些来路不同、倾向各异的文学批评理论又彼此交叉融合，给文学批评和文学创作实践提供了丰富的理论资源。20世纪西方文学批评的共向趋向对文学批评科学性原则的确立无疑是个不可忽视的促进因素。不论是新批评、精神分析学、原型批评、结构主义，还是后结构主义，这些批评的理论基础虽然各不相同，但它们却一致地反对文学批评中的"印象主义"，反对仅仅凭借个人感受与才情任意发挥作品。于是，标榜"科学"成为这些批评理论共同的旗号。

从文学批评的主体来看，文学批评的科学性既是文学研究者必须坚持的一个重要原则，也是应具备的基本理论素养。美学的观点和历史的观点曾被恩格斯称为文学批评的最高标准，在各种关于文学批评原则的理论探讨中，关于历史性、思想性、审美性等原则的探讨往往是被提及得最多的。有些理论家坚持说文学是根本无法"研究"的，人们只能阅读、欣赏或鉴赏它，此外就只能是积累"有关"文学的各种资料了。对此韦勒克和沃伦在其所著的《文学理论》一书中曾有反驳："所谓的鉴赏、品味和热衷于文学等，必然可悲地成为回避正常学术研究的严谨性和沉湎于个人嗜好之中的遁词。而这种将'研究'与'鉴赏'分割开来的两分法，对于既是'文学性'的，又是'系统性'的真正文学研究来说，是毫无助益的。"① "有些见地——实际上许多看法，都是可供反思的有益起点。但不论汇总来看，或个别而论，乃至参合起来，它们都未提供人们需要的答案。其他见解有高有下，大同小异，从中可以发现他山之石，有助于欣赏具体的诗篇和艺术作品的真知灼见，如评论、发明、品第，不少东西值得善于沉思的头脑去潜心研究。但是除了上面原因的点滴启示，其他就无所交代……缺乏一定明确观点，即便十分明断的批评家肯定也会经常丧失

① ［美］勒内·韦勒克、奥斯汀·沃伦：《文学理论》第一部，刘象愚等译，文化艺术出版社2010年版，第4页。

立场意识。”① 文学批评不是对主体情感体验的简单记录，而是从内部和外部两个方面看待批评对象，在内部文本细读与外部观照和思考的结合中对对象作出综合判断。从这个意义上讲，文学批评应是发现和揭示文学作品及文学现象中所蕴含的普遍规律和真理的工作，这项工作如果仅凭评论者个人的价值观立场和品味好恶来完成的话，是对文学极大的不负责任。诚然，文学批评在某种程度上不可避免地带有主观色彩，故而才需要以逻辑思维和理性判断等知性科学的分析来保证客观、削弱偏见，因此从文学批评的主体上看来，离开科学性原则的指导的文学批评容易成为批评家仅仅诉诸感情的“鉴赏”，从而导致十足的主观性。

从文学批评创作实践过程来看，科学性在文学批评的理论储备和表达方式这两个层面都起到重要作用。文学评论的基本活动方式是对文学作品和文学现象由形象感知与情感体验上升到理性认识，进行符合生活与艺术逻辑的理论上的概括、分析、论证、判断、运用概念、揭示规律、特征，从具体中把握普遍性。这种综合性的工作一方面要从作品文本的本身入手，另一方面则要从作品以及作者的历史的社会的背景进行分析。童庆炳在《文学理论教程》一书中提出了文学批评的五个主要操作原则，即了解对象、选点切入、确定要旨、布局安排、力求创见。要做到这些往往需要有和文学相关的哲学、语言学、社会学、心理学等其他学科丰富而广博的知识底蕴和理论基础，进行各学科理论的融会贯通，并且还要在文学批评的过程中将各种相关的理论知识以准确的语言进行有逻辑有条理的论述。在表达方式上，文学批评应尽可能明确、坦率、逻辑清晰、叙述准确，这样才能符合批评家理性思维的轨迹，态度鲜明地表述观点、评判作品，而不是仅仅以自己对作品的感受理解想当然地去进行文学批评，或者一味地迎合大众，甚至造成作品的误读。因此，逻辑的严密性、理论的准确性、概念的普遍性、理解的深刻性，是一切优秀的文学批评的共同特征。

纵观文学批评的历史和实践，科学性应当成为文学批评的一个首要的立法原则，受到足够的重视。只有在这一点上达成共识，认识到科学性是

---

① ［英］艾·阿·瑞恰慈：《文学批评原理》，杨自伍译，百花洲文艺出版社1992年版，第2页。

优秀文学批评应有的题中之意，那么关于文学批评科学主义与个人主义、主观性与客观性的各种分歧和争议就自然消解了，也能够为文学批评的理论化建设提供保证和支持。

二　问题意识：深度的文学批评需要科学性

每一学科的存在本身就是要面对某些问题，否则就没有进行研究的必要，而不需研究也就不会形成学科。问题意识应该说关系到一个学科的生死存亡，对旧问题的怀疑与批判，对新问题地提出与研究，体现着文学批评与科学研究在内在精神上的统一。文学批评不仅是对于文学作品和文学现象的描述，还要有问题意识，从已经显现的现象提出问题，然后对这些问题加以回答。当然回答可能就是给出一个思考的结果，也可能只是提出一种思路而没有结果，但是合理地提出问题就是一种研究的态度，也才能开阔研究的思路，因此文学批评要能随着时代的发展提出新问题、解决新问题，这样的文学批评才有深度、有力量，具有学术意义和价值。现今不少专家和学者开始重视文学批评的问题意识，也曾从多个角度对文学批评应有的问题意识进行了论述，但这种问题意识，都需要科学性原则的指导，否则就无法具体和深入。

一段时期以来，在西方文艺理论思潮的冲击下，我们总是习惯性地以西方文论的问题为问题，亦步亦趋，唯恐落后，很少能够根据中国文学和文论自身的实际情况，提出真正属于自己的问题，而深度的文学批评，应立足于我国文学创作的现实，形成一种具有本土特色的文论思想和理论体系。借鉴国外的理论资源为我所用，并表达我们自己的声音是发展文学理论的应有之义。但有些文学理论家和文学批评家只是热衷于国际学术界的热门话题，对国际学术界的变化亦步亦趋，致使我们的文学批评和文学理论成了国际学术变化的晴雨表，完全脱离了我们的实际。可是，语境改变了，我们津津乐道的并不是我们自己的问题。结果在激情的理论转译中，属于我们自己的问题却悄悄地溜走了。他们或照搬国外的新名词，或用国外的理论来分析我们的文学现象，但往往并不能解决问题，甚至无视常识，得出一些似是而非的结论。没有立足实际的科学态度，只用一些高深的理论进行套用，根本无助于发现我们自己的问题，也无法产生真正有深度有价值的文学批评。

文学批评应该有开阔宏大的学术视野和纵横捭阖的宏观思维，这样才能真正地发现问题，才能够提出独特的理论命题或建构一种创新型理论体系。中外文学理论研究史表明，但凡能够发现问题，对学术理论作出重大贡献的学者，几乎都是跨学科跨专业理论融通的博采众长者。他们能够从哲学的高度、心理学的视角、社会学的研究方法中汲取营养，从与众不同的思路和角度提出关于文学批评领域的问题。长期埋头于本专业的“小天地”，无视外界的风云变幻，只能将学术越做越窄，一头扎进“死胡同”，更不要说产生有深度的文学批评了。我们当今从事文学研究的学者，如果能够尽可能地把各个相关学科的知识融会贯通，多向度地审视文学批评研究中产生的各种问题，必定能够创造出具有自身特色的思想理念和话语体系。要做到这种融会贯通，必然离不开科学性的指导，因为哲学、心理学、社会学等众多人文学科的理论和研究范式本身就是一门科学。

文学是随着时间的推移不断发展变化的，那么文学批评理论也不会一成不变。因此文学批评要做到有深度，一方面就要随着文学的发展“与时俱进”，研究新现象，提出新问题，否则就会走向教条和僵化；另一方面也要抵挡住浮躁的商业化的冲击，保持文学批评的严谨客观的传统，否则就会与文学批评科学化目标背道而驰。从我国的现实国情来看，商业化市场化的不断发展改变了传统文学的面貌，也改变着文学批评的传统。文学的商业化进而导致文学批评的商业化，不少文学批评沦为空泛肤浅的点评，使人们流于对现象的感受，但是却缺少对真问题的思考与求解。这样的批评既无助于人们对作品的理解，不能正确地引导读者，也很难促使作家就此进行深入思考从而提高他们的水平，甚至会使人们对文学批评的客观性、严谨性产生怀疑。其恶果往往是作者和读者对文学评论的敬而远之，文学批评成为批评家们的自娱自乐。面对这些复杂的新情况，为了避免文学批评的危机，文学批评家必须保持科学的精神，强化问题意识，才能丰富原来的知识积累、知识结构以适应文学发展的现状，提供客观公正而有深度的文学批评。

三　突破与超越：走向理论的文学批评需要科学性

韦勒克和沃伦的《文学理论》开篇就曾说过：“文学研究，如果称为科学不太准确的话，也应该说是一门知识或学问。”① “文学研究者必须将他的文学经验转化成知性的形式，并且只有将它同化成首位一贯的合理体系，它才能称为一种知识。”② 知识尚且需要科学性系统性，更不必说一门独立学科的建设与发展。因此，我们所追求的文学批评的科学性，是使得文学批评从一门知识到一门科学的必备条件。迄今为止，文学批评无论是就具体的“方法”“流派”“主义”“模式”，还是就其总体而言，还不能称之为一门学科。前者当然是指文学批评实践中的科学性问题，后者则是指人们对文学批评实践的认识和思维整合的科学性程度，即文学批评学的学科性。相对于前者的怀疑和探讨，后者则无可争议。一门学科的建立，离不开一整套规范的理论建设和研究范式。文学批评学建立的一个重要前提必然是文学批评的理论化，而理论本身就具有科学性，否则就难以称之为理论，离开理论的学科建设只能是没有根基的空中楼阁。

走向理论的文学批评之所以需要科学性，原因之一在于历史上和现如今文学批评理论的混乱，需要科学化的梳理和系统化的规整。瑞恰慈在《文学批评原理》一书的开篇就表达了同样的观点。他在本书的第一章对他所感受到的文学批评理论现状曾有过这样一段描述：“我们现在回顾一下，便会发现空话连篇。其中有三言两语的揣测，应有尽有的忠告，许多尖锐而不连贯的意见，一些堂而皇之的臆说，大量辞藻华丽教人作诗的诗歌，没完没了的莫名其妙的言论，不计其数的教条框框，无所不有的偏见和奇想怪论，滔滔不绝的玄虚之谈，些许名副其实的思辨，一鳞半爪的灵感，启发人意的点拨和浮光掠影的管见，可以毫不夸张地说，诸如此类的

① ［美］勒内·韦勒克、奥斯汀·沃伦：《文学理论》第一部，刘象愚等译，文化艺术出版社2010年版，第3页。

② 同上。

东西构成了现有的批评理论。”① 瑞恰慈的论说一针见血地指出了文学批评需要理论化科学化的一个重要动因——文学批评理论的混乱。同时，瑞恰慈本人也是文学批评科学化身体力行的践行者。他首次将语义学与心理学引入文学理论，前一门学科奠定了新批评派的理论基础；后一门对后来的“心理学批评”产生了重要影响。此外，“细读”这一实践先行的批评方法被视为瑞恰慈最有意义的尝试。其实证主义精神，本身就是科学主义倾向的题中之意。而在这之后诸如精神分析批评对心理学研究范式的借鉴与使用，结构主义对于语言学和符号学的深化与拓展，也恰恰充分验证了科学性对于文学批评理论化的贡献。只不过这种科学性和我们以往所理解的那种可以用一种固定不变的标准和尺度来衡量的，具有一定普适性的“科学性”不同，文学作品无法像自然科学一样去随机抽样或者量化分析，它更多的是一种历史的、动态的和相对的、开放的具有自身特殊性的概念。

然而，从另一方面来看，基于同其他多种学科联姻的20世纪以来的文学批评，虽然其理论化系统化得到了显著的发展，却也缺乏真正属于文学批评意义上的实践经验和思想资源。文学批评实践的发展，“一方面意味着它开始从其它学科的母胎中剥离出来，另一方面也表明，它不再满足于一己的内在体验，而要对这种内心经验作种种的分析、说明、归纳、综合、推导、演绎，并借此表达对一定的文学对象的认识和评价。所有这一切，最终都不能不表现为借一定的概念和逻辑系统表达出来的知识形式”②。就文学批评的活动方式而言，这其中就包含有某种科学性（即类似科学研究活动的性质）的萌芽在内。文学批评的科学品格，是在历史的发展中逐步形成的。与其他科学认识活动一样，人们对文学现象的看法，最初总是比较简单的，随着文学创作的日趋丰富、发展，随着人们对文学这一社会现象的深入探索，文学批评才从简单走向复杂，从零碎走向系统，从混沌走向明晰，从依附走向独立，具备科学理论的品格。

走向理论的文学批评之所以需要科学性，原因之二在于今天的文学理论作为一种方法论是今天的文学研究必不可少的，而既然作为一种研究的

① ［英］艾·阿·瑞恰慈：《文学批评原理》，杨自伍译，百花洲文艺出版社1992年版，第3页。

② 李世涛：《问题意识与文学理论的危机——危机中的文学理论之重建》，《深圳大学学报》（人文社会科学版）2004年第5期。

方法论，那么对方法本身的科学性的要求自然毋庸置疑。“每一部文学作品都兼具一般性和特殊性，或者与全然特殊和独一无二性质有所不同。就像一个人一样，每一文学作品都具备独有的特性；但它又与其他艺术作品有相通之处，如同每个人都具有与人类、与同性别、同民族、同阶级、同职业等的人群共有的性质。认识到这一点，我们可以就所有戏剧、所有文学、所有艺术等进行概括，寻找它们的一般性。文学批评和文学史二者均致力于说明一篇作品、一个对象、一个时期或一国文学的个性，但这种理论只有基于一种文学理论，并采用通行的术语，才有成功的可能。”① 在具体的批评过程中，文学批评的科学性又不是一个笼统的、抽象的概念，而是通过具体个别的形式表现出来的。这些具体个别的形式即是批评为完成一定的目的和任务所选择的方法和手段，以及批评所选择的这些方法和手段据以成立的观念和理论范式。这些方法和手段的运用对作品、作者、读者和世界（社会）的意义解读有着重要的价值。

走向理论的文学批评之所以需要科学性，原因之三在于文学批评、文学理论、文学史以及文学创作四者之间的内在关系。韦勒克、沃伦在《文学理论》中对前三者的关系作了辩证的界定，既指出了它们的区别，又指出了它们的联系。“文学理论如果不以具体的文学作品的批评和研究为基础，文学的准则、范畴乃至技巧就会成为空中楼阁，空泛而无所依凭；反之，如果没有理论的观照，没有一系列的准则、范畴和抽象的概括，文学批评和文学史的编写也就无所遵循，无法进行。文学史和文学理论和文学批评的关系也是如此。文史学家必须懂得文学理论和文学批评，每个文学史家也是文学批评家，因为文学史编写过程中的任何材料的取舍都离不开价值判断，再者文学史的编撰也离不开一定理论的指导。反过来，文学批评必须超越单凭个人好恶的主观判断，具有历史的观念。”② 从三者的辩证关系来看，文学史和文学理论的科学性决定了文学批评也应当具有科学性，否则难以形成自己的体系，也会误导其他学科的理论建设。

那么文学批评和文学创作的关系又是如何呢？这是关于文学批评价值

① ［美］勒内·韦勒克、奥斯汀·沃伦：《文学理论》第一部，刘象愚等译，文化艺术出版社 2010 年版，第 8 页。

② 刘象愚：《韦勒克和他的文学理论》（代译序），见《文学理论》，文化艺术出版社 2010 年版，第 11 页。

功能经常争论的话题，而它与对文学批评性质的理解是密切相连的。文学批评是一种总结概括创作规律、特征，揭示、评价作品价值的科学性活动。文学创作是一种复杂的精神或形象思维的创作活动，具有极大的个性化私人化特征，而作为科学性活动的文学批评关于应该如何创作的理论，往往只具有一般性、普遍性的意义。“用文学批评理论指导文学创作”的观点也一直被作家自身所反感，因为作家的创作很多情况下是个人的生命情感体验或者瞬间的灵感顿悟，而非理论指导的结果。然而，基于上述原因就将文学批评和文学创作看作两个割裂的彼此独立部分的话，文学批评的价值和意义似乎也不存在了。我们认为，任何一种科学活动，都不是仅仅为了自娱，也不是为科学而科学的，而是有着明确的认识世界和改造世界的目的。文学批评既然是一种科学性的活动，它对于文学创作的变化、发展、繁荣，就具有一定的推动作用与意义。而由于这种活动的特殊性，它不是直接指导文学创作，而是通过对文学作品的“内部”和“外部”的评判和考察，为文学作品的创作者提供某种意见和参考，帮助其进行创作上的反思。吴小美等人在《文学艺术与科学同一性的探讨》一文的结尾提出了“科学审视”，认为作家运用科学思维进行创作可分为创作前的审视、创作中和创作后的审视三部分，笔者认为这三种审视同样适用于文学批评的写作，即对文学批评理论的融会贯通、对批评对象的分析和理解、对批评创作本身深度品质的追求。这是走向理论的文学批评的需要，否则，那些毫无逻辑的、价值标注模糊的、仅凭个人好恶的文学批评不仅会给文学创作实践带来恶劣的影响，而且理论本身也会经不起历史和时间的检验，从而偏离文学批评走向科学化、理论化、系统化发展的方向。

四 结 语

科学以及科学性是随着语境的变化而不断发生变化的。文学批评的创作固然有主观的体验和理解的成分，但是其呈现方式却要求思维的逻辑性和科学性，而不是随意而为之的。问题意识的澄明，揭示文学本质、探究文章发展规律等是文学批评学科发展创新的不竭动力。科学性要求文学批评具有相对明确的知识理论基础，具有表达的逻辑性和规范性，以理论的方式达到对感性经验和常识的超越。科学性不仅是文学批评创作的指导准则，也是文学批评理论化学科化的重要前提，更是开拓文学理论科学性新境界有待彰显的必不可少的一个维度。

论文学的“科学性”问题

自然科学的迅猛发展以及由此产生的一系列科学神话使得人们对科学的崇拜达到了无以复加的地步。而文学要寻求自身在困境中的发展，明确自己的学科定位、把握文学科学性的本体性质便是其最为重要的前提条件。作为人文学科的文学必须通过冷静、客观的自我审视，在实证主义与理性主义占统治地位的时代中，准确把握自身学科的发展规律，承担起拯救社会道德、完善人文价值观的责任。

近代以来自然科学的迅猛发展，一方面，给人类带来了大量而丰富的物质财富，极大地改善了人类生产和生活的现状；另一方面，自然科学实证主义和唯理主义思潮的兴起，科学话语逐渐代替人文情怀成为这个科学神话时代的文化霸主，以严密的科学推理为主导的理性思维自此也成为社会的主流思潮，人类社会开始进入理性思维的统治时代，兴起于17、18世纪的笛卡尔的唯理主义便是这一时代主流思潮的显著代表。它以迅雷之势、运用自己实证主义和唯理主义的观念和方法，代替其他非自然科学的思想，不断地巩固着科学在人类精神世界的统治地位，以求尽快建立自己的“（自然）科学帝国”。面对如此强势之手段，文学这位“被打入冷宫”的昔日王后，如何确立自己的学科定位、实现文学“自救”，成为文学工作者们面临的首要问题。我们应该看到，自然科学的强势手腕虽然带来了经济的繁荣、生产力的极大发展，但这种绝对的、近乎盲目的“科学崇拜”忽视了人类在历史进程中的主观性、伦理性、价值性的精神追求，伴随着文学的日益衰落，关于人生的价值追求渐趋于迷茫，人类的精神家园也面临崩塌之势。这时文学作为反映人类社会生活之本质规律、体现对现实人生终极关怀的科学活动的地位确立就显得至关重要。文学科学性的确立对于文学自身的学科建设有着十分积极的作用，是文学在这个科学话语占统治地位的时代努力寻求自我发展空间的重要前提条件，这不仅是文学面临自身危机而进行的“自救”，更是文学本身所蕴含的关注人类生存与存在的价值意义、揭示现实生活发生与发展的本质规律的责任之要求。

在当下科学理性思维占据统治地位的社会现实中，文学要如何生存下去，实现“自救”，笔者认为最为重要的前提之一，便是对文学这门学科自身性质的审思与把握。只有深刻地审视自身，明确自己的本体性质，才能在不断发展变化的社会潮流之中把握自身的生存现状与发展规律，从而更好地实现文学的社会定位，努力承担起拯救社会道德与完善人文价值观的责任与义务。

一 向上的兼容性：文学的“科学性”问题的哲学指向

确立人文学科作为科学的一个重要分支、把握文学科学性的本体性质，首先就要摒弃世俗的狭隘的科学观念，那种唯自然科学主义的、纯实证主义的思维方式是不可取的。我们通常所说的“科学”只是狭义地指研究“自然”的科学，它否认了人文科学作为科学中的一个重要部分，是研究“人”的科学，与自然科学具有同等重要的地位，这种片面的科学观念只会大大抹杀科学的人文性，让我们在科学研究的道路上越走越远；此外，我们还应该认识到，那种试图用狭隘的人文主义来规范科学的科学观更是需要纠正的，此举虽极大地强调了人文学科的人文主义精神，却不免会使我们忽视人文学科作为科学的一部分所具有的科学性，使得我们在人文学科的研究中落入窠臼。

人文科学之所以能够被当作科学的一部分，一个首要的原因就是人文科学与自然科学一样，从本质上来讲是一种对自然界的认知活动，而且其认知方式与思维活动也包含着理性的因素。尽管从表面上来看，人文科学是一种关注人的精神世界、重视人的精神追求与生存现状的、颇具人文关怀的一门科学，而自然科学对于理性、量化的追求几乎到了十分苛刻乃至于偏执的地步；然而通过思考我们不难发现，人文科学作为科学的一部分，虽然其中包含着一些非理性的因素，但是其本质上也是通过科学的观察、科学的思考和科学的方法去探索人类的精神世界、反映人类生存现状、揭示人类社会生活的本质与规律的一项科学活动。正如文德尔班所说的那样：“万物的那种超乎一切变化之上、表现实际事物的不变本质的一般规律性，乃是我们的世界图画的固定的框子；在这个框子里面，展开了一切对人类有价值的、体现着类的个别形象的活生生的联系。”[1] 文学作为研究“人”的学科之一，它的研究对象的特殊性，使得文学有着区别于其他自然科学研究的人文性与非理性因素，然而这并不能否认文学作为一门人文学科所具有的科学性的事实。我们还应看到，文学的研究对象并不是机械地组合在一起的，而是作为一种活动着、处于不断变化之中的有机体，与发展中的社会生活产生着千丝万缕的系统的联系。正如康德所说的：“每一种学问，只要其任务是按照一定的原则建立一个完整的知识系统的话，皆可被称为科学。”[2]

长期以来，在人们固有的传统科学观中，人们总是将科学视为一种纯粹“理性的”“确定的”“客观存在着的”的东西，更有甚者认为科学是一种与人类无关的至上真理，其关键只是在于我们何时去发现它，“科学就被看成为某种超出人类或高于人类的本质，成为一种自我存在的实体，或者被当作是一种脱离了它赖以产生和发展的人类的状况、需要和利益的母体的‘事物’”[3]。这种科学至上的唯理主义精神一度使科学的地位上升到无以复加的位置。但我们应该看到，科学从始至终就是人类对客观世界进行改造的一种认识活动，这种单方面地将科学活动视为“客观的”、与人类无关的至上真理的看法无疑割断了认识活动中作为认识“主体”的人类和被改造的客观世界这一“客体”之间的关系。人们对于科学之认识的局限性并不仅仅在于此，人们不仅容易割裂科学认识活动中主体与客体之间的关系，而且总是习惯于从非历史的角度来看待科学的认识活动。在一般的认知中，生活在客观世界中的人类是认识活动和实践活动的“主体”，我们更应该看到，“主体”在进行认识与实践的过程中，并不是

① ［德］文德尔班：《历史与自然科学》，见《现代西方哲学论著选辑》上册，商务印书馆1993年版，第72—73页。

② ［德］汉斯·波塞尔：《科学：什么是科学》，李文潮译，上海三联书店2002年版，第11页。

③ ［美］M. W. 瓦托夫斯基：《科学思想的概念基础——科学哲学导论》，范岱年译，求实出版社1982年版，第29页。

头脑完全空白的，而是建立在“主体”已有的经验和理论基础之上的，“‘主体’并不是生物学意义上的‘人’的存在……而是社会的、历史的、文化的存在，即马克思所说的作为历史的‘结果’的存在；同样，……‘客体’也不是与‘主体’无关的自在的事物的存在，而是被主体认识和改造的对象性事物的存在”①。

“主体”与“客体”的这种在历史存在中相互作用的关系使得人们在进行科学的认识活动中不可避免地运用已经占有的经验与知识理论，这种不断继承与兼容的现象贯穿于整个科学活动之中。可以很明显地看出，自然科学是“站在巨人的肩膀上”一步步前进的，“科学认识以一系列的发现构成，每一个后来的发现都使从前的发现过时。科学的这一形象无疑将科学置于与传统连续不断的冲突之中。即便是没有一个科学家能单从他自己的观察起步，他必须以其前辈的结论作为出发点，但他的任务还是去更新他所接受的知识。发现者的职责是摧毁沿袭下来的传统，给后来的科学家提供一个更好的传统。这样，就出现了循环——接受传统，传统，创造并延传传统，废止传统……”② 哥白尼的“日心说”提出首先源于对前人“地心说”的否定，再如牛顿力学与量子力学、欧氏几何与非欧几何等无一不是这样在否定与肯定中不断发展的。而人文科学尤其是文学虽然与自然科学相比有其特殊性，但这种推陈出新的创造精神却是与自然科学具有内在的一致性的，区别只是在于自然科学是在否定——肯定——否定的无限循环中进行创造与再创造，体现出一种一往无前的气势与决心；但人文科学尤其是文学，在对传统的态度上则体现出一种“向上的兼容性”。文学家们进行创造活动时也追求“新变”，如曹操、杜甫、韩愈等，他们倡导的一次次的文学革新在文学史上是不容忽视的。然而值得注意的是，虽然文学艺术在人类的历史文化中获得了长足的发展，无数新的文学作品不断被创作出来，但《诗经》《楚辞》、古希腊悲剧、英雄史诗仍未有过时之说，依然屹立在文学的神圣殿堂中被一代又一代的人们虔诚奉拜。正如有人说的那样：“人文学科对于传统所持的这种兼容立场其原因在于它所致力表达的思想、感情、意志和欲望原本就是个别的、特殊的、一次性的，而且是无差等的，对其可以分出新旧，但无法分出优劣，见仁见智、

---

① 孙正聿：《论哲学对科学的反思关系》，《哲学研究》1998 年第 5 期。

② ［美］E. 希尔斯：《论传统》，傅铿、吕乐译，上海人民出版社 1991 年版，第 140 页。

莫衷一是乃是再平常不过的事。”[1]

二 历史的容涵性：文学的“科学性”问题的思想价值

马克思认为，文学活动从发生学上来看，其起源的根本原因是人类的生产劳动，人类最基本的生存需求是文学艺术产生的根本动力。生产力的低下、生产工具的落后，使人们不得不在严酷的自然环境中努力寻求生存发展和繁衍的空间。面对种种当时不可知、不可理解的事物与现象，人类通过丰富的想象力逐渐将神秘的、不可操控的自然力人格化、神圣化，并以此来表达他们对自然的崇拜与美好的祈求，于是出现了祭祀、图腾等艺术的早期形式。人类的祖先们在取火、狩猎、耕作、治水等生产活动中，逐渐学会了运用生动、概要的话语来记录当时的活动，比如神话中的“燧人氏”取火、“神农尝百草”，又如“大禹治水”时代对当时地理的记载，再如《弹歌》中的“断竹，续竹，飞土，逐肉”仅用8个字就把制造工具、进行狩猎的全过程精彩呈现出来，这些都构成了我国诗歌的早期形式。这些原始科学成为艺术活动的重要源泉，极大地丰富了艺术创作的题材与内容。另外，随着劳动生产力的提高以及由此而产生的丰富的劳动成果所带来的愉悦感，使得人类的自我意识逐渐觉醒并不断发展提高，为人类提供了更为广阔的文学艺术创作的前提条件。

劳动作为文学艺术的起源，“是一切人类生活的第一个基本条件，而且达到这样的程度，以致我们在某种意义上不得不说：劳动创造了人本身”[2]。劳动为文学活动的发生发展提供了坚实的土壤，而人类丰富的想象力则为创作披上一层七彩的感性外衣，文学艺术由此而产生。然而，想象并不只是文学创作的专有推动力，以理性思维和实证主义为主要特征的

① 姚文放：《文学传统与科学传统》，《文学评论》2000年第3期。

② ［德］恩格斯：《劳动在从猿到人转变过程中的作用》，见《马克思恩格斯选集》第4卷，人民出版社1995年版，第373—374页。

科学，同样也是起源于想象。在原始时代，人们种田靠天、畜牧靠天、航海也靠天，而对于当时自然和宇宙某些不可知性，使得人们对于这神秘的宇宙产生强烈的好奇与探究心理，人类对宇宙的起源与探索也是由此拉开了序幕。古希腊时期被认为是西方精神文明的源泉，公元前8世纪到公元前146年，在这大约650多年间的历史中，古希腊的智者们为人类创造了辉煌灿烂的文化，其在哲学、文学、科学方面的成就为后人的继承与发展奠定了坚实深厚的基础，而这一时期的关于天文学的革命与论争，也被认为是西方自然科学的起源。毕达哥拉斯、柏拉图、喜帕恰斯、托勒密等人基于丰富的想象与神话传说的基础之上，通过缜密的观察与论证，对宇宙的研究提出了几种不同的理论体系，为后世文艺复兴时期哥白尼"日心说"的提出提供了理论和研究依据，极大地推动了自然科学的发展。直到今天，科学家们也仍然认为想象、猜测是科学研究中一个十分重要的因素，我国著名科学家杨振宁先生也说："科学是猜想的学问。"（2013年5月19日《开讲啦：〈科学与文学的对话〉》）正是人类的好奇与想象，激发了人们去探索宇宙、认识宇宙的决心与信心；也是这种想象，激发了人们去表达在社会生存中的各种情绪与感知的热情，由此可见，想象为文学和科学的发展提供了多种丰富的无限可能，想象对人类来说是至关重要的。

作家通过丰富的想象力，在基于现实生活基本逻辑事理的前提下，揭示人类社会生活之内蕴，这在体现文学价值的同时，也对自然科学的发展产生了一定的预见作用。比如前面所说的从古希腊、古罗马的神话到哥白尼"日心说"的发现与提出；再比如从中国古代嫦娥奔月的神话传说再到今日嫦娥探月工程的成功实施；又如科幻小说中对于机器人的想象与描绘再到今天这种想象被科学家们予以发明与运用，等等。种种现象无不体现着丰富的想象力所带给人类的巨大的精神财富与物质财富，这种对于科学发展的神秘预见的文学作品还有很多：巴尔扎克于1841年在他的长篇巨著《人间喜剧》的前言中就提到"在人体中有一种神秘的液体"，而直到1902年科学家斯塔林和贝利斯才发现了"荷尔蒙"；凡尔纳的《海底两万里》中所描绘的巨型船不正是今天潜水艇的原型吗？但我们更应注意到，文学对于科学的这种神秘的预见功能，并不只是作家们绚丽多彩的想象力的作用，它也是作家们以已有社会实践经验为基础来进行大胆的想象、夸张与虚构的。尽管文学作品中所蕴含的艺术真实是超越了生活真实对人类存在的社会进行更为本质的反映，但是我们更应看到，艺术真实首先是基于生活真实，然后再通过想象与虚构来创造各种具有真实性的艺术形象的。这种艺术真实并不是对现实的远离与扭曲，而是对生活现实进行的一种重构，是对生活现实的真实性进行更高层次上的强调与显现。艺术真实所进行的这种强调，不仅仅单纯地指文学创作对象的客观性与真实性，还指包含在客观对象中的种种关系的事理逻辑性。文学创作不仅是对现实世界的反映与再创造，更是对人类社会的本质与发展规律的发掘与揭示，这就必须要强调社会生活中的逻辑性在文学作品中的重要性。一部成功的文学作品，一个首要条件就是基于人们生活中的常识与一般性的事理逻辑来进行创作的。例如英国小说家笛福的《鲁滨逊漂流记》中对于故事情节的描述就符合我们一般所了解的逻辑理性，主人公在18年的荒岛生活中计算时间、造船、制陶等求生的方法，是在主人公遇难之前所生活的世界中已经就有的，是符合事物发展逻辑的，类似于这样的例子不胜枚举。我们再来看以绚丽多彩的想象和热情奔放的语言进行文学创作的浪漫主义文学作品，如《西游记》中各路神妖鬼怪的描写、对孙悟空通天能力的刻画；《聊斋志异》中满世界的神仙狐鬼精怪形象的塑造；《悲惨世界》中冉阿让形象的塑造等，这些人物与事件看似在我们的现实生活中是不会出现的，但仔细观察不难发现，这些作品中所描述的种种事件无一不是来源于我们所生活的世界，是对现实世界中人情关系的反映与折射，依然蕴含着人们对于真善美的强烈追求。这种虚构与想象有时看似荒诞离奇，但只要细细品味就能知道，其中所体现的人类社会的事理逻辑性是隐匿于大胆的虚构与想象之下的，是另一种意义上的“真实”。

人类的历史正是在文学想象与科学实证的相互作用中不断推进并在现代展现出一种一往无前的态势。科学的发展丰富了文学创作的题材与形式，甚至改变了文学创作和交流的媒介载体；而文学对于科学的这种神秘的预见功能不仅有助于人类进一步深化对科学的理解、并在理解中不懈探索，而且有助于进一步深入对人类的认识活动乃至整个人类活动的认识，因此，对于文学的“科学性”中所蕴含的这种历史的容涵性的正确认识与深入理解，是文学在科学至上的唯理时代中寻求长足发展，并承担起完善社会人文价值观的责任的关键之一。

三　文本的阐释性：文学的“科学性”问题的拓展与升华

“每一种科学在不同的科学中占有一定的地位，并确立自己的存在，这首先在于它具有某种特殊的研究对象，研究现实世界各种现象某一特殊的领域和方面，而这些领域和方面，都各有自己的存在和发展的规律性。”[①] 要确定文学作为一门学科的合法性地位，就要明确其学科对象发展的规律性以及文学话语的独特性，这是文学学科获得独立性的标志之一，也是文学科学性确立的关键因素。文学作为研究“人”的活动之一，是通过语言文字来理解、阐释处于历史发展中的人的世界，是对人类社会的反映与揭示，以此来表现人类社会之“真”被无数文学家与美学家视为文学艺术的生命之源。现代法国小说之父巴尔扎克说：“艺术家的使命就是把生命灌注到他所塑造的这个人体里去，把描绘变成真实”[②]，高尔基也曾说：“文学是巨大而又重要的事业，它是建立在真实上面的，而且在与它有关的一切方面，要的就是真实！”[③] 文学创作这种对于“真实性”的诚挚追求，不正与自然科学求真求实的客观理性精神具有高度的相似之处吗？通过观察我们不难发现，文学中所蕴含的这种求真求实的科学意识，在文学作品中处处可见。在中国古代的文学作品中，我们能够找到很多文学反映科学技术发展的例子。被誉为“千古万古至奇之作”的《天问》中，屈原就试着推论出了自古人们所认为的“天圆地方”的错误，这“完全可能是基于几何学的分析，应用精确的推理，并且以气势磅礴的诗句写成的最早的宇宙学论文之一”[④]；比如唐代诗人李白的《秋浦歌十七首》其十四：“炉火照天地，红星乱紫烟。赧郎明月夜，歌曲动寒

① ［苏］波斯彼洛夫：《文学原理》，王忠琪、徐京安、张秉真译，生活·读书·新知三联书店1985年版，第1页。

② ［法］巴尔扎克：《〈故物陈列室〉、〈钢巴拉〉初版序言》（1839），见王秋荣编《巴尔扎克论文学》，程代熙译，人民文学出版社1986年版，第143页。

③ ［苏］高尔基：《给安·叶·托勃罗伏尔斯基》，见《文学书简》上卷，曹葆华、渠建明译，人民文学出版社1962年版，第217页。

④ 李政道：《科学与艺术》，上海科学技术出版社2000年版，第85页。

川。”熊熊炉火映照天地，点点红星紫烟缭绕，这首诗就以极富活力与张力的语言生动地描绘了盛唐时期中国冶炼工人的劳动场景，反映了中国唐代科学技术的发展。再如白居易的《大林寺桃花》：“人间四月芳菲尽，山寺桃花始盛开。长恨春归无觅处，不知转入此中来。”全诗不仅蕴含了无尽的诗意，而且前两句更是道出了气温是随着海拔高度的增加而递减的科学原理，反映了山地垂直气候的差异性。又如《墨子》一书不仅蕴含了“兼爱、非攻”的墨家学说，而且还反映了一系列关于几何学、物理学、光学等方面的科学原理；还如《山海经》《徐霞客游记》中对地理学的反映，等等。

文学作品中反映各种科学技术和科学发展的科学意识，只是文学所具有的科学性的体现的一个方面。文学科学性的更为重要的体现，则是其描写对象的客观性以及对蕴含在对象之间的种种复杂关系的逻辑事理的理性追求。我们知道，文学作为一种创造活动，它首先是对对象世界的认知、理解、反映与阐释，尽管作家们在反映对象世界、揭示人类社会生活的现实过程中不可避免地渗透着自己的个人好恶、艺术虚构等主观的情感因素，但是作为文学的描写对象的现实世界，是一个客观存在的实体，这就决定了文学描写对象的客观性、真实性。文学所蕴含的这种真实性，并不只是对客观世界的再现与照抄照搬，这样文学存在就毫无价值可言，因为若是着力于再现过去存在的现实世界，这是历史学家该关心的问题；而现在存在的现实世界就是真实存在在那儿的，如果只是单纯地再现，更是没有丝毫价值与作用。文学是通过作家对现实生活的认知与感悟，透过人类生存世界的表层、以艺术的视角与表现手法来把握、揭示人类社会生活的内涵与规律。这种艺术真实是对现实生活真实性的一种抽象与感悟，是文学反映现实却又超越现实的独特性之体现。这种文学对于现实的超越主要源于以下几个方面：其一，文学创作是艺术家对现实世界理解与阐释的产物，虽然来源于现实，但是艺术家在创作的过程中，必然蕴含着自己的个性情感、审美趣味等主观因素，这种个性化与普遍性的结合、主观性与客观性的统一造成了超越现实的审美反映；其二，作家在进行文学创作的过程中并不是如摄影机般地再现，而是通过自己对现实生活敏锐的观察力与感悟能力，对存在于生活真实中的种种进行筛选、提炼、概括并加以塑造与重组，文学作品中“典型性”的塑造便是这一过程的生动体现，这种通过“杂取种种，合成一个”的典型人物的塑造方法，在文学作品中屡见不鲜；其三，作家不只要对现实生活的世界进行有选择的提炼、归纳与总结，另外在重组与塑形的过程中，还要通过丰富的想象力与透彻的感悟力，运用各种艺术手法（如虚构、烘托、渲染、夸张、讽刺、抒情、议论、对比等手法）进行文学创作，这更为文学超越生活现实插上了一对五彩的翅膀，给人以更高境界的审美体验与艺术追求。正如吴小美先生所说的："对于文学艺术作品，只需稍微仔细分析一下，就会发现它们是对人、对人的群体、对人处于其中的物的群体、对人和物的群体进行考察和思考之后所作出的、也许只有结论的'科学调查报告'。"①

四 结 语

工业革命开创了以机器取代人力、以大规模工厂化生产取代个体工场手工生产的新的社会局面，极大地推动了整个人类社会现代化的历史进程。工业革命的发展以及由此所带来的一系列的科技成果，促进了自然科学的迅猛发展，使人类对自然和社会的认识能力以及改造能力出现了前所未有的突破，由此所发生的一系列科学神话使人类更加坚信：只有科学，可以带领人类在进步之路上不断探索，进而达到一个个人类文明的高峰，自此自然科学的地位在人类社会中逐渐提高到一个前所未有的高度，科学家以及科学原理俨然成为社会生活公正而客观的"立法者"。另一方面，以感性为主要思维方式的人文学科，特别是文学，则在这个以理性思维占据统治地位的时代中受到前所未有的挑战。"科学加冕为人类的文化之王，与此同时，文学这位昔日的文化王后却被打入冷宫。"② 文学所赖以生存的社会现实发生了重大的变化：物质生活方式的巨大变化引发了价值观念、精神世界的转变，"旧有的价值观念体系正日益崩解，价值的碎片在人们头顶的上空纷纷扬扬，文化的转型使整个社会卷入了价值失范的眩惑"③。文学面临着价值与思想的双重考验，并开始逐渐呈现"边缘化"

---

① 吴小美、董华峰、丁可：《文学艺术与科学同一性的探讨》，《文学评论》2003 年第 2 期。

② 魏家川：《科学与文学：从"两种文化"看文学的祛魅》，《文艺争鸣》2006 年第 3 期。

③ 舒也：《人文重建：可能及如何可能》，《文学评论》2001 年第 3 期。

的趋势，更有学者提出“文学死了吗”的质疑与论断，传统的文化价值观念受到前所未有的挑战，这一系列的变化使得文学生存和发展的状况日益严峻。人文知识分子的精神世界在社会经济转型与文学价值失范的情势下面临崩塌、岌岌可危。“文学自救”以及如何“自救”成为当下的社会现实向文学提出的一个重大难题。而文学要寻求自身在困境中的发展，明确自己的学科定位、把握文学科学性的本体性质便是其最为重要的前提条件。作为人文学科的文学必须通过冷静、客观地自我审视，在实证主义与理性主义占统治地位的时代中，准确把握自身学科的发展规律，承担起拯救社会道德、完善人文价值观的责任。

当代马列文论研究的“瓶颈”问题

在经济全球化的背景下，马列文论面临着新的问题与挑战。如何继续发挥马列文论的指导作用，分析和解决现实问题，如何正视当代马列文论研究中存在的“瓶颈”问题，是我们必须关注和急于解决的现实问题。本文立足于当代马列文论研究的现实，试图从当代马列文论的发展与创新、中国传统文论和马列文论的融合，以及马列文论研究的跨学科视野这三个方面具体解读当代马列文论研究的“瓶颈”问题。

随着经济全球化和科技信息的迅猛发展，或显或隐、或大或小的变化和冲击在各个学科领域不断上演，当然，马列文论也不例外。马列文论自产生的一百五十多年以来，产生的巨大影响是有目共睹的。世界是运动、变化发展的，任何以孤立静止的眼光看待世界的学说和观点终将会走出人们的视野。虽然马列文论也遭受过各种怀疑和挑战，但每一次挑战不能不说是其又一次的兴起和发展。理论本身在不断发展的同时，也被理论家们悄悄变化成各种新形式。在市场经济发展日益深入的今天，马列文论也正面临着新的挑战与契机。

一　“发展与创新”：当代马列文论突破的“双翼”

以互联网为代表的新媒体的飞速发展使网络成为大众学习、生活必不可少的工具之一。网络的强大影响，加快了文艺领域的数字化进程。“高科技时代电子传媒的发展，使文学从手写和排版印刷时代进入电脑和数码传播时代，这使文学生产和传播的速度前所未有地加快，文学的覆盖面因电子网络传播，因与电影电视等图像、音响艺术的结合而空前广泛。甚至还出现了电脑也能创造作品的前景。因而，马克思主义文艺理论也不能不研究这些新的文艺现象，并从理论上给予正确的回答。”① 新媒体对文学的全方位介入，改变了传统的书写习惯，BBS、网络博客、网络小说、手机小说、多媒体艺术不断挑战着传统的文艺观，促使我们不得不关注新媒体下的文学艺术变迁，重新审视传统的文学习惯和艺术观念。

以辩证唯物论和历史辩证法为基础的马克思主义文艺学，所要解答的是艺术与现实之间的审美关系问题，在此基础上构建的文艺学观念及其理论体系，形成了文艺本质论、文艺创作论、文艺功能论、文艺生态论、文艺发展论和文艺批评论。新媒体的出现改变了原有的艺术传统，而文学艺术作为对社会生活的能动反映也必然会发生相应的变化。因此，马克思主义文艺学要在新的社会环境下不断发展、与时俱进，就不得不在新时期的大环境中“自我反省”。在研究中我们发现，问题主要表现在两个方面，“问题之一，存在着将马克思主义文论纯粹知识化的趋势，其文论的内在生命活力彰显得很不够；问题之二，马克思主义文论的实践品格被严重弱化，失去了对当下文学、文化现象的评判力，其理论解释的有效性受到质疑”②。由此可见，马列文论要适应发展着的现代社会，就必须注重理论本身的发展与创新。从某种意义上说，发展和创新已经成为马列文论所要突破的“双翼”。笔者以为，马列文论要有所发展和创新，首先要回归到马列文论经典，在经典的重读中得到新的启发和领悟；其次要重视马列文论的实践精神，充分发挥理论对实践的指导意义。

作为马克思主义理论重要组成部分的马克思主义文艺理论产生于早期资本主义时代。古希腊神话、荷马史诗、莎士比亚、歌德、但丁、巴尔扎克是马克思和恩格斯面对的文学对象，在他们的著作中也只能看到《巴黎的秘密》《济金根》和《古城姑娘》等一系列作品。试图在马列文论中找到完美诠释现代社会的文艺现象和问题的理论根据的想法是极其幼稚的，这种想法毫无疑问也是与马克思主义文艺学的精神和方法相违背的。正如马克思主义创始人所说：“我们的理论不是教条，而是对包含着一连

① 张炯：《马克思主义文艺理论及其面临的挑战》，《徐州师范大学学报》（哲学社会科学版）2010 年第 3 期。

② 张永清：《从“西马”文论看当代马克思主义文论话语形态的建构》，《文学评论》2010 年第 5 期。

串互相衔接的阶段的发展过程的阐明。”[①] 随着历史的发展，马克思主义文艺理论的某些论断或意见有可能会失效或过时，但它的主要基础和灵魂方法却不会过时，从某种角度讲，存在主义的马克思主义、实证主义的马克思主义和分析学的马克思主义等都是将其理论与方法在新的领域的应用和体现。这对我们研究马克思主义文艺理论有极大的借鉴意义，我们可以在回归经典之中领会新的符合马克思主义文学理论立场的重要的精神和方法，并加以改造和发展，用于解决现今我们所面临的文艺领域的问题和疑惑，以求得马克思主义文学理论的新发展。

经典的学习在任何时候都是十分必要的。这里所说的学习，不是把经典当作教条或无所不包的概念、词条，而是从马列文论经典出发，以马列文论的基本精神和原则为指导，以现存的社会现实和问题为落脚点，充分发挥创造力，从而得到新的启发和智慧，这也正是马列文论的要求和意义所在。现在的一些研究，存在着对原始资料重视程度不够的问题，任何脱离马克思主义产生的社会和历史环境去研究马克思主义的方法都是不能完全把握马克思主义理论的真谛的。所以，我们要高度重视经典的学习，这样才不会偏离马克思主义文艺理论的基本精神。我们若能对马克思主义经典作家的全部著作做实事求是的深入研究，无疑对于研读和探寻马克思主义的真理是具有重大意义的。“马克思主义经典作家没有给我们准备现成的答案，马克思主义文艺理论必须通过自己的探求来寻找答案，根据马克思主义经典作家的大量著述和方法论，创造性地描述马克思主义文艺学的本来面目，这是完全可以做到的。”[②] 如果不能秉承马克思主义文艺理论的基本精神和原则，那么，任何在此基础上的理论和认识的思考无异于无稽之谈。只有恪守马克思主义文艺理论精神，充分领会经典的要义，加之新的领悟和发展，才能对当今的现实问题具有借鉴意义，才能有助于认识问题和解决问题，从而与马克思主义与时俱进的品格不谋而合。

全球科技发展所带来的信息大爆炸，使得各类信息和资源充斥着人们的眼球，同时也在改变着各个学科领域的面貌，马克思主义文艺理论也面临着被如海浪般的信息浪潮所淹没的危险，不得不慎重思考学科的创新和发展，否则，极有可能走上淡出大众视线的道路。在中国现代化进程中，

① 《马克思恩格斯选集》第 4 卷，人民出版社 1995 年版，第 680 页。

② 董学文：《马克思主义文论教程》，广西师范大学出版社 2002 年版，第 8 页。

马克思主义文艺理论要想继续发挥其能动作用，就要正视和发挥理论对实践的指导意义。面对当代文艺创作中所表现出来的人的精神的缺失问题，一些作品中感官欲望、享乐主义泛滥，一味消解崇高，迎合大众低级趣味，造成作品的文学性严重缺失，以中国化的马克思主义文艺理论为指导，正确认识理性、感性和非理性思想在文学艺术中建构新人文精神的意义，对文学艺术中人文精神的彰显有着重要意义。只有高度重视马克思主义文艺理论对文学实践的指导作用，遵守其基本精神和原则，才能充分发挥其科学指导意义，获得长远发展。

当前研究中，还存在着偏离马克思主义文艺理论实践品格、淡化批判精神的问题，只有对这些问题给予足够的重视，我们才能在解决问题的过程中充分发挥理论的指导作用，寻找理论的创新和发展。马克思主义认为艺术的起源是劳动实践，实践是马克思主义文艺观的一个重要内容。任何理论都是在实践之中产生并最终用于指导实践的，马克思主义也不例外，它的产生是以无产阶级与资产阶级尖锐的矛盾下工人阶级的运动和起义的实践为背景，在马克思和恩格斯等人的广阔的学术视野下的总结实践中最终形成，并应用到指导无产阶级运动、推翻资产阶级统治、建立社会主义最终达到共产主义理想社会的实践中。“实践是马克思主义创新的最根本动力。当代人类社会发展迅速，人们的实践领域越拓越宽，人们的实践活动越来越丰富多彩，因此人们在新实践中总结新经验所得出的新结论，总是层出不穷的。这给马克思主义创新和发展提供了丰富的养料。”① 此外，马克思主义文艺理论是马克思和恩格斯在对当时文学作品的批评实践之中逐步建构的，必然对当时乃至以后的文学实践具有指导意义，在以往的马克思主义文学理论研究中，我们曾一度把重点停留在理论本身，关注理论的内涵和意义，很大程度上忽略了理论对现实的文学现象的巨大指导意义，在今后的研究中，我们要更加注重马克思主义文学理论对实践的引导作用，更好地运用马克思主义文学理论解决我国文艺领域所存在的新问题和新现象。

批判精神可以说是贯穿马列文论发展的主线之一，“马克思主义文艺学说充满着批判精神，这是它的特色，也是其固有品格”②。马克思、恩

① 陈立旭：《当代马克思主义创新的特点》，《延边党校学报》2003 年第 4 期。
② 董学文：《马克思主义文论教程》，广西师范大学出版社 2002 年版，第 251 页。

格斯是与资产阶级坚决斗争的勇敢的战士，他们以批判的眼光审视包括资本主义文学现状在内的整个资本主义社会，从他们对消极浪漫主义的批评之中我们可以看到他们对于反映现实生活的现实主义创作的推崇，在他们眼中，文学并不只是消遣的工具，而在很大程度上是配合工人运动进而解放全人类的理论武器，他们引导人们对社会现实进行理性的思考。在一定条件下，正是这种独特的批判意识才使得马克思主义文学理论经得住时间的考验，永葆活力。我们要高度重视马克思主义文学理论的这种批判精神，用批判的眼光看待当今文学创作和批评实践中的问题和不足，尽量避免迎合大众低级趣味、享乐主义泛滥等现象，带动作品文学性的复归，进而推动我国文学艺术的健康有序发展。

马克思主义文学理论发展到今天，经历了无数现实问题的检验和考察，必须承认，任何理论的发展和完善都不是一帆风顺的，我们只有坚守马克思主义的理论要义和基本精神，将理论经典同现实需要进行对接，重视发挥理论对实践的巨大指导意义，充分发扬马列文论敏锐的批判精神，才能推进马列文论的现代化转型，实现理论的发展和创新，以求得马克思主义文论的新发展，保持该理论强大的生命力。

二　“兼容并包”：马列文论与中国传统文论的融合

自马克思主义诞生以来，每每谈及马克思主义文学理论，都会从两条线索出发，即以西方资本主义社会为代表的马克思主义文学理论的研究和发展以及以社会主义或曾经的社会主义阵营的苏联和中国为代表的马克思主义的研究和发展。马克思主义作为科学世界观和方法论的结合体，虽然强调无产阶级的立场，以实现社会主义为最终目标，但从其产生的那一刻起，就注定它不但是社会主义的指路明灯，而且在超越了社会形态的层面上，它的光芒也是其他理论无可匹敌的。虽然在马克思主义发展的道路上时刻伴随着复兴和萧条相继的过程，但是它从没有退出过人们的视线。在文艺理论硕果累累的今天，这一理论的魅力依然不减，它从未停止脚步，并以新的形式出现在大家的视野中，正因为其本身具有跨学科的特质，从某种角度来看，马克思主义已经突破了学科限制，广泛融入结构主义、精神分析学、女权主义乃至于后现代主义理论之中。真理是具有生命力的，同时也必然具有与时俱进的品质，能够摆脱特定的社会历史现实的限制。马克思主义提出的并不是解决一切问题的万能钥匙，要想找寻解决问题的途径，还需要我们加强对理论的了解和把握，沿着马克思主义基本精神原则，从中获得有益的启示，这便是真理的魅力所在。

马克思主义理论体系，众所周知，是一个由马克思主义哲学、政治经济学和科学社会主义等多个领域所构成的完整的理论系统。而马克思主义文学理论，作为马克思主义的组成部分，虽然马克思没有单独论述过，但不可否认它也必然是一个整体的系统。那种只抓住只言片语，孤立片面对其进行背离马克思主义文学理论基本精神的解读的观点是极其错误的。对于任何学科，如果缺乏对其整体把握，是很难深入下去的。加强马克思主义文学理论的整体认识，要以研读经典为出发点，只有全面深入地把握这一理论的基本构成观点和原则，才能树立起对此理论的整体意识，才能从形形色色的理论之中分辨出真正符合马克思主义文学理论基本精神的观点，才能从研究经典的过程中得到新的启发。同时，伴随着历史的不断推进，特别是席卷全球的经济全球化浪潮，使得任何理论都不能独立于这一大潮外而独善其身，各国的马克思主义文学理论研究都必然面临新的形势和挑战，因此，促进各国研究的对话和交流将势在必行。对于中国而言，我们就要积极参与国际学术交流，了解最新研究成果，直接对话学术前沿，逐步树立国际视野，为我国马克思主义文学理论研究征得一席之地。

回首马克思主义文论在中国的发展历程，可以说是硕果累累。毛泽东曾经说过：“马克思列宁主义的伟大力量，就在于它是和各个国家具体的革命实际相联系的。”① 正是因为马克思主义有着如此巨大的生命力，是一个开放的发展的理论系统，因而在中国得到了广泛的传播，不断实现着马克思主义中国化的进程。1942 年，毛泽东同志发表的《在延安文艺座谈会上的讲话》首次提出了文艺为广大的人民服务的观点，并以此为原则建构了毛泽东的文艺理论体系，走出了马克思主义文艺理论中国化的第一步；在新时期，邓小平同志将马克思主义与中国改革开放的具体实践相结合，提出了建设有中国特色的社会主义理论，这就决定了在这一时期的

① 《毛泽东选集》第 2 卷，人民出版社 1991 年版，第 534 页。

文学任务，就是以服务新时代和弘扬主旋律为中心，正如邓小平同志所讲的："文艺是不可能脱离政治的。任何进步的、革命的文艺工作者都不能不考虑作品的社会影响，不能不考虑人民的利益、国家的利益、党的利益。"① 江泽民同志的"三个代表""一手抓繁荣，一手抓管理"，胡锦涛同志构建"以人为本"的社会主义和谐社会、文艺要"三贴近"、文艺要弘扬"社会主义核心价值观"都是包括马克思主义文学理论在内的各个领域的马克思主义中国化的成果。

然而，在马克思主义文学理论中国化的过程之中，也存在着许多亟待解决的问题。在西方理论充斥我们眼球的同时，受到挑战的不只是马克思主义文学理论，我们的传统文论也面临这一挑战。

在五四新文学运动之后，我国的文学理论就一度被分割成了现代文论和传统文论两个互不相干的领域，造成了发展上的断裂。当我们意识到信息技术飞速发展的现实社会中的许多问题不可能在以儒释道为核心的传统文论中找寻到答案时，中国古代文论便被搁置了。人们更多地崇尚西方的各种文学理论，但这些理论在实际应用中不免会犯一些教条主义、生搬硬套的错误，而中国传统文论是在我国漫长的历史发展进程之中积淀而成的，是中国人几千年智慧的结晶，没有任何理论比它更加具有中国气息。因此，我们在任何时候都不可以抛弃这一理论。尽管随着社会的进步，难免会出现一些过时的观点，但仅因如此便将其全盘否定的做法是不可取的。由此可见，实现中国传统文论的现代化转型是我们面临的一个重要使命。同时，马列文论要想与中国实际相结合，更好地实现问题的解决，就必须与中国传统文论相融合，促进马列文论的中国化。

伴随着改革开放和西学的兴起，盛行于20世纪90年代文学理论界的"文论失语症"问题对我国传统文论造成的影响不可忽视。"'文论失语症'的核心观点是，中国当代文艺理论基本上在借用西方的话语说话，离开了西方的话语，中国的学者就不会说话了，中国的文论长期处于表达、沟通、解读的'失语'状态，而且这种'严重的文化病态'还不只是中国当代文论的'急性病'，而是自五四以来就患上的长期的'慢性病'，也就是说，从高呼打倒'孔家店'开始'求新声于异邦'，西方文

① 《邓小平文选》第2卷，人民出版社1994年版，第244页。

论大举进入中国学界以来，中国文论就一直患着‘失语症’。”① 对此，学者曹顺庆先生有深入的分析：“……经由一个世纪的演化，移植的知识已成为我们的新传统。我们被这样的新传统灌养成人，我们整个的知识立场和视野已全面系统地置身于现代西学的知识谱系中，我们对诗、对艺术、对事物，一句话，对一切可以用知识的方式来研究和理解的对象，都是用西学的知识原则和理论逻辑来处理的。这样，就决定了：一、中国传统的诗学知识从现代中国的知识系统中逐渐疏离了出去，成为‘他者’，传统诗学由此而显得‘模糊’、‘含混’、‘不清晰’、‘不准确’、‘无系统性’。传统诗学对本土的中国人来说成为地地道道的异质的知识。二、我们抓不住传统。由于我们是用西学知识原则和理论逻辑来理解传统，使得‘研究’传统实质上就是将传统知识向现代西学知识质态同质化回归，无论是阐释、分析还是评价，都是将传统知识‘转译’为现代知识。”② 由此可见，在对待这一问题上，我们不能简单地坚持中国传统文学，闭门造车，也不能全盘西化，置本土文学传统于不顾。一方面，中国传统文论面临着一个现代性转化的契机，不断发展自身的现代性，以适应现代文学发展的要求；另一方面，作为异质的马克思主义文艺理论，要想在中国范围内发挥其巨大作用，就不得不立足于中国这一现实基础。建设有中国特色的马克思主义文学理论应与中国传统文论相融合，以实现其中国化的重铸。

要实现马克思主义文学理论与中国传统文论的融合，首先要提高研究人员自身素质，因为问题所涉及的两大部分跨度较大，涵盖古与今、中国与西方、传统与现代等领域，是一个涉及多角度交叉的复杂系统，这就对研究人员的知识领域及视野高度提出了更高的要求，只有具备深厚的知识积淀和理论素养才能在促进马列文论与中国传统文论融合的过程中不断推陈出新，作出具有建设性的贡献。其次，要善于寻找二者的共同之处，比如，马克思主义十分注重对立统一的唯物辩证法，认为矛盾时时存在、处处存在，贯穿于事物发展过程的始末，而“祸兮福之所倚，福兮祸之所伏”“阴极生阳，阳极生阴，孤阴不生，独阳不长”无不显示着中国传统文论的辩证法观点；马克思主义是十分重视人的主体性和主观能动性的，

① 曹顺庆：《文论失语症与文化病态》，《文艺争鸣》1996 年第 2 期。
② 曹顺庆：《从“失语症”“话语重建”到“异质性”》，《文艺研究》1999 年第 4 期。

认为人总是以主体的身份，按照自身的愿望来改造和控制大自然，人的主观能动的实践活动是区别于动物本能活动的重要标志，而在中国传统文论中的“人定胜天”“天地之性人为贵”无不闪烁着“人论”的光芒。既然二者的理论主张具有交叉点，在研究时就可以以此为出发点，对二者进行深层次的挖掘，在比较中求融合，在联系中求发展，为马列文论和中国传统文论融合开辟一片崭新的境域。最后，要重视开放性、创造性思维的培养，在研究过程中充分发挥主观能动性，摆脱传统思维的束缚，坚决杜绝闭门造车，以开放的姿态对待西方理论，秉承传统文论的优秀品质，取其精华，去其糟粕，兼容并包，在促进马列文论和中国传统文论融合的同时，兼顾推进中国传统文论的现代化转型和马列文论与时俱进的现代意义的探寻。

三 “它山之石”：当代马列文论研究的跨学科视野

从现实条件来看，在与外国马克思主义文学理论研究的交流中，西方马克思主义文学理论是一个不可忽视的对象，对于促进我国马克思文学理论研究的发展有着重要意义。正如山东大学谭好哲先生在全国马列文论研究会第25届学术研讨会上指出，西方马克思主义文论的引进和传播不仅对整个新时期文艺理论研究的思想解放和观念更新起到了重要推动作用，而且开拓了马列文论的问题视域，给我们的学术研究注入了新的活力和提供了新的理论武器，使理论研究能够对异质思想敞开包容、涵括与吸纳的胸怀，在交流、对话、互动、融通中发展中国自身的文艺理论。加强对西方马克思主义文艺观的研究，使其与中国马克思主义文学理论相比照，有助于从整体上提高我们研究马克思主义文学理论的水平。

毋庸置疑，西方马克思主义文学理论是在马克思主义的基础之上发展起来的，相对于中国马克思主义文学理论最大的不同就是现实环境的变迁，在某种条件下，我们可以把它看成马克思主义在新的历史条件下的深化和发展。在西方，中间阶层的增长导致两极分化矛盾的减弱，以及包括工人阶级的各个社会阶层发生了复杂的变化，这为马克思主义提出了新的发展要求，因而马克思主义文学理论研究也面临着改革自身的新问题。不难看出，应运而生的西方马克思主义文学理论虽然在一定程度上偏离了马克思主义的基本精神和原则，但是它必然包含着一定符合社会发展需要的新内容，其现实性的研究视角，为在阶级矛盾异常激烈的前期资本主义社会基础上建立起来的马克思主义开拓了新的视野，对我国发展社会主义解决现实发展中所存在的问题，具有十分重要的借鉴意义。此外，“西马文论生成和发展历程中存在一个极为重要的理论转向问题，即由经典马克思主义所关注政治经济领域向文化领域转移”①。这无疑对研究和促进马克思主义文论中国化的发展具有重要意义。

对作为科学理论的马克思主义文艺理论在当代的发展状况的研究中，我们对西方马克思主义文学理论的研究日益加强，也取得了多方面的研究成果，越来越多的学者投入到对“西马”的研究之中，对建设有中国特色的马克思主义文学理论作出了重大贡献。西方马克思主义文学理论继承了传统马克思文论的批判精神，这一点主要表现在法兰克福学派的主张上，该学派又被称为“批判的社会理论”，而这一流派的中心问题是关于美学、艺术、文化等领域的问题，这便凸显了西方马克思主义文学理论的另一个显著特点，即更注重文化领域的研究，更加强调文学艺术的意识形态性。马克思主义文学理论认为，艺术是一种“社会意识形式”，属于观念的上层建筑，并以一定的经济基础为支撑，是作为物质生活过程的反射和反响的理论观念和理论体系，而西方马克思主义文学理论在强调文艺意识形态的性质的基础上把经典作家的观点大大地深化了，把艺术革命、艺术解放视为人类解放、人性复归与人的全面发展的必由之路。此外，西方马克思主义文学理论更注重人的精神和人道主义的地位和作用。例如，被奉为西方马克思主义“宗师”的卢卡契就表现出了浪漫主义倾向，并将浪漫主义与马克思主义相结合，把马克思主义理解为本质上是人的解放和复归的学说。

在对西方马克思主义文学理论的审视中，我们会发现，无论是批判精神、文化艺术抑或是人道主义的观点对我们解决现实存在的新问题和新挑战都具有借鉴意义。首先，在市场经济条件下，文学作品的商品性日益突显，商业价值一度超越作品的文学性成为判断作品价值的重要依据，作家

① 孙士聪：《“西马”视域中的马克思主义文论中国化》，《东方丛刊》2006年第4期。

中不乏追逐市场占有量而一味迎合大众趣味的倾向，我们需要以批判的态度，对此进行坚决的抵制；其次，面对全球化席卷全球，文化领域也不例外地加速着其全球化的进程，铺天盖地的外来报纸、杂志、著作、电影、电视、有声读物占据着我们的视野，影响着我们的视听，干扰着我们的判断力，因而，如何发展中国文化产业，抵制新一轮的文化侵略已经成为一项紧迫的任务，我们必须在推动文化交流的基础上开拓建立有中国特色的文化强国之路，注重理论建设，促进理论与实践的结合；最后，在以人为本构建和谐社会的过程中，一切活动的目的都是为了人的生存、享受和发展，和谐社会就是一个政通人和、人民安居乐业、社会福利不断提高的社会，文学艺术作为社会生活的能动反映，也必然会更加注重人的精神。

但是在研究西方马克思主义文学理论的过程中，我们也会发现其脱离马克思主义文学理论基本精神的一些观点和主张，如葛兰西无视经济基础在社会生活中的决定作用，企图用解放文化意识形态的途径实现工人阶级的自由和解放。法兰克福学派的马尔库塞主张用弗洛伊德的爱欲理论修正马克思主义，提倡以“新感觉”来解放人类，从而否定了马克思、恩格斯的历史唯物主义观点。因此，在与西方马克思主义文学理论的交流中，我们要坚持取其精华、弃其糟粕，剔除其背离马克思主义文学理论基本精神的部分，审视其适应现实需求的合理部分，不能全盘否定或肯定。当然，不只西方马克思主义文学理论对发展我国马克思主义文学理论有借鉴意义，任何西方文论，甚至对与马克思主义相对立的学说进行深入辩证的分析，都会对我们发展和建设马克思主义文学理论有着直接或间接的帮助和参考价值。这就要求我们在研究中要树立一种全球化的国际视野，以开放的心态，本着以更好发展为目的，加强中外、东西以及不同意识形态下各种理论的交流和对话，共同促进，共同繁荣。

四　结　语

人们常说，马列文论所面临现实环境是挑战与机遇并存，虽然形成这样局面的原因多种多样，但这又何尝不是为理论自身的发展和创新提供了新的契机？正确认识理论发展所面临的“瓶颈”问题，对症下药，这对理论的进一步发展可谓意义重大。充分发挥马列文论的巨大指导作用，发扬其理论批判精神，在与当代实际紧密结合之中求得新的突破，达到理论自身的发展和创新，进一步促进马列文论的中国化进程以及与中国传统文论相融合，树立马列文论研究的跨学科视野，用开放的胸怀去审视和对待马列文论的发展和进步，这样才能真正使理论与时俱进，指导变化着的实践，才能使理论永远散发着真理的光彩。

回望先锋：文学与记忆

回望新时期以来中国当代文学发展流脉，“先锋文学”是一个绕不开的关键词。如果我们把“85文化新潮”看作是中国当代文学发展的象征性年份，那么回到历史现场、历史语境就是一个很好的视点。我们既看到了从“新潮小说”“先锋小说”，再到“新写实小说”的历史发展轨迹，也从这些轨迹中看到了文学作为时代的表征的价值和本体意义。在今天，我们回望先锋文学，以学术的方式祭奠先锋文学，其目的就是在这种回顾与反思中重新建构先锋文学在新的时代语境中的新意义新价值。

面对先锋文学，如何以一种问题意识为导向的学术思考就显得尤为迫切。譬如这些问题：一、作为文学思潮的先锋文学。关于这个问题，张清华先生有一部专论著作《中国当代先锋文学思潮论》。在该著中，张先生详细地论析了这个问题。但笔者以为，这个问题的深入探究，应该包含这些方面：(1)中国当代社会发展思潮与先锋文学思潮的关系与张力问题。(2)新潮小说的主要流向、思想内涵，以及与寻根小说之间的关系问题。(3)先锋文学的历史源起问题。(4)《西藏文学》《人民文学》《上海文学》《收获》《钟山》等刊物与先锋文学。(5)吴亮、李劼、李陀、陈晓明、张清华等学者的先锋文学批评与中国当代先锋文学思潮的生成问题。(6)先锋文学发展演变的形式问题、发展动因、内在规律问题。(7)先锋文学在文学史建构中逻辑与历史、阐释与描述、自律与他律的关系问题。(8)先锋文学与文学史观的作用问题。(9)先锋文学与文学史叙述的模式问题。这些问题互融互生、相得益彰，共同构成了研究先锋文学的问题域和论域。这也是“活化”老问题与“深化”新问题的思维策略。二、中国与世界文学格局中的先锋文学。中国的先锋文学是世界先锋文艺思潮的重要组成部分，它以一种独特的中国文化表达方式诠释着“先锋意识”“先锋精神”和“先锋元素”。我们只有将先锋文学置于中国与世界文学格局之中，才能彰显出先锋文学的价值和意义，才能更加客观、科学地评价先锋文学。三、形式主义的实验抑或内在的先锋精神。狭义的先锋文学主要指的是 1985—1989 年间带有形式探索意味的“先锋小说”。形式主义，或者说是纯粹的语言实验是先锋文学的重要特征。先锋作家们以一种全新的言说方式给政治解冻之后的中国文坛带来了清新的空气。他们强调叙事方式和叙事策略，他们推崇主观感觉的书写，他们的语言风格迥异于以往的文学语言，他们的世界观、价值观、思维意识、艺术气息呈现出“先锋的锋芒”。四、先锋文学的现代性与后现代性。现代性与后现代性是先锋文学的一体两面。现代性是先锋文学的本质特性，而后现代性是对现代性的发展和超越。可以说，先锋派是现代性激进化的产物。在陈晓明看来，先锋派是远比现代主义和后现代主义更为狭窄和更为极端的概念，却又可以兼具这两种主义的状态和形式。但在约亨·舒尔特－扎塞看来：“现代主义也许可以被理解为一种对传统写作技巧的攻击，而先锋派则只能被理解为为着改变艺术流通体制而作的攻击。因此，现代主义者与先锋派艺术家的社会作用是根本不同的。”[①] 事实上，中国先锋文学的产生，缺乏西方先锋派生成的思潮语境和氛围，只是中国作家的自我写作探索和尝试。因此，我们在研究先锋文学的时候，既要将其置于世界先锋思潮之中，又要突显中国的现实状况和现实语境。五、否定自我与质疑的先锋文学写作。如果用现在比较流行的一个词“主要是看气质”来看先锋文学的话，“否定自我与质疑”就是它的鲜明气质。这种“气质场域”的形成来自两个方面，一是中国现实社会对先锋文学阅读所表征出来的“否定自我与质疑”；二是由此引起先锋作家对自我创作的“否定与质疑”。这两个方面形成一种影响的张力，在不断的解构中建构先锋文学。六、先锋文学与文学的未来。吴亮说：“真正的先锋一如既往。”先锋文学的形式探索、叙事方式、语言实验，先锋作家的解构意识、反叛精神，是先锋文学留给我们重要的精神遗产。从这个意义上说，先锋文学永不过时，永远和时代文学同在。中国当代文学的未来，离不开先锋文学的浸染，中国当代文学的时代使命需要先锋文学的精神气质。总之，这些问题的深入思考与论析，有助于我们重新认识和评价先锋文学。

---

① 参见［德］彼得·比格尔《先锋派理论》，高建平译，商务印书馆 2005 年版，第 11—12 页。

先锋文学的形式实验、先锋文学的解构意识、先锋文学的反叛精神，先锋文学对于历史的解构、对于意义的消解，先锋文学作品中对于现代人的内心的孤独、彷徨、焦虑、无奈的深刻表达等都极具有“永恒的质疑与探索精神”。这些精神和品格没有消失，在当代文学中仍然影响深远。尤其是“70后”作家，可以说先锋文学是他们共同的文学资源。诚如李敬泽所言，现在中国文学处理丰富和复杂的中国经验时，30年前的先锋文学没有终结，它仍然是一个重要的精神和艺术资源，有待于认真地梳理和反思。“在30年后，我们可能依然需要那样的精神，依然需要勇敢地面对认识和表达的巨大难度，依然需要面对艰险的挑战，对时间和自我做出新的言说。”

在今天，我们回望和反思先锋文学，这就给我们提出了一个不得不面对的重要问题：先锋文学给我们留下了什么？我们应该如何纪念这一份精神遗产？先锋文学在强调和凸显“先锋性”“探索性”和“实验性”的同时，是不是又走向了事物发展的反面，是不是造成了晦涩难懂而拒绝阅读。这些问题就要求我们不能只看到先锋文学美好的一面，而更应该看到璞玉之中的瑕疵。因此，我们就应该以思想的方式击中和穿透“先锋文学存在的意义中心”，从而剥离出蕴含其间的“镜”与“灯”。这样我们就能够看清先锋文学的历史性、生成性、丰富性、异质性和探索性。当然，这些性质元素都离不开“先锋”这个灵魂和核心的“元问题”。这个“元问题”成为先锋文学精神遗产得以化生的内核。笔者以为先锋文学给我们留下的精神遗产可以从这么几个方面来归纳：一是艰难的自我反叛与永不言败的探索精神。先锋就意味着反叛，意味着突破固有的牢笼。这种反叛和突破就是自由精神的彰显和创造激情的飞扬。先锋文学以形式主义实验引起20世纪80年代中国文坛的革命风暴，它以一种新的美学观念打破了既有的文学秩序。这种美学的锋芒，一直忽隐忽现地影响着中国当代文学的发展。二是对主体的观照和对人性的书写直面存在之困。先锋文学往往以死亡、生存、荒谬为主题来探寻人的存在之困。这种探索既有思想启蒙的意味，也有人文主义的气息。三是叙事的难度成就了叙事的高度。先锋文学被人指斥最多的就是“形式主义”的叙事冒险与文本实验，指责马原的“叙事圈套”捉弄了很多无辜的读者。但在笔者看来，正是先锋文学的这种叙事探索，让中国这个只重视抒情传统的国度开始积极探寻西方的叙事艺术。甚至由此在中国的学术界形成了持续不断的“叙事学”

研究热潮，出版了大量叙事学研究著作。正是在这个意义上讲，先锋文学的叙事难度成就了先锋文学的叙事高度和中国叙事学研究的高度。

总之，我们回溯先锋文学发生发展的历史，在历史现场中捡拾曾经的文学记忆。我们认为，中国当代的先锋文学，既赓续了五四新文学传统，又创造了新时期中国当代文学的一个辉煌，同时也潜在地影响了 20 世纪 80 年代以来中国当代文学的创作，尤其是 70 后作家的美学趣味和文学表达方式。诚如诗人骆一禾在 1982 年所言：“有一天先锋文学必将胜利，深入人心，但又踪迹全无。”也许，这就是我们今天纪念先锋文学的意义旨归。

二　当代思想视野中的文学研究

重塑中国文学的思想性

——以新世纪十年文学为例

文学是时代精神的一面镜子，透过文学可以了解一个时代的变迁。在市场经济高度发达的今天，文学受时代的影响而不断转变自身的角色，它由精神的引导者逐渐转变为文化商品。在这个“华丽转身”的过程中，文学不可避免地失去了应有的精神文化内涵。本文通过对新世纪十年中国文学的研究，试图说明新世纪文学的现状及其思想性的缺失问题，以期为新世纪文学思想的重塑提供些许有益的参照。

思想性是文学生命力的重要指标，一部文学作品是否能打动人心、流芳千古，很大程度上取决于文学作品中所蕴含的思想是否深远。但随着社会的发展，尤其是新世纪以来，中国文学面对强大的市场经济的冲击，作家们开始向世俗化的现实生活倾斜，文学在这种环境中逐渐失去了思想这根脊柱。而文学的思想性，曾被雷达先生誉为“文学的钙”，思想性的流失必然导致文学的无力。因此，重塑文学的思想性，已成为新世纪中国文学的一个艰巨任务。

一　“思想的滑落”：从“崇高”到“凡俗”

刘勰在《文心雕龙》中提出：“文变染乎世情，兴废系乎时序”，可见文学的兴衰与时代的变化是紧密联系的。进入新世纪，经济全球化、科学技术高度发展以及城市化进程的加速都使中国社会环境发生了重大的变化。而消费文化的盛行，更是让其固有的商业性、通俗性和娱乐性造成了对文学创作的冲击。在这样一个大环境下文学开始出现了向“物欲”倾斜的迹象，原本那种理性的智慧以及形而上的哲理品格变得模糊，文学的思想性在当下的消费社会中面临着巨大的挑战。

自古以来，西方哲学在“我是谁？我从哪里来？我到哪里去？”的经典发问中不断完善，而文学也应当是由作家对自身的生存与人生意义的追问中不断完善的。所以，文学的思想性，更多地体现为对存在与意义的发问，特别是对人与人性的深刻洞察与发现更有益于对文学思想性的提升。回顾20世纪八九十年代，文学主要是对群体文化精神特征的思考，主要表现为对群体的一种观照，其思想性体现为对崇高的追求，对国家、民族、历史、文化进行深刻的思考，在精神上予以观照。例如，柳青的《梁生宝买稻种》，其中通过梁生宝这一人物形象来表现在当时的社会中所崇尚的“照党的指示给群众办事，受苦也是享乐”的革命精神。王安忆借中国淮北一个僻远、贫困、近乎静止状态的小村庄，来审视传统文化的自救力问题的《小鲍庄》，还有张贤亮的《灵与肉》，谌容的《人到中年》等作品都包含了对于人生的深刻思考，表现为一种“崇高”的思想性。但到了新世纪，文学开始从高高的“神坛”上走下来，将以往对国家、民族、历史等宏大概念的关注点逐渐转移到寻常百姓的身上，进而强调人的感情和欲望，突出平凡世界中的凡俗人生。而产生这种变化的主要原因是现代社会科学技术的高速发展，人们生活节奏日益加快，在无形当中促使人与人之间的距离变得疏远。人们在认识彼此、认知自我时感到茫然和焦虑，这种心理上的变化使人们开始回到人本身，重新来关注人、认识人。

然而，新世纪近十年的文学对人的关注大都浮于生活的表面，不仅缺乏敏锐的洞察力，而且难以打动人心。尽管新世纪近十年来中国小说呈现出“繁荣”的景象，小说写作也明显表现出对普通百姓的生活状态的关注，但是在关注“凡俗生活”的过程中文学的思想性却逐渐被忽视。特别是当新世纪以来的文学作品中越来越频繁地出现了“底层”“打工”“讨薪”“弱势群体”“农村”“留守”等关键词的时候，很少有作品可以真正让读者走近它们，走近这些处于底层的平凡人的内心世界。它们的存在似乎只是热衷于展示平凡生活的表层，只是为了追逐当下写作的潮流。另外，由于对“底层”缺乏真正的了解和认知，有不少底层文学在表现现实生活时往往视角单一，在情节的设计上也缺乏新意。以表现乡村生活的作品为例，一些作品常常会展现乡村权力的角逐倾轧，作品中充满了心计、手腕、圈套和阴谋，梁晓声的《民选》、尚志的《海选村长》、曹征路的《豆选事件》、秦人的《谁是谁的爷》、荆永鸣的《老家》、陈中华的《七月黄》、燕华君的《麦子长在田里》等作品都不同程度上描写了乡村政治权力的争斗。这些小说在对乡村权力争斗的刻画中，往往止于对问题的揭露，而不能站在新的角度上反思乡村政治的现代性转化问题。而且这类乡土小说构建叙事情节与塑造人物形象的通常做法就是：作品中乡村权力的拥有者，通常借助权力满足自己欲望（金钱、性），权力的占有者把欲望得以满足作为自己占有权力的前提。这种做法已经成为描写乡村问题的惯用手法，毫无新意。

另一方面，新世纪底层文学中也常常展现城市与乡村的隔阂与对立，主要表现在乡村想要融入现代化的城市时，所产生的一种痛楚。这种痛楚被善于吸引读者眼球以此获得市场卖点的人利用，使之成为作品叙事的内核，并一次次将这种痛楚放大。例如，鬼子的《瓦城上空的麦田》写乡下人李四的孩子进城后失去了良知，泯灭了人性，逼死了曾视自己为“麦田”的老父亲李四。李佩甫的《城的灯》中，农村青年冯家昌在城市里受到利益的诱惑学会了各种权术交易，抛弃了几乎为他奉献一生的刘汉香。王祥夫的《一丝不挂》，写两个民工因被拖欠工资，而持刀逼迫欠债的老板脱光衣服，赤裸着身体开车，最终不幸死于车祸。这些进城农民在精神上的扭曲，似乎都是城市惹的祸。还有陈应松的《太平狗》《马嘶岭血案》，曹征路的《霓虹》，于晓威的《厚墙》等，都非常典型。对此种在文本中不断放大的各种苦难的现象，贺绍俊先生批评为“已经变异为一种‘恶意软件’，它强制性地被设置为文学的‘主页’，贪图轻松的作家自然接受了这样的‘主页’，因而在他们的小说里缺乏属于自己的真知灼见”①。

所以，不得不说明的是在诸如此类的文学作品中很难发现创作主体对于生活的深刻思考。无论是对中国社会历史进程的反思，还是对弱势群体内心世界的倾听，都停留在现实生活的表层，写作只是充当了现实表象的传声筒，很少有人能通过凡俗生活去展现人生底蕴和文化内涵。那些表面上走向了多元的乡土小说在事实上也已经陷入了重复表现、主体失语、想

① 贺绍俊：《肩负现实性和精神性的蹒跚前行——2006年的中短篇小说述评》，《小说评论》2007年第2期。

象力缺失、视角单一的状态，无法达到文学应该具有的精神上的冲击力和思想上的穿透力。此外，一些作者为了更好地体现凡俗的场景，在语言上还倾向于“以通俗之语叙写世俗人生，以粗俗之语展示俗人俗事，以俚俗之语描写凡俗场景”。新世纪小说作品中包含了太多的对生活场景、家长里短的烦琐描述，太多的个人经验、感受，并且过多地采用了粗俗的文字，使作品出现了从凡俗到世俗，再到粗俗的倾向。新世纪文学的这一倾向消解了文学的思想和精神，削减了文学对现实社会以及人性的深刻的洞察和反思。还有一些作家沉溺于现实生活中浅层情感以及纷繁杂乱的生活细节之中难以自拔。总之，“就涌现的文学现象而言，真正的有思想深度和广度，有现实感、宗教感的灵魂探求性的作品的缺失已经成为普遍的现象”①。

二 “高蹈的经验”：从“精神”到“生活”

与新世纪之前的文学相比较，新世纪的文学作品在思想性上完成了一次大的跨越。现实和社会的“紧张”关系趋于缓和，文学从以宏大叙事为主、注重精神的凸显，转变为日常生活叙事。主要表现为以贴近生活，凸显个人感官、情感和经验为主，而且在叙事时也不同于 20 世纪八九十年代的作品那样注重对情节的构思，以及写作技巧的运用。

新世纪文学越来越多地追求“想怎么写就怎么写”的自由创作，“从《一地鸡毛》《不谈爱情》的《烦恼人生》开始，《闯入者》历经无数次《哭泣游戏》，迈过重重《欲望》的《障碍》，进入了《抒情时代》，兴奋不已的《上海宝贝》们于是《尽情狂欢》，一路高歌《我爱美元》，单是《你和我跳过一次舞》远远不够，还应当《像卫慧那样疯狂》《玩的就是心跳》”②，这些小说毫无例外地以沉湎的方式，沉醉于物质化、欲望化的场景和生活经验之中。但是马尔库塞曾强调：“艺术只是在它使自己与我

① 雷达：《新世纪十年中国文学的走势》，《文艺争鸣》2010 年第 3 期。

② 向荣：《日常化写作：分享世俗盛宴的文学神话》，《求索》2002 年第 3 期。

们可能面对的日常现实相区别和相分离的这个意义上来说是超越性的。”[①]所以，过度沉醉于生活中的细枝末节、飞短流长是不可能洞悉到日常生活的隐秘本质的。文学应该与生活“保持距离”，以思考的姿态进入到生活之中，从而使思想之光穿透被欲望浮云所遮盖的生活，照亮现实生活的本真，以此表现文学超越日常生活的精神向度和无与伦比的价值意义。

与上述作品相比较，新世纪文学中也有一些优秀的作品，比如黄慧心的《女人的名字叫安》这部以现代女性的日常生活为叙事主题的小说，以平民化的视角围绕“家”来表现爱情、亲情、家庭教育，突出了小人物的生活观、价值观，从多个角度展现了与其他人物情感、观念的碰撞，具有较为深刻的思想性。而李师江的两篇长篇小说《比爱情更假》和《爱你就是害你》则是与个体独特的生活方式以及境遇相关的，里面包含了大量的私密的生活场景，当然也存在一些琐碎、无聊以及空洞的“生活”，而他往往可以借助生活来揭露生活中人们所蓄意掩饰的东西，让我们能从中窥见人的精神与生活的本真。然而像黄慧心、李师江所写的这一类包含思想性的日常生活叙事小说，在新世纪庞大的小说出版队伍中依然占少数。很多作品往往是对日常生活进行事无巨细的“描述”，而没有贯穿始终的人物情节，也不再注重作品的布局谋篇、人物的塑造。还有一些作家是将生活场景搬到台前，为人们展示生活、提供个人经验。还有一种说法，“认为新世纪的‘人’既不同于1980年代的‘理性’的人，也不同于1990年代新写实的‘原生态’的人，或‘欲望化’的人，而是日常化了的人”[②]。一些作者为了追求作品逼真的现场感，突出“本真”，利用“摄像机拍摄式”的描写方式，将所有的细节一一呈现。不可否认这确实可以给读者身临其境的感觉，但是这在一定程度上也淡化了“主体性”，作者本身的存在感被家长里短和事无巨细掩盖了，而这些细节在不同程度上会转移读者的视线从而影响读者对于作品更深层次的思考。同时，作家似乎在从“精神”走向“生活”的过程中逐渐丧失了应有的价值立场。在关注生活、表现生活时仍然没有走出物质主义的误区和阴影，他们将文学附着于生活的表层，将目光停留在物质世界的表层，而无法深入生活的

① ［美］马尔库塞：《作为现实形式的艺术》，见《西方文艺理论名著选编》（下），北京大学出版社1988年版，第30页。

② 张永清：《真实的碎片——90年代小说真实观透视》，《文艺争鸣》1999年第5期。

骨髓；他们止步于对生活中个人经验细致入微的描述，却根本不去表达人在日常存在中那种复杂微妙不可名状的内在精神；他们为了达到“绝对真实”，花费了许多精力和技巧用文字雕琢平庸与琐屑。作家们放弃了对原有精神栖息地的坚守，代之以一种随性的生活态度，满足于对事实的陈述，或以一种日常的生活场景、琐碎的生活细节、生活中的温情，个人心理感受来化解这些矛盾和问题，使之归于一种“必然”或“无奈”。

此外，新世纪尤为盛行的市井小说在描写普通市民的人情人性，以及日常生活的同时也在一定程度上淡化了文学的“载道”和“反思”的功能。虽然市井小说注重对普通市民生活状态的关注，表现出了对于普通民众的人文关怀，然而依然有一部分小说滑落到了物质和欲望的层面。它们不但难以引起读者的审美体验和深刻的反思，而且还容易走向低俗和病态的写作。其中贾平凹的作品尤为典型，贾平凹从 1993 年的《废都》把性作为文本叙述的核心，其文学创作就一直在使用这种“欲望话语叙述”方式，可以说贾平凹开启了“欲望化写作”的先河，到 2005 年贾平凹出版的第 12 部长篇小说——《秦腔》，其中也存在大量有关性场景的描述，甚至到达了“疯狂的地步”。后来的林白、池莉、棉棉、卫慧的作品似乎也“继承”了这种叙述方式，她们作品中也不乏对于性的大胆展示。而“性”对于中国这个有着几千年封建历史的国家来说，还是“难以启齿”的，但是这并不是表示对于性的描写就是道德沦丧、不知廉耻。古往今来，一些文学经典中也不乏对于性的描写，“性”本身就是现实生活中的一部分，它代表着人生来的欲望，而透过欲望所能看到的就是生活的本质。也正因为如此一些作家想借“性”来表现人的生活，揭示生活的本质。但是，在文学中我们不能用性概括生活，更不能让欲望遮盖生活，“欲望虽然是生活的一部分，可是文学还得‘打破生活’、‘再造生活’，因为文学毕竟不止于欲望的狂欢，更重要的是要完善人性、提升精神境界”①。所以从这一点出发，贾平凹在《秦腔》中就“没有自觉地认识到生理快感和心理美感的本质区别，从而忽略了人的深刻的道德体验和美好的精神生活的意义”②。

与此同时，官场小说、商战小说的创作同样也存在很多问题，一些倾

---

① 龚举善：《“新世纪文学”的八大趋向》，《中州学刊》2006 年第 6 期。

② 张未民、孟春蕊：《新世纪文学研究》，人民文学出版社 2007 年版，第 24 页。

向于对官场的窥视和陶醉，满足于娱乐、消遣、暴露的作品受到人们的追捧。这类作品只有指认能力，没有精神批判的能力，更缺乏充沛的正气，即便有些市井小说、官场小说、商战小说中的一些描述是对日常生活的真实反应，但是那些粗俗话语以及对日常生活场景不厌其烦的描述，不但不能表现出文学的审美性而且也不能展现人的精神面貌，对于真正的文学来说更是毫无意义，并且在一定程度上降低了文学的格调。因此，可以明确的是："社会愈是向物化发展，人就愈是需要倾听本真的、自然的、充满个性的声音，以抚慰精神，使人不致迷失本性。新世纪的文学有没有动人心魄的力量，就看它能否不断发出清新而睿智的独特声音。"[①] 所以面对新世纪小说中对人的这种"日常化"描写没有达到"浸润着深厚的人道主义精神"的高度，更多的则是表现为对一种生活状态的叙述或者是对生活经验展示的问题，我们应当给予更多的关注。而且，新世纪小说在"日常生活化"的过程中还存在一个问题，就是关于区别于现实的问题。日常化写作本身就是为了贴近生活，再现生活，然而它又不能完全等同于生活。所以在写作的过程中既要完整地展现生活内涵的丰富性使之达到作品最后整体的景观，又要在凸显丰富性的同时区别于现实，要从作品中透射出精神上的独特性。因为只有对生活的观察和感受与众不同，才能写出别样的人生。这与刻意地追求新意、引人注目不同，这完全来自于个人对生命的独特体验。现在的知名作家的作品在叙事和构思上比较成熟，有些见解也不乏深刻，但往往在思想上缺少足够的冲击力和对生命的感动。

三 "偏执之痛"：从"思想的匮乏"到"价值的重塑"

文学中的思想性是"直接从认识时代精神以及其他意识形态的活生生的形成过程本身来获得"。[②] 因此，文学是通过反映时代精神来进一步

① 雷达：《我们还需要文学吗》，《名作欣赏》2010年第16期。

② ［苏］巴赫金：《文艺学中的形式方法》，邓勇、陈松岩译，中国文联出版公司1992年版，第23页。

突出文学的思想性的。而文学的思想性主要表现在作者对所处时代的深刻领悟和阐释，它需要作者沉在生活的底层用更为宽广的视角观察生活，用更为理性的态度反映现实。另外，作者还需要对产生并正在形成中的思想问题具有敏锐的感知能力，并最终将自己对社会的感悟和理解注入文学作品之中，使现实生活在文学作品中得到反映和折射。然而，新世纪近十年的文学作品为追求市场效益、迎合大众的趣味失去了作品的主体性，作品无论是对生活的认识、生活境遇的展现，还是对社会的再现和描述，都缺乏深刻的情感介入，缺少了打动人心、拷问灵魂的东西。傅国涌先生曾感言道："20世纪早期历史上的鸳鸯蝴蝶派，以张恨水为例，他的小说够市场、够市民化、够畅销，但骨子里还是有人性，有善恶，有褒贬，有净化世道人心的功能。今天的大多数小说连这样最简单的功能也没有了。"[①] 他的观点在一定程度上说明了现在一些作家失去了深度写作的能力和追求，文学的责任感、神圣感在他们的作品中逐渐被淡化了。当下一些所谓知名作家有一个共同点：一味地迎合市场，追求极端化写作。他们不断地放大痛苦或制造感官刺激。让读者在"放大镜式"的作品中一次次感受苦难，窥探他人隐私。对于这种现象雷达先生认为："文学应当承担一种功能，即使不谈责任，但至少得有捍卫人类健康和内心真正高贵的能力，作家确实需要那种体贴、理解、追问、好奇和一种不倦的内心。"[②] 因此，作家应该重新审视一下自己以及自己的作品，看看是否达到了捍卫人类健康和内心真正高贵的标准。面对新世纪文学思想缺失的问题，笔者将其产生的原因归为以下几点：

首先，进入新世纪后，消费社会的特征越来越多地渗透到文化领域，而文化工业的盛行更是消解了大多数作家"十年磨一剑"的心性，一些作家没有耐心等待作品在数年后才得到读者的认可，而且面对着热闹的图书市场，许多作家都想借此来个名利双收。他们通过媒体的高调宣传吸引读者的眼球，并以此来快速提高自己的知名度。而中国每年的小说出版量的数额是惊人的，竞争也是异常激烈，所以想要在这里立于不败之地是非常困难的，因此一些作家为了能分得图书市场中的一块"蛋糕"，不得不

① 《思想界炮轰文学界——当代中国文学脱离现实，缺乏思想》，《南方都市报周刊》2006年第10期。

② 雷达、任东华：《新世纪文学初论——新世纪以来中国文学的走向》，《文艺争鸣》2005年第3期。

改变传统的写作方式，以媚俗的姿态去迎合市场，迎合庸俗心理的需求。

其次，随着网络技术的发展，文学作品的复制和克隆已经是屡见不鲜，而且写作的群体由单一的专业作家发展为专业作家与“网络写手”共存的现象。面对市场中激烈的竞争，一些作家为追求高产、谋求利益将文学当作商品批量生产，“写作”被取而代之为简单的复制和模仿。没有创新，没有深度，文学原有的探索精神更是被大多数作家所忽略。新世纪文学在具有强烈商品意识的作家们手中，已经不再具有精神的挑战性。文学在失去昔日的精神和灵气的同时，获得了普通庸常的世俗性，成为沉沦、适应的代名词，尤其是当下文学中所充斥的对性欲与色情不厌其烦的描述，使文学从此被笼罩在肉欲的迷雾中，使人们的欲望逐渐膨胀。失去了精神维度的文学让本能充满人类的躯壳，这种现象预示着精神之光毁灭后的文学荒漠时代的到来。

缘于此，笔者认为，新世纪文学发展的关键就在于对其思想性的挖掘和重塑。而要真正做到这一点，就需要对作家、作品以及评论家提出更高的要求。

第一，对作家而言，要明确创作的目的。现代社会的发展与经济的关系密不可分，然而文学作品的创作并不是以谋求利益为目标，更不是以提升作家知名度为目的的。作家在创作时其出发点应该是“善”，即在创作时要有责任感，要有悲天悯人的情怀。钱谷融先生曾说：“一切被我们当作宝贵的遗产而继承下来的过去的文学作品，其所以到今天还能为我们所喜爱、所珍视，原因可能是很多的，但最基本的一点，却是因为其中浸润着深厚的人道主义精神，因为它们是用一种尊重人、同情人的态度来描写人、对待人的。”① 所以作家要坚持人道主义精神，创作真正有思想内涵的作品。与此同时，作家面对市场经济下利益的诱惑，要坚守自己心灵的栖息地，表现出自己独有的思想和精神，从而形成自身独特的风格。

第二，对于作品而言，要突出作品的丰富性。这里不仅强调文学样式的丰富性，更强调作品在思想内涵上的丰富。现在“快感阅读在某种程度上取代了心灵阅读，消费性、游戏性的阅读取代了审美阅读，而且所占份额过大”②。出现这种现象的主要原因就是作品本身难以吸引读者，难

① 钱谷融：《论“文学是人学”》，《文艺月报》1957年第5期。

② 雷达：《新世纪十年中国文学的走势》，《文艺争鸣》2010年第3期。

以给读者心灵上的震撼，更不用说给予读者精神价值的拷问。虽然，现在出现了日常生活写作，以此来再现现实生活并试图展现现实经验，然而现实经验不能代替作品艺术境界和意味的生成，更不能通过现实经验来说明作品具有思想性。现实可以为文学创作提供素材，但对于现实不高明的还原无疑是对文学作品审美性和思想性的损害。因此，在追求作品的丰富性时，作者更应广泛取材，高度凝练，追求感性与理性的统一，用艺术的想象来完成作品、完善作品，这样才能树起精神的标高和塔尖。

第三，对于评论家而言，要坚持客观公正、敏锐深刻的原则。近年来文学界对于文学批评的批评也是不绝于耳，主要是从批评家的眼光能力到批评家的职业操守两部分进行的。现在文学写作与文学批评的关系已经陷入某种怪圈之中，难以自拔。“不少人把注意力集中在狭隘的专业领域，……不关注现实，放弃社会批判责任，不对社会承担道义，不为人类净化良知。他们丧失了社会公共代表的角色，被学科体制收编。”[①] 与此同时，不可否认的是，现在的评论家言不及“物”，他们和文本离得太远，有时未走近文本就习惯性地套用文学理论的框架进行评论。这种“不及物”的病症，主要是由于作家与评论家之间缺乏真正的对话，缺少灵魂的碰撞和精神的拥抱，批评家很多时候走不进作品本身，更走不进作家本身。在这种状况下，评论家已不再认真地去研读作品，了解读者，而是用大话、套话来对某些书进行赞扬或者扼杀，从而失去了批评家评论的独立性和敏锐性。

四　结　语

当下的中国处于一个急剧转型期，这一阶段包含极端的对立和巨大的冲突，这种冲突是文学最好的源泉，是优秀的文学作品诞生的一个契机，作家可以通过这些冲突来表达自己的思想。因为“思想是一部作品的灵魂，没有思想的作家是写不出有力量与经得起时间考验的作品的，所不同的是，每一个作家都有着各自不同的思考与发现，他们对生活的理解与反

① 刘川鄂：《文学学科建设中的某些问题》，《文艺报》2004 年 8 月 26 日（005）。

映也各不相同。所以面对以商业利益为目的的文学创作，我们重提思想并非毫无意义，而我们所能做的便是期待那更加绚丽丰富与更为深厚的思想的出现”[①]。然而，对于文学的思想性的重塑不能以过分强调思想为目的，而束缚文学作品的创作方式和内容，并且要考虑到对它的夸大会不会对作家捕捉生活细节造成伤害。与此同时我们还要注意作品的审美价值，毕竟文学需要给人一种美的感受，而新世纪的底层文学也好、亚文学也好，虽然贴近生活，但是有时对于现实生活的描写中出现了太多粗俗的词语，严重地损害了文学的审美性，使文学作品沦为一种消遣的、庸俗的读物。因此，我们要坚持文学的思想性，强调文学的教化功能，以丰富读者的知识，提升读者的素质为己任，做社会的“良知”，创造出更多题材丰富的优秀文学作品。

① 吴功正：《重塑文学精神》，《东南大学学报》（哲学社会科学版）2008年第3期。

文学经典：一个必不可少的参照系

对文学经典进行广泛和深入的阅读，是文学创作者以及文学批评家的必备素养，是普通读者提高文学审美和鉴赏能力的有效途径，也是人民大众感受民族文化、了解民族历史的一种方式。本文将参照当下文学现实，从文学经典对于创作者、批评家和大众读者三类人群，以及对于文学生态和整个民族所具有的意义角度，来阐释文学经典所具有的参照性意义和价值。

文学经典具有典范性和权威性，是经过时间检验的经久不衰的传世之作，是文学创作者、文艺理论批评家以及大众读者进行阅读的一个必不可少的参照系。文学经典主要包括中外文学名著以及文学经典理论文本。文学创作者在从事创作活动的起步、逐步成熟直至成为名家的各个阶段，都在不同程度上受到了文学经典文本的启蒙与滋养，并以此为参照，建构起了自己的文学观念体系。文艺理论批评家在大量阅读文学经典的过程中积累了丰富的感性知识，为客观、专业、理性的批评提供了坚实的基础。对于从事其他专业研究领域的人士以及大众读者来说，文学经典会为他们了解研究各方面知识提供重要的文献资料，因为文学经典必定是经过年代的层层检验后留存下来的文本。若将文学经典文本比作一个坐标点，那么其横向两端都有或将有很长的一段距离，昭示着历时的久远和将要存留的时间；其纵向两端涉及的范围也是相当广阔，历史、文化、风俗、道德、思想、文字、韵律等方面都有涉猎。另外，文学经典的道德性与审美性对于人们提升自身道德素养和审美能力也能起到潜移默化的作用，因为文学经典通常具有极高的审美价值和独有的文学性。不同的文学经典，其审美特点和文学风貌各有千秋，或是文采出众、韵味深长，或是理性尖锐、寓意深邃，或是意境优美、引人入胜，抑或是逻辑缜密、凝练概括。这些对于读者都起到了洗礼和陶冶的作用。文学经典不仅在学术领域意义非凡，对于社会甚至整个民族也影响深远。"经典是一个民族和国家的文学及其文化自觉与成熟的表征，就像一个人的健康成长离不开优质'高蛋白'和灵魂的栖居地一样，一个民族的精神培育、身份认定和形象建构也离不开'经典'的润泽和承载。经典作为'一个文化所拥有的我们可以从中进行选择的全部精神宝藏'（佛克马语），原本是文学、文化乃至思想学术中不可置疑的参照系和批评尺度。"[①]

文学经典是文学领域的精华，承载着精妙的文辞与哲思、广博的知识和文化，具有广阔的阐释空间和历时性。文学经典的阅读，对于文学创作者、批评家、大众读者和整个民族文化都有着极其重要的参照意义和价值。

一 文学经典的阅读对创作者的意义

优秀的创作者需具备天分与灵气、生活经历与体悟，更需要拥有丰富的经典阅读经验。古今中外，有所成就的创作者的创作思想，大都是有其深刻的思想来源的，这并不意味着他们的思想与经典思想来源完全一致，而是他们在解读经典作品蕴含的思想时，受到了启发，引发了自己的灵感，转化成为自己的创作思路。创作者从阅读经典出发，通过对文学经典里蕴含的有艺术灵气的生命的体悟，唤醒自我的情感记忆、价值体验与生命认知，激发创作激情与灵感，才得以创作出震撼人心的经典之作，走上真正的文学之路。

以路遥创作的《平凡的世界》为例，路遥就受到了很多外民族文学经典的影响。他在创作随笔中写道："我的精神如火如荼地沉浸于从陀思妥耶夫斯基和卡夫卡开始直至欧美及伟大的拉丁美洲当代文学之中，他们都极其深刻地影响了我。当然，我承认，眼下，也许列夫·托尔斯泰、巴尔扎克、司汤达……等现实主义大师对我的影响要更深一些。"[②] 确实，

---

① 童庆炳、陶东风：《文学经典的建构、解构和重构》，北京大学出版社2007年版，第377页。

② 路遥：《路遥文集》（1、2合卷本），陕西人民出版社1993年版，第262页。

路遥在创作《平凡的世界》的准备阶段和创作停滞阶段阅读甚至重读了大量的文学经典作品，阅读使他逐渐认识到作家的使命就是超越前人，但超越前首先要了解前人创造的伟大成果。他在随笔中还讲到他反复阅读加西亚·马尔克斯用魔幻现实主义手法创作出的名著《百年孤独》和他用纯粹古典式传统现实主义手法写成的《霍乱时期的爱情》，这些名著使他进一步认识到是否能够写出好作品不完全在于创作的手法，更重要的是作家如何拥有不平庸的思想和艺术洞察力。另外，路遥在具体刻画笔下人物形象的时候也受到了托尔斯泰、司汤达、巴尔扎克等作家经典作品的启发和影响。再如，当代著名作家莫言儿时读了《林海雪原》《青春之歌》《钢铁是怎样炼成的》等文学经典作品，受到了文学启蒙，之后他又读了《三国演义》《水浒传》等名著，还受到了沈从文和金庸两位大师作品的影响，启发了他的创作灵感和思路。他之后的创作还受到了美国作家威廉·福克斯和哥伦比亚作家加西亚·马尔克斯的影响，于 1986 年发表了中篇小说《红高粱》，使他的文学事业收获佳绩。鲁迅的《狂人日记》也借鉴了果戈理同名小说的日记体结构和病态心理描写的表现方法，冲破了传统的思想和手法，成为中国现代文学的辉煌开端。另外，亚里士多德的《诗学》也不是无源之水，而是参照了《荷马史诗》与索福克勒斯的悲剧等经典文本。更为典型的还有文学经典著作《红楼梦》，受到这部著作影响和启发的作家很多，比如说，张恨水创作的《金粉世家》，老舍创作的《四世同堂》，巴金创作的《家》，曹禺创作的《雷雨》以及张爱玲的作品《红楼梦魇》等都很大程度上受到了《红楼梦》的影响与启示。可见，不论是从构思、创作手法，还是细致到对人物抑或事件的描述刻画方面，文学经典对于创作者都有着至关重要的启蒙作用。

经典文学作品有着这样一种特质，它们犹如一颗颗种子，播种在文学创作者的心田。它们和其他各类经典的结合或者与创作者的现状和经历相结合就开始生长，形成萌芽，在适当时机就会启发创作者的灵感。它们又是一种记忆的深藏，时刻准备着有适当的机会涌现出来。另外，大量阅读文学经典可以使创作者逐渐形成一种理性的思维方式和较高层次的价值观与理念，学会以超脱的视角审视世间万象，潜在地制约创作者创作主导观念的走向，彰显作品的文学性、启蒙性、理性和民族性，使作品真正成为民族大众的精神食粮。不重视经典文本的创作者必定是狂妄的、封闭的、空洞的，极有可能在文学上走向歧途。

当下，从事文学创作的人受到快餐文化、网络文化以及商业文化的影响，少之又少的阅读文学经典，导致创作者自身文学素养不高，他们多数人经受不住长期寂寞的考验，又抵制不了经济利益的巨大诱惑，导致作品急功近利，浮躁气十足。由此看来，创作者素养的提升和文学体系的修复与重建工作愈加紧迫。重拾文学经典，发挥其精神启蒙和文化启蒙功能，重建创作者应有的伦理责任和道德关怀也迫在眉睫。

二　文学经典的阅读对理论批评家的意义

文艺批评肩负着为文学风气掌舵的使命，批评自身不是感性的生命想象与创造活动，而是理性的价值反思与评价活动。文学经典的标准和典范意义决定了文艺批评要汲取文学经典之精华，以文学经典为参照，对批评对象进行赏析与针砭。而当下文艺批评面临的道德教化功用减弱、审美价值失范与忽视文学经典这一重要参照系密切相关。

对文学经典进行解读在文艺批评活动中有着重要的意义。荷兰学者佛克马和蚁布思认为文学经典是“精选出来的一些著名作品，很有价值，用于教育，而且起到了为文学批评提供参照系的作用”[①]。吴俊先生曾这样评论文学批评家李建军：“在我看来，李建军的文学批评具备着坚实而明确的‘古典’基础。所谓古典基础，主要是指由西方、俄苏和中国传统文化等多个来源而形成的历史人文素养，这构成了他的文学批评的基本学理基础。也就是这种人文素养和学理基础，铸就了他对于文学的认识和信仰，并贯穿在他的批评活动之中。”[②] 陶水平先生也曾认为，文学经典是个别与一般的完美统一，对文学批评有着重要的参照作用，文学批评要以文学经典作为批评尺度。陶先生指出：“文学经典为文学批评的展开提供了一个标准和标杆。……大多数批评家失去了发现和指认文学经典的意

① ［荷兰］D. 佛克马、E. 蚁布思：《文学研究与文化参与》，北京大学出版社 1996 年版，第 50 页。

② 吴俊：《抵抗文学批评堕落的勇士》，《文学自由谈》2003 年第 5 期。

识与能力。他们关注的不再是文学的经典性品质，缺乏对文学作品的耐心细读。他们追逐大众文化市场中的文学热点、事件、现象和时尚，迎合大众文学读者变化无常的审美趣味，热衷于一种具体无对象目标的宏观全景式的泛文化批评。正是当代文学批评的经典意识以及阅读、批评与发现的缺失，导致他们对经典问题发言的失语或否决。”① 对文学作品进行赏析和良莠鉴别是批评家的重要职责，那么批评家则需要以文学经典的深厚阅读经验为支撑，才能更有效地完成批评活动。作为文艺批评者，应该把握好文艺批评的两个维度，遵循批评的学术规范。

为了构建健康的批评格局，批评家应首先做到阅读大量文学经典，通过阅读建立起严谨、扎实的知识结构，以具备专业的文学素养和理性的思维方式，避免文艺批评走向虚妄。如今，批评界富有文采和个性的批评不少见，以扎实的文学功底对批评对象进行审视和导引的学术性批评却少之又少。究其主要原因，主要是由于批评家缺乏丰富的经典作品阅读经验，缺乏必要的文学素养，思想匮乏，以致建立起的知识树异常弱小、虚空，至多也是外强中干，只能用新奇炫目的语言哗众取宠，难以形成高远深邃的观点和平和客观的批评品格。最典型和极端的现象就是网罗大量时政、热点的“酷评”“恭评”“骂评”，污染了真正的文学氛围，使创作毫无启蒙价值和审美享受；批评趋向平庸，无独到见解，或过分随意，甚至为了显示与众不同而进行诡辩，使文坛一片乌烟瘴气。美国批评家托马斯·门罗曾“批评‘小聪明’和‘随意撰写’的研究方法，并视为小心谨防的‘对手’，其实，这也是所有献身批评事业的人的共同‘对手’。批评的理性建构促使批评家依照某种既定的目标持续地发展，而不是以零碎的、即兴的、充满灵感的见解或稍纵即逝的念头来铺路”②。在批评家的批评格局中，精湛的专业知识和具有理性的思维方式是成熟的批评家从事批评活动所必备的素质。

其次，要注意在借鉴西方文学批评观念的同时与中国本土文学特征和现状相融合，进行辨析取舍后再“为我所用”。自 20 世纪初，我国开始引进西方现代文艺理论，到 20 世纪 80 年代，西方各派文论以迅雷不及掩

① 童庆炳、陶东风：《文学经典的建构、解构和重构》，北京大学出版社 2007 年版，第 272 页。

② 蒋原伦、潘凯雄主编：《文学批评与文体》，北京师范大学出版社 2006 年版，第 6 页。

耳之势主导了中国文艺批评领域，并大有蔓延之势。现在有很多批评家不惜放弃民族传统文学经典和自己的真实想法，一味追洋逐新，热衷于引用各种西方文论新话语，旁征博引，看似高深，实则是忘却了一个批评家起码的责任和文化良知，导致理论支点的缺乏、批评的失落、言说的无力，最终无法完成批评应尽的使命。季羡林先生认为："西方文艺理论体系……主宰着当今世界上的文艺理论走向，大有独领风骚之势。新异理论，日新月异，令人目眩心悸。东方学人，邯郸学步，而又步履维艰。西方文艺理论，真仿佛成了天之骄子了"，"反观我们东方国家，在文艺理论方面噤若寒蝉，在近现代没有一个人创立出什么比较有影响的文艺理论体系，王国维也许是一个例外。"①

没有把文学经典作为参照系的文艺批评就是没有正确指导方向的批评，没有充足理性思维的批评，也就不能成为真正的批评。当然，权威都有被颠覆的危险，文学经典具有动态性，自然也可以被质疑和批判，并且当今文艺批评的多元化也给批评者提供了言论的相对自由。但这并不意味着批评家们可以完全放弃对文学经典的阅读。若将文艺批评活动比作大厦，那么经典则是根基。没有了根基何来稳固的大厦？即使质量再上乘的砖土也会失去它固有的价值。所以，文艺批评者一定要重视文学经典的专业、理性和道德参照意义，确立正确的思维方式和审美价值导向，通过进行长期的大量的文学经典阅读活动，建立起自己的文学经典背景。

三 文学经典的阅读对大众读者的意义

阅读文学经典不仅为文学专业工作者创作和批评研究建构起参照系，其道德规正力和审美感染力也能对普通大众的精神品格产生极大的提升作用。富有高尚品格和审美情趣的文学经典影响了一代又一代人，美化了人们的心灵，优化了人格，提升了个人境界和群体素质，并且成为人们鉴赏文学的必要和重要参照系。只有进行广泛的经典阅读，大众读者才能在面对当下繁多的书籍的涌入之时，对应该"拿来"什么，抵制什么，在阅

① 曹顺庆主编：《东方文论选》，四川人民出版社1996年版，第1—2页。

读中接受什么，摒弃什么有较为正确的审视角度和判断标准，并且能够更有效地抵制住消费文明所产生的种种弊病。

评论家雷达先生曾呼吁青年给自己建一个“经典背景”，广泛阅读经典作品就应该是这个背景最亮丽的底色，青年人可以通过文学经典提高自己的欣赏品味。正如巴金所说：“我们有一个丰富的文学宝库，那就是多少代作家留下的杰作，它教育我们，鼓励我们，要我们变得更好，更纯洁，更善良，对别人更有用。文学的目的就是要人变得更好。”① 然而，在近几年，大众阅读文学经典的心境被消费时代所逐步吞噬。以大学生为例，他们阅读经典的状况令人担忧，我国大学生自觉阅读文学经典的数量少之又少，和国外名校学生相比差距显著。这种现象不仅对专业人才的培养具有负面影响，对健全人格的塑造也极为不利，而那些非大学生的社会大众则更处于一个漠视文学经典的状态中。

阅读经典作品是一种带有思考性和创造性的文化接受方式，使人明智、明理，对于一个人完善性格的塑造、整体素质的提升都极为有益。另外，大众读者阅读文学经典可以实现对于民族文化的初步或进一步的认同，并且对继承和发扬民族精神，使民族文化和历史传统的记忆更深刻起到非常重要的作用。既然经典的阅读对于普通的读者具有如此重要的意义，那么如何进行经典阅读，如何让阅读工作更有效，则需要不断摸索出一套适合而有效的阅读经典的思路与方法。

大众读者如何培植一棵健康、强壮的知识树是关键所在。一棵健康的知识树是由坚实的树干和繁茂的枝叶组成的。树干就是专业经典文献，枝叶则是由非专业经典著作及专业非经典著作等组成的。有这样一棵知识树，读者在阅读作品的时候才能有意识或无意识地运用经典的这一强大参照系。那么，“专业经典文献”这棵树干应由什么具体的经典文献来填充呢？经典应包括文学经典作品，还应包括古今中外的哲学经典、美学经典、文学理论经典等。各类经典不同的价值角度可以帮助读者建立一个完整的参照系，以便对文学创作或对批评对象作品作出准确、深度的评估。在市场经济飞速发展的今天，文学的启蒙意义、道德功用和理性反思力度日渐衰微，文学应有的社会承担意识严重缺失，伦理道德被放逐，商业意识却以加速度侵入文学肌体，作品只注重给读者带来感官的欢娱、日渐肤

① http：//dadao. net/htm/culture/2000/0731/263. htm.

浅与庸俗，却极大地忽视了作品的精神内涵、社会担当与精湛的艺术韵味，高度、深度、广度更是无从谈起，质量实在令人不敢恭维。更有甚者，用一种扭曲的、阴暗的思维和话语来表现现实生活，毫无审美性可言。再加上目前网络文学强烈吸引人们的眼球，审美范围的极度扩展和社会功利心的日益膨胀使人们更不愿意“浪费”时间去阅读文学经典文本。所以，当今大众读者通过阅读经典建立一套正确的文学价值观，以对文学作品能够进行基本的良莠鉴别是至关重要也是非常急迫的。

阅读经典还需要文学工作者和读者具备一种思维价值观，即美的观念，而非用现实实用的观念来审视文学经典。孙绍振在东南大学的演讲中对美的观念有详细的陈述，他认为美的观念“不仅仅是刻板的现实的模仿，只有超越了现实的真达到假定，才能进入想象境界，表达作家的精神世界。如果抱着机械的、教条的观念去读经典，连真实和假定的关系都没有起码的概念，要真正读懂经典是不容易的。一个经典往往经过多少代人读，多少个专家读，还能发现新的奥秘，这才是民族精神的真正的精华。”[①] 艺术的美是真实与假定的综合体，用歌德的话来说是“通过假定达到更高程度的真实”。文学作为艺术不能等同于现实，艺术的道德和现实的道德也有差异，我们在阅读文学经典的过程中不能以现实的道德标准来评判文学艺术，更不能以一种做逻辑推理演算的精确观和现实观来进行阅读活动，而是要怀着审美的态度和对精神美的追求。

在阅读经典的过程中，还要有怀疑的态度和质疑的勇气。经典固然是极优秀的，但是由于创作者自身知识素养、实践经验、价值观念以及所处时代的历史局限性，经典也必然存在缺陷。所以，对经典要有所扬弃，辩证地吸收。这样，经典参照系的建设才能更趋向完美。

四　文学经典的阅读对民族文化的意义

文学经典具有至高的示范性与参照性价值，具有深层的精神机制和严密的逻辑体系，为整个民族的文化传承与发展提供了强大的参照系统。民

① 孙绍振：《解读文学经典的意义——在东南大学的演讲》，《名作欣赏》2003 年第 4 期。

族文化是人类灵魂的栖息地和生态花园，而文学工作者就是园丁。

对文学工作者而言，大量阅读文学经典对于其专业知识结构的建立是着实重要的。如果一个文学工作者拥有坚实的专业素养和学术良知，并注重文学经典的参照示范功能，再具备一些文学的灵性，那么这个文学工作者将会是有所成就的。只有文学工作者对文学花园精心并正确地种植、修剪和浇灌，我们民族花园里的花朵才能越来越美，越来越健硕，民族文化才能得以宣扬与传承，而对于大众读者而言，阅读文学经典的活动也会为民族文化的承袭起到促进作用。

文学经典的阅读不仅在文学社会中有着重要的意义，而且对于大众历史观和民族文化观的贫乏和淡薄的关注与纠正也具有非凡的作用力。文化是民族的精神支柱，历史是贯穿民族的脊梁。而文学经典则是民族文化的重要构成成分和影响因素，负载了民族历史和民族精神文化。文学经典构成了一个民族形象的文化史，构成了活泼而富有魅力的民族记忆。

何谓文化？文化就是用一种合乎规律、有章有法的和谐思维、理念条理行之于一切，即“以文化之”。而民族文化有许多是通过文学经典流传下来的，文学经典为“文”提供了强大的参照系统，并且影响了“文”的形成，以致达到最优效果的“化”。文学经典的创造过程就是对文化的认同过程，而文化也在创作和后续阅读过程中得以延续和深化。文学经典不仅为个人提升精神素养和增加知识储备提供必要的参照资料，也是使民族文化深入人心，得到大众认同，进而发挥社会修复净化力，遏制消费时代带来的弊端所应摄取的必要营养。

文学具有包罗性，一部文学经典文本影射了一定时期、一定地域的历史沿革和民族发展状况，阅读文学经典对于了解历史演进，了解民族文化具有非常重要的参照意义，并且可以成为支撑一个民族屹立于世界的强大精神动力。因为历史发展历程的精华和典型代表相当大程度地在文学经典文本中有过不同程度的记载和描述，而思想文化的精华也在文学经典作品中得到了传承和发展。“阅读经典，本来是传统接续的一个途径……阅读经典不仅仅是历史文化的普及，常常也是传统和思想的提炼。”①“文学经典里凝聚着民族精神与时代精神。应当说任何民族都有自己的文学经典，而每个民族的文学经典里无不凝聚着特有的民族精神。中华民族在数千年

① 葛兆光：《现在，还读经典么》，《文汇报》2002年10月25日（015）。

的历史发展中，形成了十分宝贵的民族精神传统……而从时代发展的角度来看，一个时代有一个时代之文学，作为某个时代的文学经典，又无不体现该时代的时代精神。”① 然而，当下社会对文学经典阅读存在忽视的问题，这在文学领域中造成了严重的负面影响，问题的背后是整个社会人文精神的缺失、人们对于历史的无知、对于民族的发展也置若罔闻，导致整个民族威望的潜在降低。再有，忽视了文学经典的参照意义使得年轻的一代逐步或者已经丧失了自己对于历史文化和民族的了解，这是一个非常可怕的现象。忘记历史，民族会走向衰亡，而负载着历史印记、以唤醒民族认同感的文学经典一旦遗失，历史文化的命运将会如何，民族的命运将会如何，让我们备感忧虑。一个民族的发展不能忘记历史，不能忘记光辉的传统文化，而文学经典则是提供反思历史、反映时代、提炼文化的重要参照资料。

另外，文学经典的文字语言是民族语言应用的范式，折射出一个民族的精神理念与文化情感。文学经典很大程度上是一种民族语言和文化的集中象征和外在显像资料，渗透着民族的精神气质。由此看来，我们对尊经重典的传统还是应该适度地恢复和发展下去，这不仅是学术的要求，同时也是民族文化发展的要求。

文学经典对于民族凝聚力的提升、国家文明的延续、形象的提升、国民价值理念的修正也具有重大的意义，“雨果说过：‘试将莎士比亚从英国取走，请看这个国家的光辉一下子就会削弱多少！莎士比亚使英国的容貌变美。’同样，正因为有屈原、李白、杜甫、陆游、李清照、曹雪芹和鲁迅、曹禺、冰心等经典作家，我们的历史文化、国家风貌才显得如此富有魅力。”② “一个国家的美好形象，它的不朽的光荣，正是来自于它在文学、艺术和其他形式的精神文化创造上所达到的高度，所取得的成就。所以，一个伟大的作家，一个伟大的艺术家，对他的国家形象的形成所起的作用，是非常巨大的，甚至是无可取代的。”③

文学经典记载了一个民族衍变的足迹和成长过程中的心路历程，是人们回望民族历史的一面镜子，可以增强民族凝聚力和认同感。文学经典体

---

① 赖大仁：《当今谁更应该读经典》，《文艺报》2010 年 3 月 8 日（003）。

② 包明德：《张扬文学经典的艺术魅力》，《文艺报》2007 年 10 月 9 日（002）。

③ 李建军：《国家形象与文学艺术》，《中国社会科学院院报》2008 年 2 月 19 日（003）。

现了一个民族文化底蕴的深度和广度，具有丰富深厚的文化价值和建构民族文化认同的功能，这对于当代人而言，是回望历史、感受传承文化的重要参照资料。当下的很多年轻人在市场经济、网络时代和快餐文化等多重因素的影响下，其价值观、思维方式和行为习惯受到了潜在的侵蚀，对民族认同感的意识显著缺失，所以通过对文学经典的深入阅读和重读来回望和见证一个民族深厚的精神历史，构建民族文化认同感具有重要意义。

五 结 语

文学经典因其富含深层的精神机制、精深的知识建构和典型的审美特征，而具有绵延性、审美性和民族性。那么文学经典的阅读则对文艺工作者的创作活动有着启蒙意义，为批评活动提供理性的参照价值，使之能够对当今文学现状进行必要反思。纵观古今，横观中外，但凡是对时代、对世界产生重要影响的作家、文学批评家皆有深厚的大量阅读经典的经验。诚然，并非阅读经典就可以成就大家，但是经典的参照性作用确实是不容忽视的。加之当今文学创作和批评领域的一些畸形现状，作家、批评家专业素养的缺失，大量的作品和批评文本丧失它们所应具有的价值和意义，都和离开文学经典这一参照系有着密切的关系。对于大众读者而言，阅读文学经典则会得到美的享受、美的憧憬和美的陶冶。对于整个民族而言，铭记历史，不忘传统，也需要大量文学经典提供了参照依据。经典不仅提供了一种知识，更提供了一种态度，一种思维，一种观念，对于人生极具启示意义和参照价值。

当代诗歌的经典化生成问题

文学的经典化问题，是一个老生常谈的话题。当然，当代诗歌的经典化问题也如此，逃不脱习惯的窠臼。笔者曾经就经典性问题写过一篇文章，即《文学经典：一个必不可少的参照系》（参见《甘肃社会科学》2012 年第 1 期），较为详细地论析了阅读文学经典的意义。但就当代诗歌的经典化问题，笔者以为，我们不能简单地根据自己的阅读趣味去判定一首诗是不是经典？每个人的阅读趣味不一样，美感经验的生成也就千差万别，况且美感经验的生成受很多因素的影响。但是，我们可以分析构成当代经典诗歌的一些基本的元素，我们通过对这些基本元素的阐释，从而激活蕴含其间的诗美质素，让诗歌在阅读中获得经典的意义。经典诗歌的构成，至少包含这些元素。

一是经典化的诗歌应该具有“三美”，即闻一多先生提出的音乐美、绘画美、建筑美。中国当代诗歌经由现代诗歌的发生与发展，再到新时期诗歌的辉煌与沉寂，尤其是进入新世纪以来，诗歌不断地被解构，甚至走到了越通俗越直白就越好的境地。什么口语诗、梨花体等争相竞放，呈现出汹涌之势。曾经被誉为文学桂冠上的明珠的“诗歌”成为“飞入寻常百姓家”的普通之物，诗歌的高贵与神圣消解殆尽。从表象上看，诗歌的确接地气了，普通的读者都可以读诗和写诗了。但红火热闹的表象之后是诗美的弥散与意义的缺失，诗歌沦为快餐文化，成为昙花一现的文学流星。这样的诗歌是经不起时间的检验的，更无从谈及诗歌的经典化问题了。面对这样的当代诗歌现状，重新提倡闻一多先生的诗歌“三美”就显得迫切而重要，也是诗歌经典化生成的首要元素。

二是经典化的诗歌既要书写“大时代”，又要表达“小时代”。所谓的大时代是反映一个很长历史阶段中社会发展的全过程以及全过程的矛盾、规律、总特征等，具有普遍性和共性。所谓小时代是大时代中相对独立的发展阶段，它反映的是具体历史阶段中社会发展的主要矛盾、特殊规律和个性特征，具有特殊性和个性。经典化的诗歌既要具有这种“大时代”的宏阔历史意识，又要精准表达时代的主要矛盾、主要问题、特殊规律，也要凸显诗歌自身的细腻与丰富。诗歌也应该主动承担文学的社会责任，应该主动表达时代精神主题，应该对时代深层精神大问题进行把捉。今天的时代，似乎是一个“大时代”逐渐消解，“小时代”日益彰显的时代。在市场化的流行文本里，“大写的人”变得微不足道，而“蚂蚁”“炮灰”“粉末”成为关注的对象。人们目光的聚焦点不再是伟大的时代和宏大的主题，而是一些生活的碎片。一些琐碎、无趣，甚至是平庸的生活片段成为人们表达所谓“微茫感”主要内容。历史意识、民族情怀、时代精神，以及英雄主义成为明日黄花。丑和荒诞在人们的审美世界当中，获得普遍的认同，成为人们表达虚无的世界和虚无的自我的关键词。市场经济的影响和思想观念的变化让多数人已经丧失了考虑时代重大问题的习惯。娱乐与扁平是这个时代最大的特征。每天海量的信息正在淹没着我们，这些文化碎片肢解了我们的内心，我们被“小时代”的“小”所裹挟。诗歌需要聚焦这些“小”，书写出这些“小”的感觉和困惑，让这些“小”走出狭窄的内心世界，走向公共领域，在细微和琐碎中获得重大的意义。

三是经典化的诗歌不只是时代的回声，而且应当是时代的预言。当今的时代是一个不断被全球化、新媒体化、语境化的时代，也是一个普遍被金钱、权利异化的时代，人的道德滑向无边的深渊，人文精神成为一种虚妄的追求。诗人不会也不可能成为像田间一样的“时代的鼓手”，为时代鼓与呼，给社会造成一个意义的共同体、一个意义的系统，而应该立足于本时代，把脉、体会、领悟自己本民族深切的精神危机和意义诉求，做出诗学意义上的创造性回应。诗歌应该按照自己的方式和规律去塑造社会生活，去表达人的存在方式和存在的焦虑。诗歌应该高扬崇高这面大旗，以“理性的狂妄”拯救英雄主义的消退和精英文化的失落，重构人类的精神家园。诗歌只有直面时代，成为时代的回声和预言，才能消解“现代人的困惑”。这种困惑是现代社会给人们带来的人与自然的异化、人与社会的异化、人与他人的异化、人与自我的异化。这种现代人的“物化”和“异化”带来的直接的后果是“信仰的缺失”“意义的失落”“思想的迷失”。诗歌以其诗性智慧的光芒变革人们的价值观念、思维方式和审美情趣，从而力图改变人们的存在方式，塑造和激活新的时代精神。

四是经典化的诗歌既是发现的艺术，又是美学的艺术。意大利当代著名作家伊塔洛·卡尔维诺曾说："经典是每次重读都像初读那样带来发现的书，经典是即使我们初读也好像是在重温的书。"经典的诗歌就应该具有这样的品格，每次阅读的时候都有一种"发现"的快乐。人的世界在诗歌中生成"有意义"的"生活世界"，生命的体验在集聚中沉潜。诗歌作为"意义"的社会自我意识，就在于它是对"意义"本身的自觉寻求和表达。"意义"是人类的"生活世界"的历史创造，是诗歌的精神栖息地。没有"意义"的创造，就没有诗学的蕴涵，也就没有诗学精神的自觉。诗歌应该是源于生活激情的真诚叙事，体现的是善良的力量和美学的感染力。经典的诗歌应该是我们每次阅读的时候都能感受到真善美，让我们的心灵得到沐浴，灵魂得到净化，心智得到启迪。

总之，当代诗歌的经典化生成，就要求我们的诗歌是真善美的表达，是温暖的、有力量的、接地气的文字。只有这样的诗歌，才具有恒久的美学感染力，才让人常读常新，才是真正的发现的艺术。

返观与重构:经典重拍的冷思考

2010年中国电视剧市场掀起了重拍文学经典著作的热潮。经典重拍剧过度追逐经济利益，导致剧中充斥着感官宣泄和卑俗化表现。重拍剧对经典内涵把握和表现严重不足，导致文学经典虚无化，具体表现为人文精神、历史理性、艺术韵味三方面的浅薄化和扁平化。本文试图从民族文化、世界气派、文学经典的电视艺术转换几方面深刻反思经典重拍剧，以期对未来经典重拍剧有所启示。

20世纪八九十年代，中国古典四大名著被拍成电视连续剧搬上银幕，观众们欢呼雀跃，掀起了一个个收视高潮，改编后的文学经典成为当时街谈巷议的热门话题，甚至剧中的歌曲也红遍了大江南北。随着时间的推移它们渐渐淡出人们的视野，近来又掀起了重新拍摄这些电视剧的高潮，分外引人注目，2010年2月程力栋重拍的《西游记》在各大电视台上映；5月高希希重拍的《三国》上映；9月李少红重拍的《红楼梦》上映，张纪中执导的《西游记》、吴子牛执导的《水浒传》也在紧张的制作中。每一部文学经典重拍剧的上映，都在纷纷扰扰的争论中成为引人注目的文化事件，一方面是电视台、报纸高调追捧；另一方面却是网民的恶评如潮，一冷一热，引人深思。争论涉及演员演技、特效使用、台词设计、与原著情节差异等方面，随着重拍剧播放结束归于沉寂，新的重拍剧播出后又争论不休。作为文学艺术的研究者，我们有责任在这一热闹现象的背后做冷静的思辨，以期对中国的电视剧制作有所裨益。

一　快感与卑俗:利益的角逐场

进入21世纪后，我国市场经济进一步发展，与世界经济的联系日益紧密，我国社会已经悄悄步入消费社会，电视剧的制作不再是艺术创作，而是一个产业运作的过程。一部文学经典制作成电视剧，从制片策划、投资到演员聘金、购买放映权，一直都在形形色色的产业利益的权衡之中，一切都指向经济利益的最终决定因素——收视率。为实现利益最大化，电视剧制作者放弃了对艺术基本的追求和虔诚，放弃了艺术家起码的良知和尊严，于是，我们在重拍的电视剧中看到了最不愿意看到的情景：赤裸裸的利益追逐导致艺术本体的极度萎缩。较明显地表现为以下三种倾向：

一是明星炒作带来眼球经济。这些重拍剧从着手拍摄就开始在各种媒体上进行全方位狂轰滥炸式的宣传，这些宣传内容包括巨额的投资、拍摄进度的跟踪报道、强大的明星演员阵容、经过夸张渲染的唯美剧照、精心制作的片花等。这些电视剧在上映之前就吊足大众的胃口，对于能极大吸引观众眼球、带来可观红利的明星演员更是进行过火炒作，以至于严重影响电视剧整体艺术水平。

高希希执导的《三国》可谓不折不扣的全明星阵容。陈建斌是近年来人气最旺的明星之一，他在剧中所饰演的曹操本是一位雄才大略的政治家，是狡猾奸诈的枭雄，是眼光犀利的军事家，也是一位感念天下苍生的文人，对人生极端敏感的诗人，是三国时代最复杂、最富有人性魅力的人物之一，是剧中的灵魂人物。但陈建斌对这样一位人物的演绎实在令人不敢恭维，他的表演成了对曹操的拙劣模仿，曹操的雄才大略在他那里成了四处自吹自擂，枭雄本色蜕变为计谋得逞的窃喜，犀利的军事眼光简化为张狂的叫嚣，文人的悲悯隽永气质更是消失殆尽。比如曹操与袁绍是儿时的玩伴，青年时的战友，为天下形势所逼，被迫兵刃相见，他在追杀袁绍时，内心应该充满了无奈与惋惜，但当陈建斌歇斯底里的嘶哑声音“斩杀袁绍……斩杀袁绍……斩杀袁绍……”响彻长空时，命运多舛、人生无奈的复杂感情烟消云散，让人感受到的是变态的仇杀般的快感；赤壁之战中横槊赋诗一幕，本来既有大战在即的磅礴背景，又有曹操意气风发、感慨良多的丰富内心体验，蕴藉深厚，但陈建斌赋诗时，似乎是课文没背熟的蹩脚学生，仅剩文辞本身，“建安风骨”丰富的人文内涵彻底消散在他那看似庄重实则僵硬的表情中。造成这一状况的原因在于，明星们的文化底蕴不足、人文修养不够，没有能力完美演绎经典作品中内蕴丰厚的人物内涵。在利益和艺术之间，导演义无反顾地选择了明星，这一选择带来了辉煌的经济收益，也带来了滑稽干瘪的表演艺术。

李少红执导的《红楼梦》似乎走的是重视艺术的群众路线，其实从旨在遴选演员的“红楼选秀”的活动开始，就处处暗藏经济利益的盘算，结果直接戕害了《红楼梦》本身。“红楼选秀”的选拔范围宽泛到参赛选手不读原著，甚至连人物关系、基本情节都搞不清楚就可以入选的程度，这促成了成千上万的追名逐利的年轻人参与，选秀结束之后，数量巨大的选秀参与者和关注者就自然转变为新版《红楼梦》的收看者。可以说，被媒体炒得轰轰烈烈“红楼选秀”是提高新版《红楼梦》关注度的成功营销策略，却是甄选演员最大的败笔，这从剧中矫揉造作、顾影自怜的表演就一览无余。新版的王熙凤说完话总要喘着大气干笑几声，不仅丝毫没有演绎出“富家出身、不可一世”的凤辣子的神采，反而让人觉得十分做作；黛玉也是一脸的呆板，连葬花时“花落人亡两不知”令人肝肠寸断的话都说得如同忘词，岂能作群芳之首？自己尚未入戏，又如何能打动观众？出现这种情景的原因要么是选出来的演员没有领会《红楼梦》的精神内涵，要么就是缺乏应有的表演才能。剧中用大量的旁白代替剧情与一味进行选秀炒作、导演忽视对原著内涵的把握、新演员忽视演技提高也不无关系。

二是景观特效走向感官快感。现代科技的飞速发展带来影视制作方法的革新，三部重拍剧不约而同地以大量的影视特技作为创新的突破口，荧屏上原本充当配角的技术冲到前台，令人眼花缭乱的特技镜头成了主角，制造了一个个“视觉奇观”。导演沉溺于用电子合成技术单纯展现并刻意放大原著当中所描写的种种“景观”，原因就在于强烈的视觉冲击在吸引观众注意力方面，具有直观易感的压倒性优势，可以直接通过高收视率攫取高额的商业利润。但是“技术主义很可能变成压迫人、限制人的异化力量，形成一种技术拜物教。一旦文化的超越性为技术的实在性所消解，文化便变成了一种娱乐和消遣”①。这三部电视剧不惜血本的景观特效制造了一个个单纯的“能指”诱惑，忽视了声画的独立价值，观众在这种诱惑下放弃深层反思，走向了浅薄的感官快感。

新版的《三国》不仅制作风格向好莱坞看齐，且耗巨资聘请国外电影特技制作人员，导演直言不讳地宣称特技是最大看点。剧中三大战役及七十二场小战役中均有特技身影，经过特技制作的战争场面恢宏而气派，

---

① 周月亮、韩俊伟：《电视剧艺术文化学》，中国传媒大学出版社2006年版，第13页。

华丽而炫目，但精致的技术却成了展现杀戮的工具：动人心魄的厮杀，血肉横飞的肉搏，恶魔般肆虐的水火充斥荧屏，观众在画面的强烈吸引下沉浸于充满暴力和血腥的感官宣泄之中。新版《西游记》更是利用特技塑造了一个个令人惊悸的妖魔形象，以充满魔幻感的画面增加吸引观众的噱头，满足了观众的感官猎奇。就连十分生活化、大可不必依赖特技的《红楼梦》也不遗余力地制作唯美的特效画面，在没有任何质感的豪华空间中，向观众兜售空洞的浮华梦想。从弗洛伊德的精神分析美学看，这三部剧中特效镜头遵循的是"本我"的"快乐原则"，它可以引起强烈的"精神灌注"，使观众沉浸在轻松愉悦中，这种快乐是属于低级感官的、短暂的，快感之后会引起更大的痛感，只有把这种快乐导向"自我"的"现实原则"，"超我"的"道德原则"才是健康的，但这个过程是沉重而痛苦的，不能较好地吸引观众。投资商追逐最大利益的目标决定了他们只对浅层的"追欢卖笑"感兴趣，观众快乐就能成就他们追逐利益的梦想，于是，他们就对电视剧作为文化商品要提升观众精神境界的应有之义弃之不顾。

三是通俗化设计导致恶俗化效果。在消费时代电视剧制作者已经不再耻于承认电视剧就是商品的说法了，电视剧制作听命于市场的供求关系变化，把需求当信念，把利润当标准，把热销当指南，他们打着"观众就是上帝"的大旗，为了取悦观众，电视剧设计和定位唯通俗是求，电视剧作为艺术的超越性在追求利益的冲动中荡然无存，正如霍克海默和阿多诺所说："商业目的通过娱乐消遣的形式收买了无目的性的王国。"[①] 重拍剧一味迎合观众的低级趣味，将名著的文化灵魂做减法运算，将复杂的历史关系简化为男欢女爱的感情游戏，将烛照人物思想世界的经典对白置换为市侩气十足的大白话，制作者在庸俗的畅快中忘却了自己身上沉重的文化责任。

新版《三国》《西游记》大量的爱情戏充斥始终，大部分是背离历史精神、令人不齿的无厘头杜撰，严重削减了经典固有的文化、艺术分量。新版《三国》浓墨重彩地描绘了与战乱频仍的大背景极不协调的吕布和貂蝉、周瑜和小乔、刘备和孙尚香、司马懿和静姝的缠绵爱情。貂蝉是司

---

① ［德］霍克海默、阿多诺：《启蒙辩证法》，洪佩郁等译，重庆出版社 1990 年版，第 148—149 页。

徒王允连环计中的一枚棋子，刘备和孙尚香的结合是地道的政治联姻，无论在历史上还是在原著中绝无产生爱情的基础，导演似乎忘了这些历史事实，对两段爱情津津乐道，乐此不疲，甚至不惜为此打断叙事。吕布在剧中一改好色天性，变得多情多义，貂蝉也忘情到几乎为吕布殉情的地步；作为蜀国之主的刘备新婚夜竟然温情脉脉地对孙尚香说道："瞧你的汗水，把画眉都冲淡了。"为了魅惑观众，导演毫不吝惜地将历史绑架在庸俗的爱情战车之上。与《三国》庸俗的爱情戏相比，新版《西游记》令人咋舌的感情戏完全是为了媚俗，剧中女妖精将唐僧掳去的主要目的不是为了吃唐僧肉延年益寿，而是为了与唐僧成亲过日子，在女儿国中唐僧和多情的国王约定"下辈子"再续情缘；连本是石猴的孙悟空也谈恋爱，与白骨精的前世有一段未了情；白骨精为了与天音王子的爱情美满才要吃唐僧肉，并最终为爱自尽！"这种文本为媚俗而刻意制造'俗'，遵从的是单向度的资本生产逻辑，把电视剧作为纯粹的商品来生产，而对电视剧作为文化商品的'精神性、艺术性'不屑一顾，由此促进了电视剧生产和消费的恶性循环。"① 电视剧生产商为了迎合观众的"畸趣"而制作品位低下的作品，观众的低级趣味因此固化，反过来阻碍了电视剧艺术品位的进一步提高。

原著中的古白话文典雅隽永、简洁明晰，刻画人物神形毕肖，极富韵味，有很强的时代感，很好地还原了历史情境。为了让观众轻易顺畅地进入电视剧情景，这些古雅的语言被导演弃之如敝屣，取而代之的现代台词不堪入目。我们随机抽取一二，便可窥见现代台词的粗鄙面貌。例如《三国》中曹操对陈宫说："你要杀就杀，犹犹豫豫，搞得自己很痛苦！"对部下说："我在二十岁左右的时候，还是相当地崇拜袁绍老兄的……"张飞说诸葛亮"死猪一般的睡"；《西游记》中孙悟空被压在五行山下骂道："如来！你这个卑鄙、无耻、下流、不要脸的小人！"唐僧在女儿国中出谋划策道："我有一法，可解决问题，就是引入男人，自然繁殖……"猪八戒动辄就以"这天儿不错啊"避免尴尬。这样的台词在剧中比比皆是，不仅降低了原著的文化品位，而且直接导致电视剧从媚俗进一步走向恶俗。

---

① 王昕：《在历史与艺术之间：中国历史题材电视剧文化诗学研究》，中国传媒大学出版社2008年版，第28页。

二 浅薄化与扁平化：走向虚无的文学经典

电视剧作为文化产业，从产业上讲，三部重拍剧的商业运作十分成功，主要是由于媒体的高调炒作、黄金时间播出；从文化上看，三剧很难令人满意。作为三剧改编基础的文学经典包含着丰富的社会风俗、道德风尚、审美趣味等文化信息，是一个常读常新的世界。艾略特这样定义文学经典："经典作品只可能出现在文明成熟的时候，语言及文学成熟的时候；它一定是成熟心智的产物，赋予经典作品以普遍的正是那个文明、那种语言的重要性，以及诗人自身的广博的心智。"[①] 从三个"成熟"足见经典在精神上的丰富、在文化上的饱满。我们要中肯地判定经典改编剧的高下就需要一个广阔的视角。恩格斯认为评判一部文艺作品质量的好坏无非有两个标准，一是用"历史的观点"，二是用"美学的观点"。[②] 历史观点即作品的历史内容，指作品反映的生活的深度、广度，这三部电视剧从深度上讲没有悉心体察作为个体的心灵世界，从广度上看对社会群体的命运和发展要求表现乏力；美学观点即表现这些历史内容时所采用的审美形式所达到的美学高度，从这个角度看，三剧表现手法单一，视觉想象匮乏，采用的先进影视技术止于形式的卖弄，毫无艺术张力。在三部重拍剧中经典成了仅仅提供叙事框架的文化幻影，在求利、卖笑中，立体的文学经典被砍削为浅薄、扁平的通俗故事，在一个个"伪文化"的狂欢中，文学经典求真、求善、求美的追求走向了虚无。

首先表现在关怀个体的人文精神的丧失。电视剧是文化艺术品，"艺术活动就其本质而言，不是模仿，而是揭示；不是宣泄，而是去蔽；不是麻痹，而是唤醒；不是功利目的追逐，而是精神价值的寻觅；不是纯然的

---

① ［英］艾略特：《艾略特诗学文集》，王恩衷编译，国际文化出版公司 1989 年版，第 190 页。

② ［德］恩格斯：《致斐·拉萨尔》，见《马克思恩格斯选集》第 4 卷，人民出版社 1995 年版，第 556—561 页。

感官享受，而是反抗的承诺和人类生命意蕴的拓展。”① 成功的电视剧往往以细腻多样的表现手法，深情地关注着每个个体的生命价值，洞见人物心灵最细微的颤动，唤醒生命本然的自由状态，揭示并试图恢复生命的多样性和丰富性，使观众获得形而上的人文启迪。但是，面对技术实用主义和商业拜金主义的双重威胁，电视剧关怀个体的人文精神可悲地蜕变成对世界的“物质化”观照。重拍剧仅仅用高科技手段来展现特效景观，却没有运用高科技手段刻画人物性格，揭示人物隐秘的内心世界，挖掘科技表现人文精神的艺术潜质，没能使电视剧在技术的、物质的外壳下获得人文的光彩。另外，三部重拍剧不是致力于通过情感的小视角获得反映社会生活的大视野，不是通过人物具体而微的情感波动折射具有普遍意义的社会价值观念变迁，反而把人物丰富的情感狭隘地表现为吸引观众的言情噱头，注定了重拍剧人文精神要输给拜金主义。

《三国》剧中的曹操，他位高权重而又出身卑微，他执着追求天下一统的人间正“道”又不择手段地滥用驭人之“术”，他是“建安文学”的典型代表，有对“生民百余一，念之断人肠”生灵涂炭的忧虑，又有“老骥伏枥，志在千里”的雄心壮志……面对这样一个有丰富人文内涵的形象，新版《三国》通过频繁展现曹操吃零食之类的日常情景来塑造，只能提示观众曹操也是凡人，却无法演绎他创一统天下大业时内心的微澜、滥用权谋霸术时人性的扭曲，难以获得触动观众心灵的力量。宝黛二人经历不如曹操复杂，他们生于侯门绣户之中，长于妇人丫鬟之手，但保持了一颗赤子之心，感情如诗人般细腻敏锐，天地无情、人生有限的痛苦拨动着二人心弦，两人精神上互为知己，在心灵契合基础上产生了爱情，他们反思并反抗着腐朽的礼教。曹雪芹更是把他对社会和人生的怨恨、思考、希望都熔铸到宝玉的形象里，“悲凉之雾，遍被华林，然呼吸而领会之者，独宝玉而已”②。新版《红楼梦》将二人表现为陷于富贵的泥沼中、为爱痴狂的浅薄之徒，与曹雪芹“谁解其中味”的期盼相去甚远。三剧都过分地表现了弄权、浅陋、任情使性等人性弱点，普遍存在剧作者对原著的人文精神解读过浅，对人物追求自由的浩大心灵把握不足的问题，原著与重拍剧品格高下之别，恰如王国维对欧阳修与周邦彦的评价“词之

① 胡经之：《文艺美学》，北京大学出版社 1989 年版，第 19 页。
② 转引自袁行霈《中国文学史》第 4 卷，高等教育出版社 2005 年版，第 301 页。

雅郑，在神不在貌。永叔、少游虽作艳语终有品格。方之美成，便有贵妇人与倡伎之别”①。

其次表现为高远深邃的历史理性的衰退。一部作品经过时间涤荡成为经典，还在于其在引人入胜的感性故事中蕴含着有普遍价值的理性思考，这是一种包含了感性因素的历史理性，这种理性往往包含着那个时代的进步要求，同时又契合了人类共通的、永恒的社会理想，才激励了一代又一代的读者。重拍剧应该展现这种历史的理性和反思，以富有历史精神的肯定和否定把握社会生活，由衷赞许使人类走向自由幸福的努力，无情鄙弃拂逆进步的行为，使观众在欣赏经典的同时以理性砥砺思想，获得悲天悯人的情怀，成为人类命运的关注者和社会文明的促进者。令人失望的是三部重拍剧极力解构引人沉思的理性，将经典等同于观众身边的琐碎生活，重拍剧成了带着历史面具而无历史理性的幻影，观众不仅不能经理性导引走向崇高，反而在经典的幻影中空前地麻痹、沉沦。

淡化悲剧意蕴是剧中历史理性衰退的突出表现。随着悲剧意蕴的淡化，悲剧特有的震撼人心的力量做了除法运算，进一步影响历史理性的表达，形成恶性循环。三国战乱中人们渴望良君贤臣创造的清平世界，看到的却是乱臣贼子窃取天下的残酷事实，在理想与历史的悖反中，在价值的无情颠倒中，小说末尾写道“纷纷世事无穷尽，天数茫茫不可逃。鼎足三分已成梦，后人凭吊空牢骚”。分明流露出作者无限的悲怆和迷茫；新版《三国》结尾是幼年司马炎——日后三国归晋的晋武帝背诵“院中有榆树，其上有蝉，蝉方奋翼悲鸣，欲饮清露，不知螳螂之在后，曲其颈……”，这个结局将司马氏诠释为三国争雄的胜利者，也将此剧定格在翻云覆雨、攫取权力的庸俗层面。追求仁政王道、高扬历史理性，动人心魄的悲剧感在电视剧结束时荡然无存！《红楼梦》是一个悲剧世界，它是青年人的婚恋悲剧，是走向没落的家族悲剧，是由“好”到“了”的人生悲剧，传统的、现存的思想观念和社会秩序只能带来无穷无尽的悲剧，新的生活又那样遥不可及，悲凉之感浸入骨髓并催人探寻新出路；新版《红楼梦》却将这些深邃的理性思考化作万事皆空的出世思想，人生失去意义，除了沉溺于颓废，观众还能得到什么？新版《西游记》几乎

① 王国维著，吴洋注释：《人间词话手稿本全编》，内蒙古人民出版社2003年版，第112页。

将结构作品的取经故事变成佛教布道剧，却没有看到唐僧师徒历尽艰险到达的西天佛国，可悲地存在着阿难、迦叶二僧传经时公然索要钱财的恶浊世风，存在着佛祖袒护二僧劣迹的低俗境界……所谓的极乐世界并不完美，那么“敢问路在何方”？正是这些充满悲剧色彩的理性思辨激励人们在痛苦中审视历史的灵魂，明兴衰，辨善恶，在追寻理想社会中推动历史进步。

历史的碎片化和过度日常化是剧中历史理性衰退的另一个表现。重拍剧缺乏对历史的整体把握，没有通过纷繁的生活表象揭示历史的内在逻辑，而把历史的细枝末节过分放大，俨然健美肌体上生长的巨大赘疣。例如新版《三国》对导致三国鼎立的黄巾起义这一重大历史事件闭口不谈，对某些不可思议的情爱片段大书特书，以致打断历史明晰的线索，三国几乎成了啸聚江湖的混战，历史客体几被淹没，遑论理性？《西游记》《红楼梦》一奇幻一真实，但共同的深刻之处是表现封建社会末期人性的逐渐觉醒，人们反抗束缚、追求自由的整体价值取向，这种精神文化的转变是更为深邃的历史真实，重拍剧不仅没有以清醒的理性将这种特殊的文化关系揭示出来，反而津津乐道于《西游记》中三个徒弟的打情骂俏，《红楼梦》中一群少男少女的嘻嘻哈哈，真正的理性内核在这些日常的琐碎情节中益发暗淡。

再次是丰盈悠长艺术韵味的消散。马克思指出：人之为人，是“按照美的规律来塑造事物”，并以此来实现“自我确认”的。[①] 电视剧只有采用特定的审美形式，才能使剧中的人文关怀和历史理性以可亲可近的艺术形式实现，在“随风潜入夜，润物细无声”的愉悦中化人养心。我们的审美传统是不重写实重奇幻，不重情节重意境，不重完形重余味。重拍剧的艺术形式只有契合这种审美传统，追求空灵又丰盈，平淡却悠长的美，才能与剧中的传统内容水乳交融。三部电视剧在艺术表现上不尽如人意，在此，我就造成丰盈悠长艺术韵味消散的因素谈谈个人的拙见。

第一，电视剧情节与思想疏离。电视剧的特点是将思想诉诸形象的表演，在潜移默化中教育人，但三剧中《红楼梦》以大量的旁白代替剧情，

---

① 马克思：《1844年经济学—哲学手稿》，刘丕坤译，人民出版社1979年版，第50、51页。

《西游记》里唐僧不时跳出剧情大讲佛法，《三国》用大段孤立的对白昭示人物心理。剧中多处思想与情节呈割裂之势，情节较少甚至不包含思想，仅仅是取悦观众的游戏；思想游离于情节之外，成为抽象枯燥的说教，强烈的间离效果使剧作难有艺术感染力。第二，拒观众于千里之外的假定性。新版《红楼梦》掺杂了大量昆曲等戏曲因素，女演员佩戴了戏曲中才用的佩饰，不仅千人一面，令观众难分钗黛，而且不断提醒观众，“这不是真的，你在看电视”！要知道电视剧和戏曲不同，戏曲的唱腔之美，需要观众“出乎其外”，清醒地意识到在“看”戏“听”曲，方能细细品味，电视剧的感染力却源于逼真性，亚里士多德指出剧作感人是由于逼真：“怜悯是由一个人遭受不应遭受的厄运而引起的，恐惧是由这个遭受厄运的人与我们相似而引起的”①，重拍剧恰在这一点上弄巧成拙。第三，空灵意境美的消失。完美的艺术品往往是一个“不完全的形”，有许多空白点召唤着观赏者依据自己的审美经验补充完善，写满、写实的作品反而不美。在中国，道家讲“有”“无”相生，释家讲“色”“空”无异，传统艺术受此影响，讲究虚实相生，空灵淡远。重拍剧却反空灵之道而行，绞尽脑汁将故事讲述得面面俱到，将所有场景落到实处。貂蝉完成使命后不知所终，剧中偏偏要给她安排一个殉情的结局，貂蝉由一位美貌的奇女子降格成令人难以回味的村姑式人物。太虚幻境名为“虚”“幻”，导演偏偏搞得烟火气十足，太虚的幻美、太虚的警示因“实”而消散。最后，叙事节奏疏密缓急失当。叙事节奏紧张激烈或淡远舒缓，不仅会影响观众的审美感受，而且能够传达某种难以言传的人生况味。新版《三国》《西游记》表现打斗、情爱场面时节奏慢篇幅长，几十集泛滥的感性刺激使观众留恋于声色犬马的肤浅快感，深层审美感悟能力衰退，审美心理失衡，造成“乐不在外而在心，心以为乐，则境皆乐；心以为苦，则无境不苦”② 的后果。《红楼梦》中大量恍恍惚惚的快进镜头不仅失去了封建贵族生活的雍容典雅气度，还徒然增加了现代人本来就很强烈的焦虑感。面对令人昏眩窒息的快节奏生活，我们“可以用种种不同的生活上

① ［古希腊］亚里士多德：《诗学》，罗念生译，上海世纪出版集团、上海人民出版社 2006 年版，第 48 页。

② 李渔：《闲情偶寄》，刘仁译注，中国纺织出版社 2007 年版，第 35 页。

的节奏来调和它”，“最重要的是日常生活的平衡，要讲究‘慢’”[①]，《红楼梦》原著中那种缓慢的、委婉曲折的叙事风格，那种自由漫流的生活纹理，展现了生命别样的妖娆多姿，重拍剧如果把这种韵味表现出来，将产生非常大的审美张力，成为缓解现代焦虑的一剂良药。

三　传统与现代：为经典重拍“立法”

“时运交移，质文代变”，电视剧已经成为最受人们欢迎的文化艺术形式之一。2010年8月2—6日《人民日报》头版头条连续五天报道文化体制改革新闻，同时五论文化体制改革的重大意义，温家宝总理连续两年在《政府工作报告》中明确提出“发展文化产业”的战略目标，足见我国当前发展文化产业的重要性和紧迫性。这是由于文化产业不仅带来经济上的巨大收益，还影响着整个民族的文化心态，并以不易察觉的方式全方位改造着人们的意识形态。电视剧制作业作为文化产业之一，是经济化的艺术生产活动，得到观众的认可是成功的标志，但是商业性不应该成为低俗化的借口，电视剧如果不以健康向上的情调引导观众，而是盲目跟风，胡乱猜测观众的审美期待，是不能获得真正的成功的。电视剧理论学者仲呈祥说过：“精品培养高雅、文明、幽默的社会文化心态；平庸之作造就浮躁、浅薄、媚俗的群体鉴赏陋习。”[②] 经典重拍剧是电视剧中的重头戏，引领着其他剧作的制作潮流，更应努力达到社会影响、艺术价值与经济效益三者的有机平衡，如何做好文学经典的电视艺术转换是一个必须深思和回答的严峻课题。

首先，经典重拍剧应激活文学经典中民族传统文化的价值，将文化资源优势转化为现实的电视剧生产力。

文学经典的传承是中华民族形成绵亘古今的文明链条的关键因素之一，文学经典中“有着在我们祖先的历史中重复了无数次的快乐和悲哀

---

① 李欧梵：《上海摩登：一种新都市文化在中国（1930—1945）》，上海三联书店2008年版，第362—363页。

② 仲呈祥：《批评标准与“观赏性”——银屏审美对话之二》，《中国电视》2001年第10期。

的一点残余”，并且我们至今还“始终遵循同样的路线”[1]，这些独特的民族文化心理贯通着我们民族的过去、现在和未来，构成了我们民族稳定的精神内核，在经典重拍剧中必须重视表现传统文化，这关系到中华民族能否在纷繁多样的国际文化中保持自身的独立性。文学经典是中华民族传统伦理型文化的突出代表，她注重伦理对个体行为的规范作用，强调个人对国家和家族的职责和义务，激赏人与人之间的回报和温情，这种以伦理道德为本位的价值标准，对金钱至上的世风、对成王败寇的残酷竞争、对单纯法治的社会理念无疑有着补偏救弊的积极作用。从文化产业角度看，美国的好莱坞大片、韩国的电视剧虽气势逼人，但由于其文化底蕴不足，影视剧的制作已经显出文化虚无、题材重复的疲惫相。文学经典中凝聚着我国几千年的悠久文化，她们多姿多彩，魅力无穷，成为电视剧制作取之不尽的素材宝库，这种极富魅力的民族传统文化必将构成中国电视剧最核心的竞争优势。

那么，重拍剧怎样才能将这种文化资源优势转化为现实的电视剧生产力呢？最重要的恐怕是要处理好尊重原著与原著的当代阐释之间的关系。

尊重原著是经典重拍剧激活民族传统文化价值的前提。名著的人物、情节已经家喻户晓，重拍剧如果过度违拗观众的既有心理图式，会引起观众的不满甚至唾弃。但尊重原著不能照本宣科，重拍剧要尊重的是原著的基本精神、人物形象、艺术风格等基本面貌，对诸如《红楼梦》中叔嫂逢五鬼、《西游记》中阴阳灾异之类因果报应、封建迷信思想应加以剔除。编导深刻理解、准确呈现经典著作的基本精神是重拍剧的最起码要求，否则，重拍剧“不像”原著，不仅有打着名著旗号招摇撞骗之嫌，观众也不会买账；原著中的人物形象是对重拍剧的又一重要约束，人物的性格构成、基本活动、人物间的主配角关系不可以任意改变，强行改变会导致剧作主题偏离原著，变成另外一部作品；每部名著都有自己独特的艺术风格，能否精确地表现弥散在原著中的艺术风格，关系到重拍剧是否能完美传达名著的古典艺术神韵，是艺术家艺术感悟力和表现力的试金石。即便新版《三国》没用“演义”二字，且以“大型史诗电视剧”标榜自己，在观众眼里它并没有脱离“重拍”的范畴，只不过在名著改编框架

① 朱立元、陆扬：《20 世纪西方美学经典文本》（第 2 卷），复旦大学出版社 2000 年版，第 72 页。

下赢得了较大的自由。由于对原著崇尚忠义、尊刘贬曹等基本倾向做的改动过大，致使观众指责它应改名为“曹操传”或“曹魏演义”，即是不尊重原著带来的恶果。

对原著进行合理的当代阐释是观众对经典重拍剧提出的必然要求，是传统文化资源优势转化为现实的电视剧生产力的关键所在。古典名著自身的历史局限性为重拍剧用当代先进观念对原著进行阐释和完善提供了可能；当代人的价值观和审美趣味发生了变化，但观众依然希望与古典名著展开对话，用古人酒杯浇自家胸中块垒，就必然要求编导在重拍过程中向当代观众的接受心理靠拢。重拍剧也只有顺应观众要求，进行合理的当代阐释，才能使古典名著焕发现代活力。但是，重拍剧的当代阐释不能逾越尊重原著这个“度”。比如四大古典名著中不同程度地存在着歧视女性的落后观念，这显然有违当代观众的价值观，重拍剧不约而同地大量增加了感情戏，新版《三国》的感情戏给悲壮的历史添上了一点阴柔美和人情味，这种阐释是可取的。但具体情节设计信马由缰，感情戏淹没政治军事主题，严重背离原著基本精神，就成为对原著的“过度”阐释了。

其次，经典重拍剧应有世界气派。

如今的国际竞争日益成为综合国力的竞争，文化竞争力正成为一个国家最根本、最持久、最难以替代的竞争力。韩国文化部部长南宫镇坦言：“19 世纪是军事征服世界的世纪，20 世纪是经济发展的世纪，21 世纪是以文化建立新时代的世纪。”① 文化作为一个国家的软实力，往往以最温和的方式发挥最大经济渗透辐射效应。“20 世纪 30 年代，好莱坞专家就知道了：在世界范围内，每英尺胶片的美国电影带动了一美元的美国其他商品的销售。”② 如今美国不仅是世界第一经济强国，而且是第一文化产业强国，文化产业在其国内产业结构中仅次于军事工业，位居第二，在出口额上位居第一。中国作为电视剧生产大国和消费大国，更应该积极开拓国际市场，提高中国电视剧的国际占有率。电视剧产业的发展还关乎我国的文化安全。电视剧是一种特殊的文化商品，具有意识形态和文化观念传播的功能，其品质优劣关系着一个国家、一种文化的尊严和安全。正如和

① 周月亮、韩俊伟：《电视剧艺术文化学》，中国传媒大学出版社 2006 年版，第 175 页。

② 徐海娜：《电影的力量——好莱坞与美国软权力》，《江苏行政学院学报》2009 年第 4 期。

平演变战略的始作俑者杜勒斯指出的那样："如果我们教会苏联的年轻人唱我们的歌曲并随之舞蹈，那么我们迟早将教会他们按照我们所需要他们采取的方法思考问题。"① 如今非洲一些国家几乎不生产自己的影视剧，任由欧美大片长驱直入，整个民族从语言到思想全盘西化，国家疆界尚在，文化版图无存！要实现中华民族的伟大复兴，我们就必须有效应对后殖民主义者的文化侵略，做好传统文化的现代整合，以中华文化的历时性辉煌应对西方后殖民主义者的共时性威胁。否则，异域文化就会乘虚而入，侵蚀我们的文化版图，极有可能使我们在文化上"亡国"。

经典重拍剧厚重的文化内涵使其有走向世界的巨大潜能，我们要有一双善于发现的眼睛。名著是人类本质力量的艺术反映，经典重拍剧要善于从文学名著中剥离出能够得到中外观众审美共鸣的故事内核。古今中外文化模式千变万化，但艺术母题却不外乎爱情、友谊、战争、仇恨……这些母题跨越时代、跨越文化，得到了广泛的审美认同。四大名著中有很多这样审美共通性很强的故事内核，以《西游记》为例，她至少包含了历险、正义战胜邪恶、超越自我、追求绝对自由等故事单元，以前的影视改编对正义战胜邪恶表现充分，而对颇为切合时代精神的超越自我、追求绝对自由的内涵挖掘明显不足，重拍剧完全可以从这方面入手，制作出既有原著风采又有新颖深刻的时代内涵的艺术新品来。新版《西游记》却剑走偏锋，对拒观众于千里之外的佛家义理喋喋不休，毫无文化亲和力，不能不说是重拍剧的一大遗憾。

重拍剧在顺应不同文化背景观众的同时，还要特别重视民族性。我们当然不能采取狭隘民族主义的立场，自说自话；同时又要严防打着国际化的旗号搞全盘西化，用西方的价值观念偷梁换柱，置换民族文化。名著中的民族文化精髓有穿越时空的魅力，独具特色的东方神韵是中国艺术的美学标志，经典重拍剧展现着我们民族的文化自信心。中国电视剧如果一味迎合西方趣味，不但不能令国外观众真正满意，反而会在风格重复中丧失中国电视剧作为"这一个"的吸引力。另外，我们重视民族性，还缘于中国电视剧走向世界首先要开拓东南亚市场的考虑。这些国家的华人观众受中国传统文化影响，更容易接受中国的名著重拍剧，他们渴望在剧中看

① 转引自徐海娜《电影的力量——好莱坞与美国软权力》，《江苏行政学院学报》2009年第4期。

到正宗的民族传统文化，以寄托他们浓浓的依恋故土和文化寻根的感情。

最后，在从文学艺术到视听艺术的转换中，重拍剧要忠实于电视剧艺术的创作规律。

艺术形式的变化会影响到内容的表达，一部文学经典拍摄成电视剧不是通过表演、摄影等手段对原著进行简单的“翻译”，黑格尔指出：“形式与内容是成对的规定……理智最习于认内容为重要的独立的一面，而认形式为不重要的无独立性的一面……事实上，两者都同等重要，因为没有无形式的内容，正如没有无形式的质料一样。”[①] 文字阅读需要借助于想象，电视剧则通过具象的声音和画面来观照世界，艺术形式的变化会对内容产生一定制约，小说中的内容不一定适合电视剧表演，电视剧只有根据自身的艺术规律在忠实原著精神的同时对情节进行增删剪裁，才能更好地表现原著内容。

影像在电视剧中占本体性地位，电视剧的叙事方式是对话化、画面化的。这就要求重拍剧把小说中大段的叙述和场面描写转化为演员的对话，将作者通过全知全能视角展现的内容转化为第一人称的表演来推动情节发展。电视剧排斥通过画外音来照搬原著内容的叙事方式，这种缺乏影像意识的重拍剧是文学的婢女，而不是独立自足的艺术品。但在重拍中又不能因为电视剧的具象化表述系统影响古典小说含蓄蕴藉之美的表达，尤其重拍《红楼梦》这样充满诗情画意的小说更要借助特定的影视语言表现那种浪漫的、抒情诗式的写实风格。例如编导可以利用摄影机拍摄机位和角度的变化细腻展现人物心理；利用全景镜头和长镜头强烈的间离效果，使观众抽身事外，体会画面无限的多义性；用特写镜头和蒙太奇手法极大激发观众情绪的特点，使观众动摇性情，充分感受剧中人物情感；用音乐伴奏使观众进一步沉湎于梦幻般的世界等。同时，重拍剧也要充分估计到具象化影像的负面作用，电视剧艺术家对名著中观众敏感场面的影像表现要适可而止，不可逼真失度。因为文字媒介和影像媒介携带的信息量是不同的，影像是一种再现性意指，和指称的原物有高度的物理同一性，这种高度的逼真性带来的强烈感官冲击有时会破坏正常的艺术表达，比如《三国》的杀戮场面、新版《西游记》令人毛骨悚然的妖魔形象和法术，就破坏了原著的美学和伦理品质。

---

① ［德］黑格尔：《小逻辑》，贺麟译，商务印书馆 1980 年版，第 279 页。

文学地理学的问题意识与范式革新

随着文学地理学研究的进一步深化，"问题意识"和"范式革新"的重要性明显地被凸显出来，成为文学地理学研究突破的重要问题。文学地理学研究要突破，就要强化"问题意识"，就要革新现有的研究范式，形成新的研究范式和研究谱系。这种研究思路不同于以往的"文学研究范式"，也不同于"地理学研究范式"。文学地理学不是简单的文学与地理学的跨学科问题，而应该有自己的学科研究对象、研究范式和研究方法。文学地理学的研究应该强化理论建设，提升理论品格，从而形成独特的学科问题域，让文学地理学在"问题意识"和"范式革新"的交相辉映中不断走向新的融合与会通。

2014 年 7 月，在美丽而凉爽的金城兰州召开了全国文学地理学年会，会议规模之大，人数之多令人感慨。参加会议的学者既有文学背景的，也有地理学背景的。就文学背景而言，主要是中国古代文学专业的，当然也有中国现当代文学专业和外国文学、比较文学专业的，但少有文艺学专业的学者。笔者参加会议之后，有些学术思考和感悟，特撰文以期引起学界的注意，对文学地理学学科的发展尽点微薄之力。

文学地理学这门学科虽然在近年来才为学界所认可和熟知，但事实上，在中外的文学创作和研究中，作为"意识"和"方法"的"文学地理"俯拾可见。譬如，《诗经》中的"国风"之说，《汉书》中的"地理志"之说，《隋书》中的"文学传序"之说，这些都是很好的例证。再比如在学术研究中，也有梁启超的《中国地理大势论》、刘师培的《南北文学不同论》、王国维的《屈子文学之精神》、汪辟疆的《近代诗坛与地域》等，这些著述中就有着明显的"文学地理"意识，甚至可以说是最早的文学地理学研究代表性成果。在当代学界，杨义、曾大兴、梅新林、邹建军、樊星、李浩、戴伟华等学者，撰文著述，让文学地理学成为学界所认可的一门学科。事实上，在我们的文学研究中，学者们往往有意无意地运用到了地理概念，用地理学的概念和范畴，甚至是理论和方法来研究文学，只是没有明确称之为文学地理学而已。面对文学地理学的研究现状，问题意识的强化和研究范式的革新就成为突破这种格局，让文学地理学的研究走向深入的两把钥匙。

一　问题意识：打开文学地理学研究的新格局

进入21世纪以来，我们的学术研究对近百年来的思想历程进行反思，总结成就厘清问题。正是在这样的一种学术研究背景下，我们的文学研究一方面纵深挖掘传统研究重点和难点；另一方面也在不断反思和重建边缘学科，或者说是进行跨学科研究。文学地理学就是在这样的学术场域中，令人瞩目。关于文学地理学的研究，新时期以来较早关注的有袁行霈、金克木等先生。袁行霈于1982—1983年间在日本讲授中国文学等课程的时候，就提出“中国文学的地域性与文学家的地理分布”问题。虽然袁先生的讲述还不能算是深入的学术研究，但其先导性意义可谓明显，是一种问题意识的体现。还有，金克木先生早在1986年就撰文指出：“从地域学角度研究文艺的情况和变化，既可分析其静态，也可考察其动态。这样，文艺活动的社会现象就仿佛是名副其实的一个‘场’，可以进行一些新的科学的探索了。”[①] 金先生以四个关键词，即“分布”“轨迹”“定点”“播散”来进行“靶式研究”。他的这种研究很具有启发性，在呈现问题中梳理问题、解决问题。1998年，陶礼天发表《文学与地理：中国文学地理学略说》一文。文章从学科性质、理论架构、研究重心、范围、对象、方法等方面来探讨文学地理学。文章认为：“所谓的文学地理学就是研究地域的文学与文学的地域、地域的文学与文化的地域、地域的文学与

① 金克木：《文艺的地域学研究设想》，《读书》1986年第4期。

地域的文化之间的相互关系。"[1] 陶文的学科意识就是问题意识。我们要建构一个学科，研究一个学科，就应该有明确的问题意识，在问题意识的导引下聚焦问题。2006 年 6 月 1 日，梅新林在《文艺报》上发表了一篇可以称得上是文学地理学纲领性的文章《中国文学地理学导论》。该文从五个方面提出了他的设想：文学地理学是融合文学与地理学不同学科的跨学科研究；文学地理学并不是文学与地理学研究的简单相加，而是彼此有机的融合；文学地理学之文学与地理学研究的地位并非对等关系，而是以文学为本位；文学地理学研究主要是为文学提供空间定位，其重点在文学空间形态研究；文学地理学既是一种跨学科研究方法，也可以发展为一门新兴交叉学科，乃至成为相对独立的综合性学科。梅文把文学地理学定位为"融合文学与地理学研究、以文学为本位、以文学空间研究为重点的新兴交叉学科或跨学科研究方法，其发展方向是成长为相对独立的综合性学科"[2]。梅先生在借鉴前辈学者的研究成果基础之上，综合创新，提出富有见地的学科建设思路和设想，这对于文学地理学研究的发展，有着明显的促进作用。

文学地理学的研究只有具有鲜明的问题意识才能打开研究的新格局。"一个学科，是由针对某一方面对象的、具有普遍性的'问题'，以及人们长期积累的共同知识、方法、规范等所构成。"[3] 正是基于对文学地理学学科的一种哲学认识，杨义提出了"重绘中国文学地图"。他说："'重绘中国文学地图'，是一个旨在以广阔的时间和空间通解文学之根本的前沿命题。……值得关注的是，把地图这个概念引入文学史的写作，本身就具有深刻的价值。它以空间维度配合着历史叙述的时间维度和精神体验的维度，构成了一种多维度的文学史结构。因为过去的文学史结构，过于偏重时间维度，相当程度上忽视地理维度和精神维度，这样或那样地造成文学研究的知识根系的萎缩。地图概念的引入，使我们有必要对文学和文学史的领土，进行重新丈量、发现、定位和描绘，从而极大地丰富可开发的

① 陶礼天：《文学与地理——中国文学地理学略说》，见费振刚、温儒敏主编《北大中文研究》创刊号，北京大学出版社 1998 年版，第 185 页。

② 梅新林：《中国文学地理学导论》，《文艺报》2006 年 6 月 1 日（006）。

③ 李德顺：《什么是哲学？——基于学科与学说视野的考察》，《哲学研究》2008 年第 7 期。

文学文化知识资源的总储量。”[1] 杨义先生的这种研究，体现了一种自觉而独立的问题意识。他面对中国文学，以一种理论的自觉反思中国文学研究的地理学问题。在我们以往的中国文学研究中，缺乏自觉的哲学反思和理论建构意识，所以我们的文学研究往往停留在文本分析和时间段划分上，未能实现对文学本体的全面观照。杨义先生正是基于这样的一种问题意识，在《重绘中国文学地图的方法论问题》中，从“文学时空结构”“文学动力系统”“文学的精神深度”三个方面进行了详细的分析和阐释，让我们“认识到文学的研究不只有时间维度，还有空间维度，认识到文学的发展有多个动力系统，文学的精神深度比我们看到的更深。这些认识会给我们的文学研究提供新的维度、新的方法，这些新的维度、新的方法必然会促使我们重绘我们的中国文学地图，也只有如此，我们绘出来的文学地图才是博大、辉煌、体面，从而也是完整的”[2]。关于文学地理学，杨先生还给我们提供了很好的研究思路。他说：“文学地理学为文学系统多层结构分析提供了研究的方法和路径。首先，从文学地理学的整体性思维考察可以展开一个很大的思想空间，它横贯了整个中华辽阔的地域。整体性思维具有覆盖性、贯通性和综合性，有助于还原文明发展的生命过程。其次，从文学地理学的互动性思维考察相互关系的思维特征，在关系中比较和深化意义，不是对不同区域文化类型、族群划分、文化层析采取孤立、割裂的态度，而是在分中求和、交相映照、特征互衬、意义互释。再次，文学地理学的交融性思路交接贯通和融化以求创新。文学地理学以一种新的视角为文学研究拓展了研究视野和方法。”[3] 杨先生把文学地理学看成是“会通之学”，他把文学与地理学、文化学、人类学、民族学、民俗学、历史学、考古学等诸多学科贯通起来研究，获得了阔大的意义空间。文学研究中的地理空间问题、文化文明源流问题、思想精神流变问题、民族族群演化问题，在这一思路和问题意识的导引下，豁然开朗。这也正是杨先生所说的“会通”的意义。

“其实，在学术研究之中，问题意识及提问题的能力和方式，总是优

① 杨义：《重绘中国文学地图与中国文学的民族学、地理学问题》，《文学评论》2005 年第 3 期。

② 杨义：《重绘中国文学地图的方法论问题》，《学术研究》2007 年第 9 期。

③ 杨义：《文学地理学的三条研究思路》，《杭州师范大学学报》（社会科学版）2012 年第 4 期。

先于学科化意识的。因为单纯追求学科化，或者说学科化优先而问题意识滞后甚至付之阙如，往往会导致一种结果，就是研究者往往会被紧紧地束缚在由自身狭小学科的抽象的理论与概念所编织而成的‘象牙塔’里，而陶醉于建构自己的‘精致’化的学科话语。”① 问题意识的强化，不仅能够打开文学地理学研究的新的格局，而且可以让我们的研究进一步深入下去。譬如，我们研究唐诗，研究李白、杜甫，如果我们对唐王朝极盛时期的疆域不了解，我们就无法理解唐诗中的那种空前的宏大，也不会以诗歌的方式走进诗人创造的精神空间。诚如闻一多所言，我们不仅要研究“唐诗”，而且要研究“诗唐”。中国“自古皆贵中华，贱夷狄，朕独爱之如一，故其种落皆依朕如父母”②。正是因为李唐王朝有着这样父汉母胡的族姓和唐太宗所立的“天可汗”的传统，才有李白“五陵年少金市东，银鞍白马度春风。落花踏尽游何处，笑入胡姬酒肆中”（《少年行》）。这里我们既可以读出大唐王朝的“四海同一”，也能读出李白“根”的意识和情结。再比如，中国的神话亦有着明显的“地理思维”，《尚书》中的《禹贡》就是地理与神话结合的一个很好的例证。还有，《汉书》中的《地理志》，《二十四史》中有十六部中有《地理志》，这些都给我们的研究提供了丰富的人文地理材料。可见，问题意识的强化不仅可以激活研究对象，而且具有深化和开拓性意义。关于文学地理学的问题意识，笔者以为，主要包括：文学地理学研究的对象、方法、目的、意义和价值以及核心范畴；文学地理学与其他学科，如文化学、人类学、历史学、考古学、民俗学等学科的关系问题；文学地理学的理论体系和研究谱系的建构问题；文学地理学的学科本体属性问题，中西方视野中的文学地理学的差异性问题；文学地理学的学科史、学术史的书写问题；文学地理学的学科归属和地位问题；文学地理学的教学问题，等等。这些问题既涉及文学地理学的哲学本体论问题也涉及方法论和价值观问题；既涉及历史意识与当代意识问题，也涉及文学地理学学科内涵、学科属性、学科特征等问题；既涉及文学地理学关联中的其他学

① 党圣元：《马克思主义文论中国形态化的问题意识及其提问方式》，《贵州社会科学》2012 年第 9 期。

② 司马光：《资治通鉴》，中华书局 1956 年版，第 6247 页。

科，也涉及该学科自身发展演变的外在形式与内在动因问题；既涉及文学地理学书写与表述话语，也涉及历史与逻辑、阐释与描述、自律与他律等问题。总之，由于文学地理学跨学科属性，使其包含的研究内容很丰富，也很驳杂。我们在这里强调研究的问题意识，一方面试图凸显基本研究问题的重要性；另一方面也力求做到文学地理学已有研究范式的转型，可以说是一种认识论与方法论的“前意识”或者“先见”。

二　范式革新:建构文学地理学研究的新谱系

文学地理学的研究虽然在近年来有许多标志性成果问世，但这些成果相对比较集中，止于几个重要的学者而已，并未形成蔚为大观之势。文学地理学的研究不应该局限于文学研究的地域性、空间性问题，也不应该停留于关于文学的地理想象和描述的层面。文学地理学要获得新生，就要有现代性视野和品格，就要站在现代学术的前沿，具有世界化的眼光，这样才能融入全球化的文学地理学研究的洪流之中。面对现有的研究成果，我们应该重新检视和省思惯有的研究思维和研究范式，探讨有关文学地理学研究问题，梳理固有的研究范式，建构新的适应学科发展的研究范式和谱系，从而推动中国文学地理学的研究。笔者以为，要想实现真正的文学地理学的研究，首先，要转变观念，廓清认识上的迷雾。文学地理学批评的研究是一种跨学科的研究，既不是纯文学研究，也不是地理学概念和范式下的文学解析，它有着自己独特的研究对象、范式、方法和体系。关于这一点梅新林的《文学地理学的学科建构》，曾大兴的《建设与文学史学科双峰并峙的文学地理学科》《理论品质的提升与理论体系的建立——文学地理学的几个基本问题》，邹建军的《关于文学地理学的研究方法与发展前景——邹建军教授访谈录》《文学地理学批评的十个关键词》都有过较为深入的论述。其次，“要尽早建立自己的基础理论与基本概念，以便从事文学地理学批评的人得到一定的理论指导，并有所遵循"①。为此，邹建军梳理出了十个文学地理学研究的关键词，即文学的地理基础、文学的地理批评、文学的地理性、文学作品中的自然意象与人文意象、文学的地理空间、文学的宇宙空间、文学的环境批评、文学的时间性与空间性、文学地理空间的限定域与扩展域、文学地理批评的人类中心与自然中心。最后，要有高度的理论自觉，形成富有解释力的理论体系。这种理论自觉要充分凸显中华民族文化精神与文学精神，避免"以西释中"。我们面对西方理论资源的时候，要注意对理论资源的审视和选择，要在融通中升华和熔铸更富有创新性、包容性的理论体系。

就现有的文学地理学研究成果来看，学科的"单向度割裂"之感较为明显。文学出身的研究者往往注重文学地理学的文学研究，而地理学出身的研究者则更多地关注地理环境、地理空间等地理要素。还有一些学者，他是学历史，或者是历史地理的，所以他的研究视角是历史地理，以历史地理的方式介入文本世界。这些因素往往造成文学地理学研究的"割裂之感"，主要表现为：文本世界中，文学内容与地理内容之间的割裂；文学立场与地理立场之间的割裂，导致研究方法与研究所得结论之间的割裂；研究目的与研究价值之间的割裂，导致研究意义的迷失。面对文学地理学这一独特的研究对象，我们往往缺乏圆照性的通观，让自己的研究失之偏颇，难以令人信服。基于这样的原因，笔者提出文学地理学研究的范式革新问题，试图建构一种有效解读文本的研究谱系。这种研究谱系的建构要充分尊重文学地理学学科的丰富性、复杂性，也要突出学理性，要对以往的研究理论、范式、概念、方法等进行体系性、谱系化的整合。这样不仅可以避免研究中容易出现的断章取义，割裂文本，也能促使整体性研究视域的生成，从而提炼出重要的理论主题、方法论意义，以及普遍的研究规律。文学地理学研究的一个基本对象就是作家作品。我们对作家作品进行解读分析时，应该更多地关注作家对自然的观察、对自然的表达、对地理空间的认识，以及由此而形成作家独特的观念和视界。这样的文本细读才能发现以往的研究中被遮蔽的东西，才能凸显出研究的意义和价值。正是基于对中外作家作品、地理环境、作家群落等具有较为明显的

① 邹建军、周亚芬：《文学地理学批评的十个关键词》，《安徽大学学报》（哲学社会科学版）2010 年第 2 期。

地理元素的考察和研究，杨义提出了文学地理学研究的“一气四效应”，以及六个“贯通”“十大命题”之说。所谓“一气”就是要“使文学接通‘地气’，恢复文学存在的生命与根脉”[①]。四个领域与四种效应“一是区域文化类型与‘七巧板效应’，二是文化层面剖析与‘剥洋葱头效应’，三是族群分布与‘树的效应’，四是文化空间的转移流动与‘路的效应’”[②]。六个“贯通”即为“古今贯通、汉族少数民族贯通、地理区域贯通、陆地海洋贯通、雅俗诸文化层面贯通、文史哲诸学科贯通”[③]。十大命题：“（一）在展示率先发展的中原文化的凝聚力、辐射力的同时，强调边远地区的少数民族文化的‘边缘活力’。（二）在解释南北文化融合时，揭示黄河文明与长江文明之间的‘太极推移’的结构性动力系统，由此揭示中华文明数千年不曾中断而生生不息的生命力奥秘。（三）在探讨黄河文明与长江文明‘太极推移’的过程中，揭示巴蜀与三吴是两个功能有别的‘太极眼’。（四）华夏文明的发育而挤压西羌、三苗分别从西线或东线向南迁徙，使云贵、湘西、川西发生了文化‘剪刀轴’效应，并延伸出茶马古道一类‘剪刀把’，这些都对当地民族的文化、文学状态产生了深刻影响。（五）将英雄史诗《格萨（斯）尔》定位为‘江河源文明’，既有高原文明的原始性、崇高感、神秘感，又存在于东亚文明、中亚文明、南亚文明的结合部，藏族文明、蒙古族文明的结合部，带有混杂性、流动性、融合性的特征。（六）与研究中国新疆与中亚的西域学相对应，探讨了对中国东北、沿海、台湾以及朝鲜半岛、日本列岛文化联系进行研究的‘东域学’。（七）提倡海洋区域文化研究。（八）开展主要经典和主要作家的文学地理学个案研究。（九）激活、深化和拓展对中国文化之根本的先秦诸子学的研究，将人文地理学、先秦姓氏制度的方法，置于与文献学、简帛学、史源学、历史编年学、文化人类学同等重要的地位，对先秦诸子及其相关文献进行生命分析和历史还原，廓清和破解两千年来学术史上遮蔽了的、或没有认真解决的许多千古之谜。（十）

---

① 杨义：《文学地理学的信条：使文学接通“地气”》，《江苏师范大学学报》（哲学社会科学版）2013年第2期。

② 同上。

③ 同上。

这些命题汇总起来，就指向‘重绘中国文学（或文化）地图’的总命题。”[1] 笔者重墨例举杨义的文学地理学研究，就是想通过杨先生的文学地理学研究案例来启示我们，为我们的研究提供思维、观念、方法论方面的帮助。

文学地理学的研究应该返回思想发生和生命沉潜的大地，凝聚“地气”，提升对历史、文化、文学等过程的解释能力，形成富有学理性的话语系统和学术体系。这种系统和体系的建构就是学术研究“正能量”，能够激活文学中内蕴的文化和精神及生命的活力，直抵人们的心灵，成为我们与世界学术对话的“源头活水”。我们强调“问题意识”和“范式革新”，就是想改变一般意义上所说的“以地理的方式”来研究文学。中华民族文学是博大的，也是精微的；是整体的，也是多样的。要想呈现这样的文学地图，就不仅仅需要时间维度，更需要空间维度。在时间和空间双重维度的层面上才能更真实地展示中华民族文学源流、要素、性格，以及生命过程。譬如对藏族英雄史诗《格萨尔王》的研究，我们就不应该局限于业已形成的说唱部本，而应该把眼光投向广阔的雪域高原，勘探不同的地区说唱的不同的格萨尔，甚至是流传到蒙古族的《格斯尔》。对于流传千年，穿透苍茫岁月而凝聚成的具有原型性藏民族群体智慧的《格萨尔王》的研究，发生学的追踪、文本的生命分析固然重要，但人文地理学的视角也不失为一个有效的破解之法。这样多维度的研究，才能真正走进作为活态史诗的格萨尔，才能激活藏族文化的“边缘活力”，也才能真正彰显出《格萨尔王》的价值和意义。

文学地理学是一门上通天文，中合人文，下接地气的学科。面对这门学科的研究现状，我们强调问题意识和范式革新，就是试图系统整合现有的研究资源，形成新的研究问题域，实现理论创新的自觉。这种理论创新的自觉，要求我们重视学科间性问题、解释与对话问题、本土视域与世界视域问题，以及归纳与演绎问题。这些问题共同形成了文学地理学的论域。“学科的根本特点，在于体现人类认识的公共性。”[2] 正是基于这样一种认识，从学科的角度催生一系列热点问题的形成，从而促

① 杨义：《文学地理学的信条：使文学接通“地气”》，《江苏师范大学学报》（哲学社会科学版）2013 年第 2 期。

② 李德顺：《什么是哲学？——基于学科与学说视野的考察》，《哲学研究》2008 年第 7 期。

进文学地理学的学术创新与话语转型。文学地理学的研究既要强调学科自性，也要打破学科边界，走向学科间性，融入大的学科生态之中。学科交叉和学科边界的模糊是文学地理学学科发展的契机和学术生长点。总之，文学地理学的研究想要有所突破，就需要强化问题意识，需要不断革新研究范式，在科学性与整体性思维的统领下，寻找理论主题、基本规律和方法论原则。

浮华与虚无:问题视域中的奢侈品文学

奢侈品文学作为一种新兴文学，赢得了广大的读者群，占据了相当的市场份额。如果我们透过其存在的表象，奢侈品文学也暴露出了诸多问题。本文试图从能指表意的困境、经济理性的蔓延、虚无主义思想这三个方面来分析和探讨奢侈品文学的特点和存在的问题。文章认为，要想对抗这种虚无主义思想和物欲的蔓延，就必须重申文学的真、善、美，让文学真正起到纯化人的心灵，启迪人的心智的教育作用。

改革开放以后，我国进入了经济高速发展的阶段。伴随着人们生活水平的提高，先富起来的一批人有更多的机会去接触追求种种昂贵商品。这些商品不仅拥有优质的使用价值，更为重要的是它们包含了各种形象符号价值，是一种身份和地位的象征，我们将这类商品统称为奢侈品。奢侈品的意义就在于人们不仅是在消费它的物性使用价值，而且更大程度上是在追求奢侈品符号所代表的生活方式和象征意义。这种生活方式和象征意义包括对名牌的追求，对高档生活的拥有，以及占有奢侈品所带来的精神优越感。随着这种消费至上主义时代的到来，以表现这种内容为使命的文学也就应运而生。这类文学往往融合到了消费文化中，成为其中的一部分，充斥着物欲、张扬着价值，我们将这类文学称之为“奢侈品文学”。奢侈品文学是一个具有拓展性和包容性的文学概念，我们试图将其定义为“在新世纪文学中，部分作家在文本创作过程中有意识地描写奢侈品，以一种膜拜的心态探索城市奢侈生活以及与此相关的艺术表现，并以此为卖点吸引特定读者群进行阅读的作品”，具有代表性的作品包括郭敬明的《小时代》、匪我思存的《千山暮雪》、明晓溪的《泡沫之夏》等。虽然奢侈品文学因其思想意义和艺术价值不可能成为文学的正统和主流，但是我们研究奢侈品文学仍然具有相当重要的意义。正如美国学者帕尔默所说的那样："一个时代的发展趋向在次要作家的笔下比在高水平的天才作家的笔下更为清楚明晰。后者像讲述他们所生活的时代那样讲述过去和未来。他们是为各个时代写作的。但是在反应敏感的、缺乏创造力的作家手里，当时的理想清清楚楚地记录了其本身。"[①] 这个理念对奢侈品文学的研究同样适用。并且奢侈品文学在书市萎靡的今天，其销量是非常可观的：据统计，《小时代》拥有2400万原著小说读者，《千山暮雪》的作者匪我思存的11部小说都已授出电视剧改编权，明晓溪也凭借众多小说拿到上百万的版税收入，更有15部作品被翻拍成电影、电视剧，中国作家富豪榜的榜单上也随处可见他们的身影。因此通过对奢侈品文学的研究，我们可以触碰到当今时代社会流行思想背后的问题，了解和探索当代大众文化的时代征候。在进行讨论奢侈品文学之前，我们须要对本文将如何分析研究奢侈品文学进行一点必要的说明。诚如上述，奢侈品文学在当今消费市场上大受热捧，拥有庞大的读者群。但本文在对奢侈品文学进行分析研究时，其重点并未指向探讨其受众心理或是探究其为何如此畅销这样的问题。诚然，对于这类问题的探讨可以帮助我们更好地认识现代消费心理，更容易走进和了解奢侈品文学等畅销读物。我们也承认，这类文学的确能够给大众带来功能性的快乐，但这并不意味着这类文学的价值是受到大众赋权的。我们也知道，优秀的文学作品一般都拥有广大的读者群，是否能够得到读者的认可和欢迎也是判断某一文学作品是否优秀的一个重要的参照因素，但这也并不意味着市场占有额就是判断文学作品是否具有价值或价值高低的决定性因素。过分研究受众心理和宣扬消费至上观念，实际上就是当代新修正主义批评的一种表现，正如詹姆斯·克朗所说的那样，在修正主义思维中，"注意的焦点从媒体表现是推进还是阻碍了政治和文化斗争转移到大众媒体为什么如此受欢迎的问题上了"[②]。如果我们一味地在这些方面进行研究，从文学本体的角度来讲，就会不自觉地将道德搁置，我们对奢侈品文

---

① ［美］阿瑟·奥肯·洛夫乔伊：《存在的大链条》，转引自拉曼·塞尔登《文学批评理论——从柏拉图到现在》，北京大学出版社2003年版，第434页。

② ［英］詹姆斯·克朗（James Krone），转引自吉姆·麦克盖根《文化民粹主义》，南京大学出版社2001年版，第84页。

学的认识和批评也会因此失焦和弱化。因此本文以众多“80后”奢侈品文学文本为研究对象，以问题意识为导向来研究和探讨奢侈品文学这种独特的文学样态。

一 能指表意的困境与奢侈品文学的“虚浮化”诗学

奢侈品文学最突出的特征就是对于奢侈品的集中描写，而奢侈品又具有一定的符号能指性和象征性，因此在进行奢侈品以及奢侈品文学研究时，符号学无疑是最有效的解读理论依据之一。

符号可以说是人存在的一种基本解释方式，任何事物、任何情绪都可以用符号来表示和概括。然而，正如法国学者米·杜夫海纳所说的那样，“没有意义，声音只是噪音，对白只是叫嚷，演员和背景只是怪装的影子和斑点”[①]。这实际上就反映出了符号的两面：能指和所指，符号正是由能指和所指构成的。一般情况下，能指是手段，用来解释说明所指，正如对于普通的商品而言，消费者所关注的肯定首先是货品质量而非商标，米·杜夫海纳的言论也是从这方面考虑的，这种符号被称为所指优势符号。然而就像让·鲍德里亚所指出的那样：“商品在其客观功能领域及其外延领域之中是占有不可替代地位的，然而在内涵领域里，它便只有符号价值。”[②] 而奢侈品所突出具有的正是这种符号象征价值。这种符号价值即风格、名声、奢侈以及权力的表达和商标价值。奢侈品商标作为一种能指符号在某种意义上代替了作为所指的商品质量，成为符指过程的目标，能指消解了所指意义取得了优势地位，奢侈品符号也就成为能指优势符号。符号价值变成人们购买商品的最大功用性价值，并且由此将使用价值收归于它的控制之下。而奢侈品文学也正是通过相同的思路，以华服美饰这样的能指消解了作为所指的人的主体身份，使人完全地

① ［法］米·杜夫海纳：《审美经验现象学》，韩树站译，文化艺术出版社1992年版，第4页。

② ［法］让·鲍德里亚：《消费社会》，刘成富、全志钢译，南京大学出版社2001年版，第67页。

被物化、异化。按道理来讲，人作为各种表意符号的集合体，便是主宰这些能指符号，进行自主观照、挖掘自身意义的能动主体。也就是说，人是可以通过有意识地选择符号从而控制对自己身份的选择。但是在这些所谓“奢侈品文学”中，我们却发现了恰恰相反的现象：这些文本中不乏通过对奢侈品的集中堆砌来完成对自身、他人身份的建构，造成人物形象的“虚浮”。如《小时代》中对于林萧上司宫洺的描述就是如此：“宫洺就是那种走在米兰时装周伸展台上、面容死气沉沉却英俊无敌的男人，就像我们每次打开时尚杂志都会看见的 PRADA 或 Dior Homme 广告上那些说不出的阴沉桀骜却美得无可挑剔的平面模特。总而言之，他是一张纸。”[①]从符号学视域来看，奢侈品作为一种能指，只是作为解释人身份的一个无关紧要的注脚存在。但在奢侈品文学中对人物这样的描述却俯拾即是，仿佛没有商标就描述不出人物的气质超群、内涵深厚。爱马仕、迪奥、普拉达等国际超级品牌到处可见，无节制的欲望化奢侈品成为文字铺列在我们面前。在这些文本中，我们可以很明显地察觉到，文本中的奢侈品已经开始自主地谋取现实生活中的意义价值，人却已经完全被物化——本来是以有主观能动性为前提而有意义的主体，却只能依附奢侈品符号所赋予他的意义而存在。

法国境遇主义理论家居伊·德波（Guy Debord）曾说过：“商品以其成熟的形式出现，成为引发社会生活被普遍殖民化的力量。”[②] 在这种“殖民主义”亚文化下，奢侈品成为具有客观力量的权力，它甚至自身就能营造出一个能自足运转的“物质王国的世界观”。首先，从这个世界观出发，奢侈品被赋予了一定的审美品位、意识形态，拥有这些奢侈品就会被认为拥有高品位的生活，这种意义的赋予引诱着那些渴望更高生活水准的人们趋之若鹜。其次，奢侈品也因此具有分隔和聚合的功能。由于奢侈品或隐或现地传达了某种意识形态，因此它本身就是一个充满等级区分的标志物，这个标志物通过购买行为将社会人群迅速分层隔开，也同样通过此行为来建构群体，聚合同一阶级、相似品味的人群。正如斯拉特（Don Slater）所说的那样，现代社会已从“地位的社会”转向为“契约

① 郭敬明：《小时代 1.0 折纸时代》，长江文艺出版社 2008 年版，第 34 页。

② ［法］居伊·德波：《景观社会》，王昭风译，南京大学出版社 2007 年版，第 14 页。

的社会"[1]，而显然奢侈品成为人与人、人与社会的重要中介，承担着象征表意、建构身份的功能。这种主体物化、异化的倾向与对自己身份表述的焦虑当然并不是突然出现的。一方面，在以前的农业社会中，由于严格的户籍制度和人们普遍的安土重迁观念，除非有重大自然或人为灾害，社会上很少会出现大规模的人口迁移。而与过去相比，现代社会的流动性大大增强，人们频繁地接触陌生的社会环境和人际关系。正如批评家鲍曼所说："依附和活动模式的转变——即'液化'——已经开始。……系统性解构的遥不可及，伴随着生活政治的非结构化，流动的状态这一直接背景，以一种激进的方式改变了人类的状况。"[2] 鲍曼将这种现代化社会形容为"流动的现代性"，在这一环境下，人们借助地产、家族名望进行社会定位和身份建构的难度越来越大，而奢侈品购买所带来的意义生成与象征交换却更容易让人们完成自身定位和社会评价，从而促成了主体的价值建构和意义生成。另一方面自 20 世纪 80 年代以来，我们国家和社会的重心都投向经济建设，国家主流意识形态、无产阶级革命的理想与信仰都被不断地形式化、边缘化。奢侈品文学的主力 80 后作家们大多出生在这个意识多元化、包容化的时代，他们没有绝对真理性的精神来作支撑，在灵魂无力驾驭主体的时候，他们只能借助于对物质、对身体的大写来完成自身的建构，然而这种建构又是如此不堪一击的。在后现代化的今天，在各种原本看似神圣、牢不可破的精神、信仰都遭遇空前的质疑、解构的今天，人们越来越难找到可以依靠、可以建构自身的力量。在这种情况下，这样一群奢侈品文学的作家们也就自然顺水推舟，他们彻底回避了从精神理想上去思考看待社会及个人，而是更多地以一种娱乐性的、外在物质性的角度消解所指，创造出一批外表光鲜却空洞僵硬的虚浮化人物形象。这些人物形象和奢侈品共同表征了这个时代。我们以一种问题意识来思考这种文学现象，发掘其文学背后所隐藏的秘密河流，从而形成科学、合理的价值判断，进而导引我们的文学走上健康发展的轨道。

---

① ［英］斯拉特：《消费文化与现代性》，林佑圣、叶欣怡译，（台北）弘智文化事业有限公司 2003 年版，第 41 页。

② ［英］齐格蒙特·鲍曼：《流动的现代性》，欧阳景根译，上海三联书店 2002 年版，第 11—12 页。

二 经济理性的蔓延与奢侈的"重利化"诗学

从奢侈品文学中，我们也同样感受到了经济理性观念的蔓延。正如万俊人所言："当下中国社会转型时期市场经济的强力运作已造成这样难以控制的文化后果：作为人类理性一部分的经济理性已经泛化为人类理性的全部，成为现代社会用以衡量一切的终极圭臬。"① 奢侈品文学中充斥着对城市生活的描写，在这些"以光速往前发展的城市"，在这些"像是地下迷宫一样错综复杂的城市"② 里，主角们都是深谙钢铁森林生存法则的"精英"。在这些作家的作品中，其叙述者基本为80后白领阶层，按照王宁的观点，白领们"背后都密切地联系着公司或部门的实际利益。没有任何一个阶层比白领更会精打细算、目标明确的了"③。在以实际效益为最高追求目标的现代企业中，白领们无疑成为功能理性的最佳代言人，而现代社会从某种程度来说正是由无数个这类企业组织而成的。从叙述学的角度来看，"叙述者是叙述作品的创造者，他对底本中的全部信息拥有解释、选择、处理讲述的全权"④。这句话同时也暗示了一个非常重要的信息，作者们在创作时并不是随意选择叙述者的，由于叙述者的意识会得到大量的呈现，换句话说，也就是这个人物会得到相当的话语权，所以作者在创作中选择何种类型的叙述者往往牵扯到道德问题。正如布斯所认为的那样，选择文本视角"是一个道德选择，而不只是决定说故事的技巧角度"⑤。很明显，作者们通常以自己的价值观和伦理观去进行道德选择，这使得他们所选择的白领叙述者或多或少地在精神状态上与作者们存在一定的相通之处。作者们假托这些白领叙述人来对自己的价值观进行宣扬和

① 万俊人、尚伟：《我国社会转型中的道德文化建设问题》，《新华文摘》2013年第7期。

② 郭敬明：《小时代1.0折纸时代》，长江文艺出版社2008年版，第5页。

③ 孟繁华：《众神狂欢——世纪之交的中国文化现象》，中国人民大学出版社2009年版，第90页。

④ 赵毅衡：《当说者被说的时候：比较叙述学导论》，中国人民大学出版社1998年版，第125页。

⑤ 同上书，第135页。

阐述。这个群体并不像他们的父辈那样有着明确的精神追求，他们缺少主体建构的精神，索性就回避了主体建构。先前的政治浩劫与随之而来的文化断裂造就了这样一群无信仰、无历史意识、无群体意识的群体。他们对于政治、信仰、情感始终保持着冷漠乃至嘲讽的态度，他们只专注于个人利益和娱乐消遣。在某种程度上，甚至可以说这些奢侈品小说成为宣扬、推行一种放弃面对现实的生活性“绥靖政策”的帮手和工具。所以我们可以看到，在这些奢侈品文本中，作家们开口不提国事、信仰，不关注内涵，甚至对于没有物质的爱情也抱有轻蔑的态度，在他们眼里这一切都没有个人利益的获得来得重要，就像郭敬明的《小时代》中主人公顾里有这样一段自述：“我们都是冷静理智的人，我们会选择彼此也是因为彼此都知道不应该浪费精力和心血在不值得的人身上。没有物质的爱情只是虚弱的幌子，被风一吹，甚至不用风吹，缓慢走动几步，也烟消云散了。”①

这样的“冷静理智”在作品中被看作是理所当然的，甚至成为值得称道的个人品质，它蔓延到了所有奢侈品文学当中。当经济理性成为部分作家观念中唯一的“真理”时，这些作家为何执迷于借助外在的、他性的奢侈品来建构个人主体也就不足为奇了。作为极权主义的时代物化象征，奢侈品正是权力的自画像。奢侈品至少从两个方面体现和保证了权力的运行。首先，在看似单纯的拜物教下面遮盖的却是阶级之间的本质关系。它不是建立在商品本身，而是通过差异性消费，用昂贵的价格使平民大众望而却步，区分等级阶层，来达到人们对于更高名誉、权力的满足。同时，无疑这些占有奢侈品的人能够获得更多的社会认同，社会认同是更好地进入社会上层的敲门砖，如此循环往复，奢侈品无疑成为经济理性极为重要的物质载体和表征。其次，正如鲍德里亚曾经说过的那样：“现在是一个通过拟仿谋杀的时代。”② 人们购买机械复制出来的奢侈品，这些宣扬个性的商品实际上却是通过流水线生产来抹杀人们的个性。通过这样流水线复制方式，奢侈品就保证了权力的品质，避免了个性腐蚀权力不可复制的神性光辉。由此可见，在这些作品中奢侈品只是个外在表征，而奢侈品所代言的权利地位才是使得人们疯狂追求与迷恋的理由。

① 郭敬明：《小时代 1.0 折纸时代》，长江文艺出版社 2008 年版，第 67—68 页。

② ［法］让·鲍德里亚：《拟象的进程》，转引自吴琼编《视觉文化的奇观》，中国人民大学出版社 2005 年版，第 107 页。

随着经济理性深入到人们的日常生活，一些人的理想和追求变成一切向“钱”看，本该真挚纯洁的友情、爱情也蒙上了功利色彩。经济理性作为理性的一种本无可厚非，但是当它成为左右人们的价值判断、选择决定的全部凭据时就会变得相当危险。信仰与情感变得功利化，而利益和物质则被神圣化。面对这种情境，一些作家就会失去了对崇高的向往，放弃了对信仰的热情，有的作者甚至以解构神圣嘲弄理想为乐事，似乎在他们的观念中，已经不再有真理性的精神存在，只有实在性的物质可以被依赖。像上述的这种“经济理性”，其实更可以被叫作“平庸性”。平庸性就是指个人为了自身名利而“将整体的社会历史的价值仅仅作为徇私利己的工具和手段”①。纵观这些奢侈品小说，无论是从写作手法还是小说内容来讲都是非常平庸的，它们相较于传统的市井小说而言从内容到形式上也并无创新性。笔者以为，其平庸性最突出的特点则是作者浅薄的担当意识。奢侈品文学的作家们并不在乎社会时事，只谈风月、名利，就算偶尔涉及现实问题，也只是为了在其中攫取商机、财富，趋利避害。社会上最崇高、最凝重的东西都可以在小说人物手中变成徇私利己的工具和手段。如在《泡沫之夏》中夏沫借他人受伤顶替别人的工作机会，《千山暮雪》中大学生童雪心甘情愿接受已婚富翁的包养，《小时代》中宫洺通过炒作亲生弟弟崇光之死牟取暴利，等等。这种毫无社会承担意识，罔顾他人死活，只为谋求私利的极端平庸意识便是经济理性的真实写照。

这种平庸意识实际上也并非奢侈品文学的独特创造，在我看来，它与民间文化有着莫大的联系。20 世纪 90 年代，陈思和先生就曾提出“民间文化”的概念。在他看来，民间文化“至少包含了三种文化层面：旧体制崩溃后散失到民间的种种传统文化信息，新兴的商品文化市场制造出来的都市流行文化，以及中国民间生活世界的主体农民所固有的文化传统”②。所谓的奢侈品文学其实也是民间文化的又一重表征，它所体现的是民间的伦理道德，自然也有着民间文化所特有的“藏污纳垢”的特征。在现代市场经济、消费至上主义的外壳下，奢侈品文学的内核也包含着封建糟粕，这种经济理性、平庸性、利己性正是民间文化的体现。也许正如

---

① 王富仁：《“现代性”辨正》，《北京师范大学学报》（社会科学版）2013 年第 5 期。

② 陈思和：《中国当代文学关键词十讲》，复旦大学出版社 2002 年版，第 133 页。

华人学者孙隆基所说的那样："事实上，在中国文化里，并没有超越世间的救赎。"① 在这种偏重于肉体化、欲望化的总体氛围中，中国民间文化很明显表现出安于身体局部部位的满足以及"身体化"的倾向。民间文化表现出极其强大的隐形影响力，这种影响力左右着奢侈品文学，成为经济理性蔓延和重利化诗学倾向的两把利刃，直指文本的内世界和外世界。

三 虚无主义思想与奢侈的"狂欢化"诗学

当然以上的这些时代症候与整个社会、时代的氛围有着莫大的关系。在后现代性的社会中，虚无主义思想甚嚣尘上。虚无主义作为一种否定性的精神态度，指的是推翻一切既有的思想观念及价值判断。用尼采的话来描述虚无主义时代就是："一个内部大面积颓败而分崩离析的时代。……分崩离析是这个时代的特点，游戏而没有稳固性：没有什么东西牢固地自立或没有什么坚定的信仰；人们为明天而活着，因为后天是可疑的。"② 尼采认为这种现代生存状况是"最高价值的自行废黜"③，然而在废除了"最高价值"后，我们又该如何重建人类的生存"地基"？显然，这群正如韦伯所形容的那样，"在失去意义的世界里不带信仰地生活"④ 的作家们并不认为他们应当承担这个使命，他们要么是沉浸于才子佳人、镜花水月的爱情之中，要么是执迷于"装神弄鬼"的穿越重生的玄幻叙事，却总是不肯直面现实，直面时代。于是这样一群拒绝长大的"彼得潘们"始终处于幽暗昏昧的虚无状态之中，并且执着于对奢侈品消费、对时间、对物质的挥霍与狂欢，而这些狂欢在一定程度上也可以说是对不可复制的青春、对无法替代的人生的一种奢侈性狂欢。根据美国学者尤金·诺顿的观点，作为虚无主义的一种形态，实在主义已经开始深入人们思想当中，

① 孙隆基：《中国文化的深层结构》，广西师范大学出版社 2004 年版，第 56 页。

② ［德］Friedrich Nietzsche：*The Will to Power*，转引自余虹《艺术与归家——尼采·海德格尔·福柯》，中国人民大学出版社 2005 年版，第 69 页。

③ 同上书，第 87 页。

④ 赵一凡：《美国文化批评集》，生活·读书·新知三联书店 1994 年版，第 179—180 页。

"实在主义者否认任何绝对真理，并认为一切实际存在的真理都是由我们的科学实验或感觉经验提供的，除此之外别无获得真理或真实的途径"[①]。而这种观念与我国民间文化中的重利思想一拍即合，所以在以小市民、小知识分子为创作主力的奢侈品文学当中，我们可以看到，一切传统的理想、信仰、精神都已不复存在，在这里人们只相信最基本的事物，即物质和具象性的事物。由此物质代替了信仰，成为支撑人们外在和内蕴的支柱。如在《小时代》当中，LV、普拉达可以代表一个人的身份和品位，是否知道以及辨别这些名牌则能够判断一个人的内涵。这样的逻辑在奢侈品文学中随处可见。实际上这正表现出虚无主义在否认了形而上的精神之后只能依托这些形而下的实在物质的尴尬处境。

思想必将影响形式，就奢侈品文学而言，虚无主义思想也影响了作家们对语言表达的认识，造成语言的虚无主义和浮华词汇的狂欢，从而导致了"言路"（discourse）的断裂。在表意的过程中，所指被迫"离场"，而作家和文本则构成了一个自为的存在。在这个自为的世界里，作者陶醉于对浮夸空洞语言的极力探索和表达中，这些诸如"青春是明媚的忧伤"等华丽苍白的长句不是为了表意而存在，而只是为了宣泄作家自以为是的才华。在这里，语言与意义被割裂，需要说明的是这种割裂并非是俄国形式主义学者所提倡的以"陌生化"的语言来延长读者对文本审美感受的时间，而是单纯用七拼八凑的长句来将意义"悬搁"起来。这种对文学表达的认知使作家将奢侈品作品中的语言变成一系列没有逻辑的乱码，也使得读者在这种并无意义的"华美"语句中取消了对作品意义的探索。正如赵毅衡所认为的那样，语言是唯一能使文学产生意义的因素，"文学放弃意义追索之努力，即自我毁灭"[②]。在奢侈品文学中，我们很明显地可以看到这种倾向——一些作家已完全沉迷于对文字堆砌的自娱自乐当中。在美国语言学者约瑟夫·弗兰克看来，这种语言文字"实际上就是反射性的。意义关系仅仅由词组之间的同步感来加以完成"[③]。语言之所以能产生力量，是缘于它可以和与之相适应的现实形成强烈的张力，而经

① 余虹：《文学知识学》，北京大学出版社2009年版，第295页。

② 赵毅衡：《意不尽言——文学的形式——文化论》，南京大学出版社2009年版，第5页。

③ ［奥地利］约瑟夫·弗兰克：《现代文学中的空间形式》，转引自［美］丹尼尔·贝尔《资本主义文化矛盾》，赵一凡、蒲隆、任晓晋译，生活·读书·新知三联书店1989年版，第161页。

由这些平庸写手重复翻炒的丧失指涉意义的“华美”长句显然已只是词语的堆砌和光环，这些语词仅仅是在重复强调凸显针对感觉神经的刺激与冲动。台湾学者张大春就认为，这些虚无的语言，这种丧失表达某种经验的能力的语言都已是“语言的尸体”①。

奢侈品文学所体现的这种虚无主义思想，以及虚无主义语言是非常危险的。当尼采高呼“上帝死了”之后，人类开始意识到绝对信仰人类自己所臆造的形而上学的偶像是一种无能和懦弱的表现。因此在20世纪人们逐渐学会欣赏自己强健的身体与彰显自己的智慧，也就是走上了发现自我的道路。尼采甚至不无骄傲地宣称：“人已经强大到足以对任何上帝信仰感到羞耻了。”② 可是，我们从奢侈品文学这种对人身份叙述和主题构建的权力再次交予外在、他性事物的这种倾向中，我们却看到了新一轮的“上帝复活”思潮，甚至可以说，这个“上帝”更加糟糕，它由代表绝对真理、至高精神的形而上学的抽象信仰转变成赤裸裸的金钱崇拜、物欲狂欢。在这种虚无主义思想的氛围下，以奢侈品为代表的景观性、外在性的权力轻而易举地实现了对真实生活的否定和操控。在这个自足的景观性、外在性世界中，人们与真实生活产生了如此大的断裂，以至于“所有的生命都与构成它的角色脱钩”③。这种脱钩导致人们在现代社会中已经不能再凭借自身定位。定位的失败、知觉的丧失使得他们不得不寻找更为简便、直接的定位评价系统。这个系统也就是奢侈品等所代表的物质性系统。随着物质对我们身体和思想的逐步殖民化和理论化，一个新的认同机制也就应运而生了，它将各种物欲追求合法化、真理化。值得一提的是，这个认同机制的运作方式主要是依靠反向逆行的方式，即通过不断孤立排除不合群者，制造危机感，以树立该机制合法权威的形象。它不仅作用于个人，也操控规定着公共的欲望诉求，使得社会越来越漠视精神内涵的塑造，而热衷于对外在物质的追求。由此这种欲望的直接抒写也不禁让我们担忧这是否是文化和思想上的一次大倒退？虚无主义的这种泛滥性抒写除了解构以外，再无建构，这是一个危险的边缘，似乎在它背后已是“历

---

① 张大春：《小说稗类》，广西师范大学出版社2004年版，第30页。

② ［德］Friedrich Nietzsche：*The Will to Power*，转引自余虹《文学知识学》，北京大学出版社2009年版，第297页。

③ ［德］西格弗雷德·克拉考尔（Siegfried Kracauer）：*The Mass Ornament：Weimar Essays*，转引自吴琼编《视觉文化的奇观》，中国人民大学出版社2005年版，第206页。

史的尽头”[①]。按照丹尼尔·贝尔的观点，“用不时兴的语言来说，它就是一场精神危机，因为这种新生的稳定意识本身充满了空幻，而旧的信念又不复存在了。如此局势将我们带回到虚无。由于既无过去有无将来，我们正面临着一片空白”[②]。在这诸神的黄昏中，我们究竟该何去何从？这显然已经成为一个非常迫切的时代问题。

四　结　语

文学究竟是为了什么？在中外古今的文坛上已有无数次讨论和争辩。是为人生为社会，还是纯粹为艺术而艺术？是为了进行形而上学的智慧传播，还是为了满足自身对欲望的表达，迎合大众对物质的想象？这个问题没有确切的答案，众说纷纭的讨论也并无明确的对与错之分。当然，虚无主义这种社会思潮并非是这些 80 后作家们所造成的，它是受到中国历史背景和国际时代思潮的影响，但是作家们是否应该呼应甚至迎合这种思潮呢？作家马原曾感慨地说：“我们静候读者少到极限，之后只为他们，让他们和我们成为最后的贵族。”[③] 也许他的观点过于悲观，但是我们认为真正的作家必须有这样的悲壮气魄和意识高度。真、善、美作为判断文学的标准或许是老话重提，但是要想克服后现代虚无主义思想的泛滥，我们必须要去守护文学中的真诚、善良与美好。这种价值观和文学评价标准也许放在当今这个“一切等级的和固定的东西都烟消云散了，一切神圣的东西都被亵渎了”[④] 的时代中看来是有些理想主义，然而如果我们不树立一种理想的应然，实然就无法被正确地估量和评价。就像学者列奥·施特劳斯所认为的那样，我们需要回到对“天理”和“良知”的朴素信赖，因为正是“天理”和“良知”以朴素的方式守护着价值、真理与意义的

---

① 南帆：《当代文学与文化批评书系·南帆卷》，北京师范大学出版社 2010 年版，第 328 页。

② ［美］丹尼尔·贝尔：《资本主义文化矛盾》，赵一凡、蒲隆、任晓晋译，生活·读书·新知三联书店 1989 年版，第 74 页。

③ 马原：《细读经典》，复旦大学出版社 2007 年版，第 6 页。

④ 马克思、恩格斯：《共产党宣言》，《马克思恩格斯选集》第一卷，人民出版社 1995 年版，第 276 页。

超历史性和恒常性。[1] 思想中的时代呼唤思想着的文学，文学的真诚、善良、美好与温暖是我们永远的港湾。我们以聚焦问题的方式，凸显问题，形成对中国当代文学思考的新的论域。奢侈品文学正是在这样的视域中让我们看到它的“浮华”与“虚无”。文章对奢侈品文学的这种研究，就是试图对抗这种虚无主义思想和物欲的蔓延，让真、善、美的文学真正起到纯化人的心灵，启迪人的心智的教育作用。

① 余虹：《文学知识学》，北京大学出版社2009年版，第305页。

回忆性叙事:60后作家的文革书写

60 后作家经历了理想主义与物质主义两种极端历史文化生态阶段，这种历史文化语境的浸染，对他们影响深远，这也就使得他们关于“文化大革命”的第一人称回忆性叙事作品具有了耐人寻味的意义。本文试图从叙述时间、叙述主体，以及角色塑形等三个方面，深入探究和分析 60 后作家回忆性文革叙事的文学、文化学以及社会学意义。

“文革”结束后，当代中国许多作家陆续以这段沉重的历史为题材创作出大批的文学作品。在这些作品中，大部分作家都以“文革”直接参与者或受害者的形象来对这段历史进行叙述。这些作品中有对“文革”进行控诉的“伤痕文学”，有对这场人为灾难进行反思的“反思文学,”还有对这段岁月进行追忆的“知青文学”。不可否认，这场灾难深重的史实直接或间接地为许多作家提供了写作的精神资源。然而实际上，受“文革”影响和冲击的并非只有这些“文革”当局者，也包括了“文革”时期尚处于少年阶段的边缘者。这些 60 后作家们作为那段历史的旁观者，对于“文革”的记忆也成为他们之后创作所无法逃避，甚或是需要反复诘问自身的一段经历。

“60 后”作家，这是本文从代际观念上进行区分的一个概念，主要是指出生在 60 年代前后包括王朔、余华、苏童、刘恒等的一批中国当代作家。从学理角度来讲 60 后作家与其他代际作家并无明显的断裂性的分界，也没有什么实在的、清晰的美学和文学经验区隔。但若结合社会背景和历史实践来说，这批作家一方面在青少年时期经历了近代最为沉重的威权政治化教育；另一方面又切身体验到市场经济的冲击和洗礼。这种生命历程（life course）①

① 生命历程（life course）指的是一种社会界定的按年龄分级的事件和角色模式，这种模式受文化和社会结构的历史性变迁的影响。出自［美］G. H. 埃尔德：《大萧条的孩子们》，田禾、马春华译，译林出版社 2002 年版，第 420 页。

并不多见却极为有力地形塑着60后作家们的精神世界和思维方式，甚至是较为明显地标注出他们的特殊界限。这种带有时代印记的复杂经验赋予60后作家的文革叙事以非常的意义。我们对这些作品的研究也因此具有了文学、文化学以及社会学等多重价值。

一 “预言”与“悬置”：记忆逻辑的时间秘密

在众多60后作家对文革经验进行第一人称回顾性叙事中，我们常常可以看到在文本中60后作家通过独特的叙事所有意抒发，或是无意显露出来的个人情绪和时代气质。这种独特叙事首先体现在对时间的感受和表达上。根据叙事学理论，作为底本的生活可比作一川江水，而作为述本的文本只能是在生活流中取其一瓢进行加工叙述，这也就意味着文本不可能按生活本来面目完完整整地进行还原。在叙事作品中，文本对于生活的加工变形最重要的一方面表现在对时间的处理上。“只要有叙述，就得有时间变形。”[①] 在中国传统文学作品中，虽不乏对时间进行如扭曲、穿插或省略等各种变形的尝试，但绝大多数依然是按着事件发生的因果顺序，以连续性、典型化的手法将其描述下来的。这种对时间的处理方法符合人们认知的习惯和规律，然而我们也须思忖对于时间的这种单向度思考，是否只是我们认识世界的某一种方式，是否只是暗示现实而非真实反映现实的一种手段。奥地利学者弗兰兹·K. 斯坦策尔（Franz K. Stanzel）认为“小说中的时间所起的作用是双重的：即作为主体（时间的经验）和作为结构因素（小说即描述时间的艺术）。这两种作用紧密关联，因为时间结构的描述可以暗示实践经验的特性。此外，时间的经验是一个时代思想文化风气的一部分，它随着这个风气而变化”[②]。如果按照这种观念来看，传统意义上叙述者对时间所进行的线性、单向度的处理技巧是与一定的社

---

① 赵毅衡：《当说者被说的时候：比较叙述学导论》，四川文艺出版社2013年版，第24页。

② ［奥］弗兰兹·K. 斯坦策尔：《现代小说的美学特征》，转引自周宪编译《激进的美学锋芒》，中国人民大学出版社2003年版，第331页。

会文化有关的，而反过来，社会文化的变化也会或隐或显地影响叙述者对于时间的把握和处理。

60后作家们经历了这一社会文化转型，在他们对于文革的第一人称回忆性叙述当中，我们可以看到他们关于时间处理有意识地进行的各种尝试。这种对时间进行独特理解和表达的方式主要表现在两个方面。一方面，叙述者着意加深述本时间的纵深度，处处表现时间的连续性，使得现在对过去进行干扰和影响。如苏童在《桑园留念》中这样回忆道："肖弟想跟丹玉干点什么。我明白这意思，当时我已把男女约会看得很简单了。"① 此句中用"当时"这个表示时间的标志分割出两个时间段，显然后一句是后来叙述者对少年时期的评价性回忆。再如余华在《在细雨中呼喊》的序言中说："这应该是一本关于记忆的书。它的结构来自于对时间的感受，确切地说是对已知时间的感受，也就是记忆中的时间。"② 在《在细雨中呼喊》当中，我们也的确看出了余华对于时间的独特阐释，以及把握所进行的种种努力。在这个"虽然不是自传，里面却是云集了我童年和少年时期的感受和理解，当然这样的感受和理解是以记忆的方式得到了重温"③ 的回忆性文本当中，我们处处可见叙述者以现有人格对过去的回忆进行的种种插播议论以及干扰叙事。如在叙述溺水而死的孙光明日常劳作时，叙述者显然穿梭于现在、过去两个时间中："就这样，我一直看着孙光明洋洋自得地走向未知之死，而后面那个还将长久活下去的孩子，则左右挎着两个篮子，摇摇晃晃并且疲惫不堪地追赶着前面的将死之人。"④ 三弟孙光明的死亡是不久以后发生的事情，但叙述者借用回忆者而非当事者孙广林的视角，将三弟的死亡提前预示出来，而后进行正常的回忆。这种不断地干扰回忆、预言性的叙述也使得文本带有了一定的宿命色彩。叙述者任意转换于多维度的时间向度中，依循着自身独有的"记忆逻辑"，将"过去"和"现在"这两个时间维度所产生的感受依据相似性进行转喻式的变换，使得叙述者的少年视角变得敏感错乱，也使得整个文本的叙述走向了不可知的带有神秘主义色彩的彼岸。另一方面，这种回忆性叙述对时间的独特把握还表现在质疑时间的流动方向，在叙述中对时

---

① 苏童：《桑园留念》，人民文学出版社2008年版，第2页。

② 余华：《在细雨中呼喊》，作家出版社2014年版，第4页。

③ 同上书，第7页。

④ 同上书，第30页。

间进行悬搁或是转换处理上。如王朔在《动物凶猛》中借助主人公宣称："现在我的头脑像皎洁的月亮一样清醒，我发现我又在虚构了。开篇时我曾发誓要老实地述说这个故事，还其以真相。……我悲哀地发现，从技术上我就无法还原事实。我所使用的每一个词语涵义，都超过我想表述的具体感受，即便是最准确的一个形容词，在为我所用时也保留了它对其他事物的涵义，就像一个帽子，就算是按照你头的尺寸订制的，也总在你头上留下微小的缝隙。这些缝隙累积起来，便产生了一个巨大的空间，把我和事实本身远远隔开自成一家天地。我从来没见过像文字这么喜爱自我表现和撒谎成性的东西。"[①] 当然，上面的这段话我们也可以看作是叙述者对叙述手段的一种调侃。事实上，王朔在这个文本中创造出两个平行空间，一个空间的"我"在文革那段岁月中嚣张恣肆，泡妞打架，是"领袖"式的孩子王，而另一个空间的"我"则怯懦胆小，时时被暗恋和生理欲望所折磨。这显然是叙述者将述本时间进行故意的悬搁，时间在文本中并不是"逝者如斯夫，不舍昼夜"，它像是在流动中不断地形成支流，甚至是断流。在这些支流中，一个又一个的虚构空间得以生成，并且自足运转着。而那些断流则是叙述者在文本中不断地跳出来自我否定的。问题是这些时间支流哪个才是真实的？又或是像叙述者自己所坦言的："我何曾有一个字是老实的？"[②] 然而如若我们暂先悬置对这些时间支流是否真实的追究，或许王朔在这个文本中所创造的种种可能世界才真正反映并体现了文学所独有的虚构品格。按照赵毅衡先生的说法："可能世界，就是可以替代实在世界（而实际上却没有替代）的任何世界。"[③] 而虚构叙述的"基础语义域"正是可能世界。因此，实在世界或许只是我们理解现实世界的一种方式，对时间所进行的线性单向度理解也只是我们回忆生活的一个角度，由于事情发展充满偶然性，在文学文本中独立并行的可能世界却正是文学之为文学的要义。在文学领域中，文本所给我们传递的信息并不仅在于文本信息的真实与否，我们更为看重的似乎是贯穿于叙述中，支撑起述本时间的更为深远的社会文化内蕴。

总之，60 后作家们在对文革进行第一人称回忆性叙事时，首先便以

① 王朔：《动物凶猛》，人民文学出版社 2006 年版，第 81 页。

② 同上书，第 83 页。

③ 赵毅衡：《三界通达：用可能世界理论解释虚构与现实的关系》，《兰州大学学报》（社会科学版）2013 年第 2 期。

对述本时间的处理表现上凸显和张扬了这一代际作家所独有的文化气质。他们一反直线式时间观念，利用各种叙述技巧构建了一座座文学迷宫。这些迷宫解构了长期以来所形成的文学必须服膺政治教化、人文性等价值观，将文学重新还原成文学。这种文本记忆中的时间逻辑实际上也是60后作家们所区隔以往作家的特有思维逻辑：他们拒斥以往所谓的“现实主义”“理想主义”的文学，却又在市场消费浪潮不断冲击之下，仍然下意识地企图守护着某种文学内核，而不愿将文学完全变为通俗文学。

二 “历时性”与“共时性”：多重自我的冲突与缠绕

叙述文本中的叙述主体并非是一个单一整合的概念。从理论上来说，文本中的主体至少包括三层：人物、叙述者以及隐含作者。在哲学领域中，“自我觉知是以具有第一人称概念为前提的。只有当一个人能够将自身作为自身来思考并且具有使用第一人称代词来指涉自身的语言能力时，他/她才是有自身意识的。”[①] 在第一人称叙事文本中，我们会发现文本中各主体争夺话语权的情况，这种话语权实际上就是自身觉知的一种体现。正如学者乔普林（Jopling）所说的那样：“自身性最好被视作一种正在进行的筹划，它是对于如何存在（how to be）这一问题的一种回应。”[②] 本文同样也并不认为“自我”（ego）是具有超经验性的，而是将其看作是一种随时间的流动、经验的增加而不断得以建构的一个过程。如若是依据这个理论前提，在60后作家们所创作的一系列关于文革的第一人称叙事中，我们就会发现许多由于时间分层、不可靠叙事而产生的多重自我的冲突。

首先，这种自我冲突表现在经验自我与叙述自我之间的话语争夺上。这在第一人称回忆性小说中表现得尤为突出，经验自我即作为作品人物的

---

① ［丹］丹·扎哈维（Dan Zahavi）：《主体性和自身性：对第一人称视角的探究》，蔡文菁译，上海译文出版社2008年版，第17页。

② 同上书，第132页。

"我"，这个"我"是随着时间的变迁、经验的建构而不断变化的"我"。叙述自我即作为文本叙述者的"我"。由于叙述行为必定发生在被叙述的故事之后，也就是说，叙述自我必定较之经验自我阅历更深。这两个"我"之间的冲突，通常被称为"二我差"。"二我差"现象在第一人称回忆性小说中非常普遍，但在60后作家们有意识地凸显运用下，"二我差"作为一种修辞方法使得文本主体变得更加复杂和立体并走向复调化，赋予了叙述文本以"结构性讽刺"的特质。如在《在细雨中呼喊》中，余华自己就认为："我的写作就像是不断地拿起电话，然后不断地拨出一个个没有顺序的日期，去倾听电话另一端往事的发言。"[①] 的确，在这个文本中，叙述者回忆了种种往事，这些回忆被打碎成了一系列断裂的生活片段，并以蒙太奇的方式将它们拼贴组合。在整个文本中所涉及的"我"可分为几个层次，有年少懵懂的"我"，有初入社会的"我"，还有以苍凉的姿势俯视回忆生活的"我"。在文本当中，时间的转换与分层导致了多个自我话语的交错和冲突。在这些话语冲突中，有些是人物感受，有些是叙述评论，这些性质不同的话语组合起来建构了复调式的自我主体们的缠绕。值得注意的一点是，叙述自我与经验自我，也即"今我"与"昔我"之间的差别在60后作家的修辞性叙事中呈现出一种对历史的独特见解：与以往我们所接受的线性历史观（即今胜于昔的单一进化论思想）不同，60后作家们更倾向于去相信历史的常态是杂乱无章的，他们在回忆叙事时努力去还原这些感官和经验的枝蔓，以便真正地还原生活。正如福柯所声称的那样："只有'必然性的铁手摇动着运气的骰子筒'……历史是大量的纠缠在一起的事件的集合。如果它表现为'不可思议的成分混杂的东西，深刻而意义又极为丰富'，这是因为它通过'许多错误与幻象'来开始和继续它的秘密存在。"[②] 因此，在60后作家笔下回忆的故事中，与一般叙事中的"二我差"所不同的是，"今我"并不一定比"昔我"更成熟或是进步，这些成长的寓言也并无一个终极结果。这些作家们拒绝做时代的审判官，他们的作品也拒绝服膺于简单的进化论或因果律，"二我差"在他们的作品中并不服从于意识形态或是传统价值观，而

① 余华：《在细雨中呼喊》，作家出版社2014年版，第5页。

② ［法］米歇尔·福柯：《尼采、谱系学、历史》，转引自拉曼·塞尔登编《文学批评理论——从柏拉图到现在》，北京大学出版社2003年版，第143页。

是在随机地、跳跃地向我们展示。在这里，“寓言是寓言的谜底”[①]。其次，叙事的自我冲突还表现在共时性时间中不同经验自我的冲突。作为文革旁观者的60后作家们，对文革那段历史并没有太多实质上的直接接触。然而，在他们的回忆性叙事中，60后作家们往往会将当时的自我经验反复咀嚼。那些乏善可陈的经验有时并不能满足他们的创作欲望。于是，他们便有意无意地注入了一些水分。当然，也有很多60后作家意识到了自身所存在的这个问题，不无调侃地进行自我暴露或顺势创造出一种新的叙事方法。在文本中，他们不以历时，而是在共时的时空中创造出平行空间来。如在《动物凶猛》中，主人公“我”，甚或包括米兰、于北蓓等在内的所有人物究竟是怎样的一种形象。在叙述者一遍又一遍的自我否认中，这些主体变得模糊多变，充满悬疑。这里需要指出的是，这种不同经验自我的冲突并不能完全等同于“二我差”。在文本中叙述自我的确主宰、控制着叙事，有着全知全能的资格以及权力。但是当叙述者创造出两个或多个相异的经验自我时，这时叙事所着意表现的重心在于多重经验自我之间的内部冲突而非叙述自我与经验自我的矛盾了。从这个层面考虑，叙述自我与经验自我之间的“二我差”就可以暂时悬置起来了。因此，在此时间段中由于不同经历所塑造、建构出的相异的经验自我就可以被看作是平行空间、可能世界中的自我交织。正如王朔在他的另一本小说中这样写道：“也还允许回忆，但这回忆须服从虚构的安排，当引申处则引申，当扭转时则扭转，不吝赋予新意义，不惜强加新诠释。……世上本无事，作家自扰之。”[②] 作家在文本中创造出的这一个个可能世界也是如此，它们是虚构的、生成的存在。而被建构在这些可能世界之上的文本经验自我亦是如此，它们之间存在着巨大的张力。这种张力承认文学语言是具有施为性的。而这种施为性，正如法国学者道勒齐尔所认为的那样：“一个可能的事物经过合适的施为句证实其真实性之后，就转化为一种虚构的存在。”[③] 这种叙事手法使得真相难以捕捉和把握，也使得回忆变得极不稳定。然而60后的作家们似乎也并不在乎述本是否符合真实，这些经验自我是否相互抵牾，在这个程度上讲，这些作品极富有后现代主义色彩。

---

① 张大春：《小说稗类》，广西师范大学出版社2004年版，第45页。

② 王朔：《看上去很美》，北京十月文艺出版社2012年版，第7页。

③ ［美］戴卫·赫尔曼（David Herman）编：《新叙事学》，马海良译，北京大学出版社2002年版，第191页。

60 后作家们在第一人称文革回忆性叙事当中所创造出的这种现时人格与过去人格的双重交汇，相斥自我的对话交错，在不可逆的自我成长中穿插可逆的叙事回忆，使得叙述文本形成既有矛盾又有张力的特质。这种自我建设很明显地与以往作家作品所区别开来。然而是什么致使 60 后作家们对自身有如此丰富的有关自我的幻想？首先，我们需要承认 60 后作家们经历了以往和之后所有作家们都未曾经历过的社会变革和思潮涌动。其次，正如马克斯·韦伯所说的那样，每个人所看到的都是他自己的心中之物。60 后作家们在少时所受过的严格政教管理经验，以及 80 年代物质主义浪潮的联合夹击之下，其认知已发生变化。不是世界不同，而是认知不同。60 后作家们就在这左手回忆，右手幻想当中绘制出了重重自我幻影。这些幻影彰显了 60 后作家们对失序的生活、文化范式的理解和认知，也侧面反映出 60 后作家们所经历的复杂的社会文化生态环境。

三 “缅怀”与“期待”：角色塑形的时间意义与价值指向

“叙述者是任何小说、任何叙述作品中必不可少的一个执行特殊使命的人物。……他有一种特殊的社会文化联系，经常超越作者的控制。他往往强迫作者按一定方式创造他。”[①] 从作品的叙述方式中，我们可以发现许多隐藏在叙事之后的深层文化心理结构。深层文化心理结构是由深层历史学积淀而成的。文化心理结构不是先天的、纯生理的一种心理结构，相反它具有群体性、社会性等属性。按照学者陈映芳的观点，“个体生命带有其社会世界的印记，剧烈变迁的时代尤为如此”[②]。因此，我们在观察、研究 60 后作家文革叙事时需要结合具体社会实践。当然正如学者赵园所说的那样：“即使对于文学史材料的真正思想史的运用，也不能无视审美的中介，不能越过‘形式’而达到‘意义’本身。”[③] 文学不是社会学，

① 赵毅衡：《苦恼的叙述者》，北京十月文艺出版社 1994 年版，第 1 页。

② 陈映芳：《“青年”与中国的社会变迁》，社会科学文献出版社 2007 年版，第 215 页。

③ 赵园：《艰难的选择》，上海文艺出版社 2001 年版，第 448 页。

本文在研究中试图从文学特有的审美性的内容出发来探寻社会实践在60后作家作品中形成的某些投射。

在60后作家关于文革的一系列第一人称回忆性叙事文本中，他们创造出很多以自身为原型的少年形象。这些带有自我指涉意味的少年形象不仅是依据生理状况、年龄阶梯来进行区分的社会类别，更为重要的是，这些形象也是根据使命期待、意识形态而形成的一种角色类别。角色这一概念是从社会学引申而来的。“在社会学中，角色这一概念是指社会中某个族类的人们被认为应该担当的，或者在现实中被分派去承担的职责之作。”① 由于文学天然就与社会、历史、文化所紧密联系，而文学作品中最为重要的一个元素——文学形象不仅与作家自身的文化心理结构有着紧密联系，也与其时的历史背景、社会文化有莫大的关系。所以，从某种程度上说，文学作品中所塑造的一系列的少年形象几乎都带有“角色类别”的意味。我们通过对文学作品中少年形象的分析比较不仅能让我们更好地深入文本内部，探索文学特质，也能更为清晰地把握其时的文化、文学脉搏，结合历史经验细部，重返文学现场。

少年这个角色概念并非是自古以来就有的。日本学者横山宏章曾指出：“中国尽管有数千年的历史，那其中却见不到热血沸腾的年轻人。”② 传统社会中有生理年龄阶段的少年，却没有角色类别上的少年，他们只是作为一种儿童与成人的过渡阶段而尴尬存在。正是在民族危机当头，中国新式青少年才应运而生。这时的青少年正如梁启超在《少年中国说》中所倡导的那样“红日初升，其道大光”，他们自出现起就背负着拯救国家危亡的神圣使命。随着社会历史的变迁，少年不管在中国现代社会史，还是现当代文学史中都是作为激进主义者、先进思想传播和接受者、革命青年这样一种与历史社会的发展、时代变迁的需求紧密联系在一起的角色类别出现的。这一角色定位与社会文化、意识形态有着不可分割的联系。可以看出，这些阶段的少年形象皆是迎合社会期待，为实现历史使命而被塑造的一种角色类别。然而到了文化发生断层的八九十年代，少年们或者是曾经的少年们不再想回应民众召唤，只甘心作为一种角色类别而存在，他

① 陈映芳：《“青年”与中国的社会变迁》，社会科学文献出版社2007年版，第1页。

② ［日］横山宏章：《清末中国青年群像》，转引自陈映芳《“青年”与中国的社会变迁》，社会科学文献出版社2007年版，第2页。

们试图通过各种表现为角色标签这个空洞的外壳中注入更多的主体性内容。在60后作家的作品中，我们很明显就可以感受到这种历史变迁在文本形象塑造中所碾压出的痕迹。这些作家们向读者宣告着带有独特主体性、边缘性的“拒绝”时代的来临。然而体现到作品中，60后的作家们也显示出了他们意识中的分化和偏差。一方面，正如上文所说，60后作家们确实表现出了他们对于以往大众所设定的青少年角色类别的拒斥，并企图以更多个性化、主体性的实在内容来解构共名性概念。在他们的作品中，“一切等级的和固定的东西都烟消云散了”[①]。传统意义上朝气蓬勃，“好像早晨八九点钟的太阳”的青少年则转变为混日子、打群架、懵懂青涩的青春期孩子形象。这样一群亲身经历过最高价值自行废除的60后作家们拒绝再次沦为被绑架的固化角色形象，而是从个体经验出发，追求一种自由的、边缘性的主体建构。以往的很多文学形象塑造往往是通过牺牲个人主体建设的方式来表现外部社会之变迁。正如日本学者坂井洋史所认为的那样：“如此解脱，不外是以应该成为烦闷源泉的自我内心之彻底丧失为代价而求救于自我内部。我认为如此心态或许可以为外在‘宏大叙事’的绝对化甚至神化服务，但是不会孕育不断要求深刻内心审视和自我对象化的强韧精神。”[②] 60后作家们显然是意识到了这一问题，他们加强了自身对象化建设。尽管这种尝试是不成熟的，但毕竟60后作家们迈出了重要的一步，使文学行走在健康发展的道路上。另外需要指出的是，这种新的少年塑形思路也是与整个社会、时代的氛围有着莫大的关系。在后文革时代的社会中，虚无主义思想逐渐盛行。虚无主义作为一种否定性的精神态度，指的是推翻一切既有的思想观念及价值判断，用尼采的话来描述虚无主义时代就是：“一个内部大面积颓败而分崩离析的时代。……分崩离析是这个时代的特点，游戏而没有稳固性：没有什么东西牢固地自立或没有什么坚定的信仰；人们为明天而活着，因为后天是可疑的。”[③] 值得注意的是，这种少年塑形方式显然也是顺应时代、受到社会理解甚至

① 马克思、恩格斯：《共产党宣言》，《马克思恩格斯选集》第1卷，人民出版社1995年版，第276页。

② ［日］坂井洋史：《忏悔与越界：中国现代文学史研究》，复旦大学出版社2011年版，第89—90页。

③ ［德］Friedrich Nietzsche：*The Will to Power*，转引自余虹《艺术与归家——尼采·海德格尔·福柯》，中国人民大学出版社2005年版，第69页。

支持的。1988 年仅一年期间，王朔的四部作品被不约而同地改编成电影，文学界、电影界将这一年戏称为“王朔年”。王朔作品中最突出的就是一系列被称为“顽主”的青少年形象了。这也间接地说明，这样一群“顽主”是已被大众接受并且受到欢迎的。另一方面，这群曾受过严格意识形态教育并有过最高信仰的作家们依然不可避免地对那种带有神圣光辉的角色塑形流露出一定程度的缅怀和期待。如王朔在《动物凶猛》开篇就假托主人公之口说出自己的理想是当一名战争英雄，余华笔下的少年孙广林始终依赖、敬佩的兄长式人物苏宇也是传统意义上的乖孩子、好学生。60 后作家们尝试表达先锋声音的同时，也努力想要攀附新兴的主流思潮。在创作中，他们也试图通过回忆用以整合和抚慰同代个体生命，使自身抑或读者找到归属和定位。然而这种群体发声的回忆本身也暗示了一个问题，60 后作家们似乎都在不自觉地通过对少时生活的回忆来抵抗时间的进展，并且这种不可逆的时间流逝导致文本当中弥漫着身不由己的颓废以及“夕阳无限好”的内在自怜与自恋。另一方面，在解构了宏大历史后，他们却尴尬地发现自己也并无强有力的情感去支撑时代定位。因此从 60 后作家们的回忆性文革叙事当中，我们发现他们总是虚弱地以个人的小悲小喜去比附时代悲喜，并且在不自觉中仍然还是透露出对以往主流所宣扬的角色定位的向往。这种既对社会期待嗤之以鼻，又在内心深处不甘平庸的复杂暧昧态度恰恰是身处于理想主义与物质主义两个极端下的 60 后作家所特有的精神气质和写作姿态。这种矛盾实际上也是他们对于主体建构的一种困境挣扎——他们想要充实主体，但呈现的结果却很可能只是一场空荡荡的梦魇。

通过纵向关联的方法，我们发现 60 后作家们在塑造文学形象，对待角色塑形上明显不同于其他代际作家的特殊之处。正如学者赵园所声称的那样：“文学现象的集中性的背后，通常总有着社会历史与普遍审美心理的强有力的背景。”[①] 这种在形象塑造层面上的作者视角与思维的相似性，有力地彰显了 60 后作家们特有的生活经历以及创作时的思潮涌动。这种角色塑形和文学形象塑造实际上是在进行一种与历史、与时代的对话，其中蕴含着文学的新变。这种新变既能让我们从中窥视出文学发展流脉中的一些规律和变化，又能给当代文学的发展提供某种值得借鉴的文学经验。

① 赵园：《艰难的选择》，上海文艺出版社 2001 年版，第 254 页。

总之，60 后作家群们关于文革的回忆性叙事有着诸多可以研究的问题域，对这些问题的发掘和勘探，对中国当代文学的研究无疑具有重要的参照意义。

论农民工题材小说的“城市时空体”

——以巴赫金时空体理论为价值观照

巴赫金的“时空体”理论强调叙事时间与叙事空间的不可分割，是“形式兼内容的一个文学范畴”。农民工题材小说以农民工为叙述对象，多以城市生活的苦闷“现在”作为叙事时间的中心，形成了农民工题材小说独特的“城市时空体”。逼仄彷徨的城市异托邦的时空书写是农民工进城心路历程的真实反映，作家一方面要努力贴近农民工的现实生活，另一方面又要与叙述对象保持适当的审美距离，才能创作出既饱含人道主义关怀、又具有极高审美意蕴的农民工题材小说。

巴赫金提出的“时空体”理论将文学作品中的时间与空间两大要素“融合在了一个被认识了的具体的整体中”[①]，强调叙事空间与叙事时间的不可分割。他提道：“对我们来说，重要的是这个术语表示着空间和时间的不可分割（时间是空间的第四维）”，认为“文学中已经艺术地把握了的时间关系和空间关系相互间的重要联系，我们将称之为‘时空体’。”[②] 在人类发展进程中，人们对于现实的时间和空间的把握总会习惯性地局限于对某一历史阶段或当时仅能认识到的历史时间和现实空间的把握上面，文学中的艺术时空体正是文学为了艺术地把握时间和空间的重要联系而形成的，“时间在这里浓缩、凝聚，变成艺术上可见的东西；空间则趋向紧张，被卷入时间、情节、历史的运动之中。时间的标志要展现在空间里，而空间则要通过时间来理解和衡量”[③]。在这个艺术

---

① ［俄］巴赫金：《巴赫金全集·小说理论》，白养仁、晓河译，河北教育出版社1998年版，第274页。

② 同上。

③ 同上书，第275页。

时空体里，若把时间设为一个无限延伸的纵向坐标，那么时空体里的空间便是这个纵向坐标上的无数个横切面，同一空间在不同的时间点上有着不同的历史形态，同一时间上的不同空间切面也各自发生着不同的历史事件；同理，不同时空下的人物及其内涵也是各不相同的，空间坐标与时间坐标在这里相互交叉、不断融合，逐渐统一于一个被认识了的艺术时空体之中，形成一个“形式兼内容”的文学范畴①，也就是说，时空体不仅在形式上决定着文学的体裁类别，在内容上更承担起组织情节的重要作用。

农民工题材小说是中国现当代特别是20世纪90年代以来中国文学叙事的一个重要类别。城市，对于进城务工的农民工来说，是有别于乡村的异质文化场域，是城市异托邦的存在，而农民工题材小说中逼仄的城市底层空间、无助彷徨的城市“现在”生活，形成了农民工题材小说中独特的城市时空体，这一时空体一方面在形式上与对立着的乡村时空体共同决定着农民工题材小说的体裁类别；另一方面，作为情节展开的主要存在，城市时空体更是在内容上承担着组织情节的重要作用，因此有必要对农民工小说叙事的城市时空体进行深入的探究。

一　现代化转型背景下的历史语境

踏着新时期中国经济体制改革的历史步伐，中国经济发展获得了前所未有的巨大成就，第二、三产业的成功转型与飞速发展，不仅显著提高了人民物质生活和精神生活，更带动了整个中国社会结构的转型；在农村，家庭联产承包责任制的有力推行依然使农民沉浸在重新获得分配土地的巨大喜悦之中，他们继承着祖辈“一分耕耘，一分收获”的优良传统，对于土地宗教一般的狂热心态使得他们辛勤劳作于自己的土地上，在乡村这个相对封闭的空间中继续循环着纯粹的农耕生活。然而，封闭安逸的乡村空间却在1992年党的十四大召开之后被逐步打破。党的十四大确立了社会主义市场经济体制的改革目标，明确了中国的经济发展方向，社会主义

① ［俄］巴赫金：《巴赫金全集·小说理论》，白养仁、晓河译，河北教育出版社1998年版，第274页。

市场经济以合法的身份登上了中国经济发展的舞台。在计划经济向市场经济的转变过程中，中国城市化进程也大踏步向前迈进；经济市场化同时也给农村封闭的自然经济形成了强烈的冲击，“国家注意力转移到了城市，农村就停滞发展了，几乎有点自生自灭的味道，以致后来农民进城打工，农村就少了人气，村舍破败，粮食是多了，钱却少了，农耕资料价格上涨，看病上学难，税费过多，治安不好”①，农民收入逐年缩减，耕地劳作的比较利益差额日趋扩大，“1993 年肥东县甚至出现农村耕地抛荒 10 万亩的现象”②，土地已不能完全满足农民的生存需要，农村经济发展陷入极为衰败的困境之中。农村经济的发展困境迫使越来越多的农民放弃自己世代耕种的土地，或孤身一人、或成群结伴地来到城市寻求生存的机遇，自此也兴起了汹涌澎湃的农民工进城务工的“民工潮”，形成了中国社会现代化进程中的一道亮丽风景。

世代耕种于土地之上的农民进城务工本不是 21 世纪现代化转型时期经济市场化的产物，这一现象早在中国古时就有记载：王符的《潜夫论》中就有提到进洛阳城谋生的农民：“浮食者什于农夫，虚伪游手者什于浮末”，“治本者少，浮食者众”③，“以农为本”贯穿于整个封建时期的治国方针之中，这些脱离了原本以土地为生的谋生手段来进城务工的“浮食者”被统治者认为是威胁到封建统治秩序的不安因素，如《后汉书·杨秉传》中提到“帑臧空虚，浮食者众。”“帑臧”即国库，这也从侧面反映出“浮食者”这一古时的“农民工”的生存困境；再如到封建社会发展后期的明清时代，在已孕育出资本主义萌芽的苏州就有大量“罔籍田业”的农民进城务工，与雇主“日取分金以饔飧计”④；十八、十九世纪乡下人进城的现象更为普遍，如鲁迅笔下进城讨生活的阿 Q、老舍《骆驼祥子》中的“人力车夫”祥子、从乡下到城里做帮佣的阿小等。在这里必须强调的是，农民脱离土地进城谋生的现象虽在阶级社会就已经出现，但与社会主义现代化时期兴起的“民工潮”却有着本质上的区别。首先，不同的社会背景与时代特征是新时期农民工从本质上有别于阶级社会的“浮食者”的关键。在阶级社会中，统治阶级为得到最大化的

---

① 张英、孙涛：《从“废都”到“废乡”》，《南方周末》2006 年 6 月 1 日（001）。

② 崔传义：《中国农民流动观察》，山西经济出版社 2004 年版，第 413 页。

③ （汉）王符：《潜夫论》，上海古籍出版社 1978 年版，第 21 页。

④ 江立华、孙洪涛：《中国流民史》，安徽人民文学出版社 2001 年版，第 163 页。

利益进行大规模的土地兼并，致使农民流离失所、无处谋生，生存的困境迫使农民们开始被迫反抗统治阶级的暴政以寻求更多的生存空间，王朝的更替也由此开始，当新的王朝被建立，新的贵族也随之诞生，新一轮的土地兼并又重新拉开了序幕……阶级社会中土地兼并的恶性循环是促使农民生存环境恶化、被迫进城谋生的根本原因；而处在现代化转型时期的农民工，则是由于社会经济结构的转变、经济的飞速发展使农民们自觉或不自觉地跟随工业化和城市化的脚步寻求更为广阔的生存发展空间，这与封建社会的“浮食者”是有本质上的不同的。再次，城市作为阶级社会中统治者镇压、奴役人民的统治工具，其森严的等级制度和鲜明的阶级观念在贵族与平民之间筑起了一座坚固的堡垒，阶级的对立注定了进城务工的农民苦难不幸的悲剧命运；新时期现代化转型时期的城市在本质上带有阶级社会的城市不可能具有的开放性特征，它以极其包容的胸怀、优质的生活享受、高度发达的精神文明吸引着大量的不满足于乡村生活现状的农民们自觉或不自觉地投入到城市建设的行列中去。

马克思说过：“物质生活的生产方式制约着整个社会生活、政治生活和精神生活的过程。不是人们的意识决定人们的存在，相反，是人们的社会存在决定人们的意识。”① 在社会结构现代化转型时期，农业与第二、第三产业不可避免的转型所引起的部分农民向产业工人的过渡是必然的，现代化的中国社会经济体制的改革促使人们的社会心理和价值取向也发生了转变，高楼林立的城市以其快节奏的生活方式和优越的物质环境吸引着越来越多的农民脱离故土，在城市中从事着无人问津的最苦、最脏、最累的底层工作，却因城乡隔离的二元户籍制度无法得到与城里人同等的福利待遇；他们渴望通过努力跻身于城里人的行列之中，却又受到具有城市文明优越感的城里人的精神歧视。城市文明对原有乡村生活方式与传统习俗的强烈冲击以及争而不得的苦闷压抑无一不使农民工的身心饱受折磨。农民工进城所引起的部分农业人口的城市化更是引起了社会各界的广泛关注，“农民工”问题也进入到文学的视野之中，这一特殊群体的现实际遇

① ［德］马克思：《政治经济学批判》（序言），见《马克思恩格斯选集》第2卷，人民出版社1972年版，第82页。

与精神嬗变成为新时期小说创作的重要素材。正如雷达所说："这个方向的文学可以包含现阶段中国社会几乎所有的政治、经济、道德、伦理矛盾，充满了劳动与资本，生存与灵魂，金钱与尊严、人性与兽性的冲突，表现了农民突然遭遇城市环境引发的紧张感、异化感、漂泊感，因而不容忽视。"① 文学作为一种反映历史、观照现实的艺术，"不能不是时代愿望的体现者，不能不是时代思想的表达者"②。汹涌澎湃的"民工潮"是社会结构现代化转型时期极为重要的历史存在，"描写他们的生活和精神的变化，才是乡土小说最富有表现力的描写领域"③。徐德明也认为："乡下人进城是一个中国现代化与最广泛的个体生命联系的命题，作为农业大国的主体农民，他们在现代化过程中进入城市的行动选择及心路历程，是当下小说与现代化关联的最有价值所在，这种价值已经为小说捕获，成为一种亚主流叙述。"④ 关注现实主义的作家们从农民工进城的现实遭遇入手，深刻反映出中国在社会结构转型时期中国社会和中国农民心态的变迁，农民工题材小说自此呈现出喷薄发展之势。《南方文学》《佛山文艺》《湛江文学》《侨乡文学》《外来工》《打工》等一批反映农民工进城务工的文学期刊应运而生，更多专业的作家也加入到抒写农民工现实遭际和心路历程的行列中来，如邓一光的《怀念一个没有去过的地方》⑤、荆永鸣的《北京候鸟》⑥、孙惠芬的《民工》⑦、尤凤伟的《泥鳅》⑧、铁凝的《谁能让我害羞》⑨、陈应松的《太平狗》⑩、贾平凹的《高兴》⑪ 等作品均引起了不同程度的反响。

① 雷达：《2005 年中国小说一瞥》，《小说评论》2006 年第 1 期。

② 李星：《前进中的收获　平实中的突破——近年长篇小说纵览》，《人民日报》2003 年 12 月 3 日（012）。

③ 丁帆：《城市异乡者的梦想与现实——关于文明冲突中乡土描写的转型》，《文学评论》2005 年第 4 期。

④ 徐德明：《乡下人进城的文学叙述》，《文学评论》2005 年第 1 期。

⑤ 邓一光：《怀念一个没有去过的地方》，《十月》2000 年第 4 期。

⑥ 荆永鸣：《北京候鸟》，《人民文学》2001 年第 9 期。

⑦ 孙惠芬：《民工》，《当代》2002 年第 1 期。

⑧ 尤凤伟：《泥鳅》，《当代》2002 年第 3 期。

⑨ 铁凝：《谁能让我害羞》，《长城》2003 年第 3 期。

⑩ 陈应松：《太平狗》，《十月》2005 年第 12 期

⑪ 贾平凹：《高兴》，《当代》2007 年第 5 期。

二 破灭与漂泊：逼仄彷徨的城市时空书写

“City 作为一个独特类型的定居地，并且隐含着一种完全不同的生活方式及现代意涵。”① 城市所具有的完全不同于乡村的生活方式及伦理观念，是城市相对于乡村的优越性的具体体现，中国社会的现代化转型带动着城市化飞速向前发展，《2012 中国新型城市化报告》指出，中国城市化率突破 50%，这意味着中国城镇人口首次超过农村人口，中国城市化进入关键发展阶段。尽管中国的城市化让城市与乡村都受到了不小的影响，但乡村相对的封闭、边缘化的社会属性让其无法享受到与城市完全平等的社会资源，尽管生活在乡村中的人们会或多或少地与城市居民共享现代化的各种生活，如农民们每天所观看的电视节目，与城里的并没有什么不同，“但是那些电视剧的内容，与他们几乎完全不相干，甚至也不属于他们的时代”② “山外的世界”有着乡村所没有的各种“新奇玩意儿”，对城市世界的强烈好奇驱使着越来越多的农民离开故土，踏上了通向城市的寻梦之旅。然而，城市的美好表象终将被现实残酷地揭开，美好的“城市梦”仿佛一个虚幻的肥皂泡被放置于狭小逼仄的空间之中任意挤压，导致最终的破灭。社会资源分布的严重不公让农民工只能游走于城市底层的各个空间之中，这些真实存在于城市之中却又不同于城市主流文化的异域文化空间，正是福柯所说的“异托邦”形式的存在。

（一）“城市梦”的破灭

随着中国现代化进程的加快，社会生活的各个方面也发生着翻天覆地的变化，这不仅表现在科学技术的进步、市场经济的高度繁荣和物质生活

① ［英］雷蒙·威廉斯：《关键词：文化与社会的词汇》，刘建基译，生活·读书·新知三联书店 2005 年版，第 44 页。

② 孙立平：《断裂——20 世纪 90 年代以来的中国社会》，社会科学文献出版社 2003 年版，第 13 页。

水平的显著提高上面，城市化进程的加快更是缩短了城乡文化的差异，促进了城乡社会心理的转变，光怪陆离、流光溢彩的城市生活吸引着乡村的一波又一波的农民们自觉或不自觉地融入城市化的进程中来，真可谓是“追梦改革万里春，农民潮涌作工人”（左水河诗）。城市的现代化使城市无论是在物质还是文化方面，都具有乡村无法比拟的优越性，这种优越性必然会让更多的农民走上“向城求生”的追梦之路，邓一光的《怀念一个没有去过的地方》中的主人公远子同他的好哥儿们怀着满腔的激情进入城市，自信用自己的年轻体魄必能“征服”武汉城；李铁的《城市里的一棵庄稼》中的崔喜，对于城里生活的向往让她努力抓住去镇上招待所的每一个机会，只为看招待所里“偶尔会住进来的几个城里人，赶得巧，那几个城里人还会是几个年轻人”，透过这些城里人，她看到了城里人“天堂一样的生活”[①]；夏天敏的《拥吻长安街》中作为乡村“逆子”的“我”极度热爱城市生活，和柳翠像城市里的恋人一样旁若无人地在熙熙攘攘的长安街上拥吻，成为“我”进入城市的不懈动力；鬼子的作品《瓦城上空的麦田》中“我”的父亲和李四都渴望让自家的“麦田”落到瓦城的上空，让自己的孩子成为一名真正的瓦城人；范小青的《城乡简史》中农民王才怀着到城里去看看“香薰精油”的目的，举家搬迁至城市开始以收旧货为生，虽然住在小区车库里，但城里令人眼花缭乱的多彩生活却让他们感觉到无比的满足。

乡村人的城市情结在刘庆邦的《到城里去》中体现得更为淋漓尽致。宋家银一方面有着普通农村妇女所具有的精明、持家的优秀品德，同样的，精明意味着长于算计，持家则会有或多或少的吝啬，然而，“到城里去”的虚荣却占据了她性格特征的绝大部分，正如作者在小说中开头所说的：“宋家银一点也不可爱，她虚荣、冷酷、吝啬，不孝敬公婆，不爱她的男人，但是这个女人光彩照人，她被一个信念鼓舞着：到城里去！这是一个梦想，也是一个战斗口号，为此，宋家银从出嫁那天起就开始了艰苦卓绝的漫长战斗，她的生命充满刀光剑影……”[②]“到城里去”的虚荣对宋家银的生活形成一种向上的牵引，对城市的渴望让她嫁给了条件平平却是临时工身份的丈夫，并时刻不忘炫耀自己的工人家庭身份；她买了村

① 李铁：《城市里的一棵庄稼》，《十月》2004 年第 2 期。

② 刘庆邦：《到城里去》，《十月》2003 年第 3 期。

里第一辆自行车，在村里盖起了大房子，只因她看不得村里有人过得比她家好；她见不得村里有人比她家更接近城市，因此积极鼓励丈夫、儿子、女儿踏上进城务工的大潮……虽然当她真正进入城市以后，发现“城市是城里人的”，但并没有减退她走向城市的热情，并将“到城里去”的热切渴望寄托于同样进城打工的下一代身上。曾有人对这种追寻“城市梦”的非凡坚忍作过如下的表述：“对大城市的怀恋比任何一种思乡病更严重。对他来说，家就是这类大城市中的任何一个，而最邻近的村落也成了异域。他宁可死于人行道上而不愿‘回’到乡村。……他们的内心失去了乡村，而且将永不能在外表重新得到它。”①

五彩斑斓的“城市梦”驱使着越来越多的农民工离开故土，义无反顾地踏上他们的寻梦之旅。城市的车水马龙、高楼林立确实也让初次进入城市的农民工们眼花缭乱，就像《城乡简史》中的王才所感叹的：“城里真是好啊，要是我们不到城里来，哪里知道城里有这么好。”② 然而在短暂的目不暇接的兴奋之后，等待他们的是对现代城市文明的无所适从，他们虽身体已来到城市，但封闭的乡村生活方式与传统习俗依然深深地铭刻在他们的骨血之中，城市的冷漠隔离让他们不安，城里人的另眼相待更让他们自卑到尘埃里去。《太平狗》（陈应松）中的主人公程大种带着一条叫太平的狗去投奔居住在城里的姑妈却被婉拒，无处栖身的他不得不夜宿于桥洞之中，为了生存甚至卖掉了太平，最终在打工时误入黑工厂被囚禁折磨致死。《泥鳅》（尤凤伟）中的蔡毅江在为搬家公司打工的过程中因公受伤，却因公司逃避责任不肯支付医疗费用导致病情延误，最终丧失了性功能。现代化的城市为农民工们编织了一场金光闪闪、富丽堂皇的美妙梦境，农民工们在辗转于城市最底层的各个角落之中饱受冷眼与嘲笑之后，才会发现梦想中遍地金银、处处机遇的城市只是一个虚幻的泡沫，正如周崇贤所描写的：“这个华丽的南方城市，就像是一个热闹的灵堂。谁死了，谁还活着？又是谁在祭奠谁？谁在为谁哭泣？不知道。也许永远不会有答案。又或者，打有城市那天起，所有的人都死了，只是没有人知道自己早就死了，大家都沉浸在城市华丽的热闹之中，都以为，是在赴一场

① ［德］奥斯瓦尔德·斯宾格勒：《西方的没落》，齐世荣等译，商务印书馆1991年版，第217页。

② 范小青：《城乡简史》，《山花》2006年第1期。

宏大的盛宴。没有人知道，人们之所以从四面八方向城市聚集，根本的原因，就是他们已经死亡，或正在死去。他们在城市里，编织一个又一个的梦想，只不过是在为自己、为这个城市的明天，举行一场盛大的葬礼。”①在城市流光溢彩的霓虹灯后，是由冰冷的钢筋和水泥堆砌起来的层层堡垒，如天堂一般美好却又固如磐石不可逾越。

（二）城市时空的无“根”漂泊

中国社会的现代化转型使农民进城的这一过程从本质上演变为一种乡里人的急剧现代化的过程，说到底，这是一场城市文明与乡村文明的剧烈碰撞，然而进入城市的农民工的身体虽已不自觉地融入城市现代化的浪潮之中，但骨子里根深蒂固的传统乡村生活方式仍无法适应剧烈变化着的城市生活，他们在高度发达的城市文明的冲击之下经历了惊喜过后的无所适从、彷徨、焦虑与不安。如前所述，社会结构现代化的转型和严格的城乡分离的二元体制不仅造就了城乡经济、文化方面的显著差异，也使进城的农民工们的生存环境变得更为逼仄压抑。建筑工地、工厂、洗浴中心、发廊、垃圾场所等城市最底层成为农民工们的主要活动空间，在这些空间中他们不仅在打工生活的“现在”经历着“城市梦”破灭之后的挫折与不幸，更在彷徨失落时触发回忆“过去”乡村生活的情感闸门，在饱受磨难后仍继续着对“未来”城市生活的美好憧憬，农民工题材小说叙事的“现在”“过去”“未来”与城市底层的叙事空间交叉、融合于“一个被认识了的具体的整体中”②，构建出农民工题材小说叙事的艺术时空体。

产生于 20 世纪 50 年代的严格的户籍制度造成了城乡之间的二元对立，城乡之间的坚固壁垒虽在改革开放之后有所瓦解，但已推行几十年的城乡分割体制仍为农民工造就了极度不公、资源严重匮乏的城市就业环境。改革开放的春风虽吹遍祖国大地的各个角落，但不得不承认，乡村的现代化进程与城市相比是不可同日而语的，这不仅表现在城乡之间科技、经济、医疗等物质生活方面的显著差异，教育文化资源的匮乏使“向城

---

① 周崇贤：《杀狗——悲情城市系列》，《当代》2009 年第 1 期。

② ［俄］巴赫金：《巴赫金全集 · 小说理论》，白养仁、晓河译，河北教育出版社 1998 年版，第 275 页。

求生”的农民工们不得不行走于城市生活的最底层，依靠自己的身体来谋取在城市生存下去的权利。由于城乡资源分配的极度不均，农民工们从事着城市中最低贱、最辛苦、最肮脏的工作，却无法享受到与城市市民同等的福利与待遇；缺乏资源的农民工们只能游走于棚户区、城中村、工厂、建筑工地、发廊、洗浴中心等场所，却仍不可避免地受到具有天生优越感的城里人的冷眼与排斥，他们赖以生存的唯一的最原始的资本便是自己的身体。棚户区与城中村是农民工最主要的栖身之地，蔡翔的《苏州河》中就有棚户区景象的详细描述，再如王十月《出租屋里的磨刀声》中的出租屋，这些本是农民工们在城市繁忙工作之余身心的栖居之地，但简陋的环境与居住条件无一不折射出生活在城市中的农民工的无力感，如天右们一般的打工仔们“虽然置身于开放发达的闹市，但心却是依然滞留在贫困家乡的文化荒漠中。深圳，不管是远离它还是走近它，都是天右们永远的海市蜃楼”[1]；建筑工地和工厂是农民工们出卖苦力的主要场所，张学东的《工地上的两女人》、刘震云的《我叫刘跃进》、王十月的《国家订单》、马秋芬的《蚂蚁上树》、鬼子的《被雨淋湿的河》、陈应松的《太平狗》等许多作品都以建筑工地或工厂为主要的叙事空间，小说中的农民工们通过自己的力气继续他们的城市生活，在这里工作环境极其艰苦，生命安全更得不到应有的保障，但微薄的收入和建筑工地、工厂所带来的暂时的归属感仍让更多的农民工趋之若鹜。贾平凹的《高兴》、鬼子的《瓦城上空的麦田》、张抗抗的《北京的金山上》、范小青的《城乡简史》等作品中都以垃圾场所作为主要的叙事空间，捡拾垃圾、回收旧货在“高贵”的城里人眼中本是十分肮脏下贱的工作，而进城的农民们想要进入这一行，必须得通过老乡的“引见”，在“上头”划定的区域内规规矩矩地工作，若“跨区作业”则会带来难以想象的后果，农民工逼仄、卑微的生存空间在此也暴露无遗。发廊、洗浴中心在农民工题材小说中多被描写为具有代表性的声色场所，来自农村的青年女性或被迫、或自愿地用自己的身体和美貌换取金钱和利益，如《明惠的圣诞》（邵丽）的主人公明惠进城后改名为圆圆，开始了她在洗浴按摩中心的打工生涯，通过出卖自己的美貌与身体让她从此以后不用再为钱操心，更通过在洗浴中心的工作认识了大老板李羊群，变身为自己当初无比艳羡的“城里女人”；巴

① 闫玉清：《文化困境与生存困境》，《作品与争鸣》2001年第1期。

桥的《阿瑶》、魏微的《回家》等都以发廊作为其小说的主要叙事空间，在吴玄的《发廊》中甚至描述了西地这一远近闻名的“发廊村”，开发廊更是“改善了像西地这种地方女人的生活质量”。除了建筑工地、工厂、垃圾场所、发廊、洗浴中心等空间外，占农民工群体很大一部分的保姆的生存空间也是值得注意的。如项小米的《二的》、李肇正的《女佣》、《傻女香香》等作品中的保姆一般出现在城市家庭空间中，她们可以说是最为贴近真正的“城里人生活”的农民工队伍中的一个特殊群体，然而家庭的私密性又使她们离城市生活无限接近却又始终不得融入其中，只得以无限卑微的姿态寄居于城市家庭的空间之中饱受身心的双重折磨。

建筑工地、工厂、棚户区、城中村、垃圾场所等作为农民工题材小说主要的叙事空间，农民工进城谋生的现实处境与命运变迁在这里浓缩、凝聚，城乡分割体制引起的不公待遇及城市文明给农民工身心所带来的剧烈冲击也在此得以极致体现。这些乍一看比较稳定的空间更加凸显出“漂”在城市之中农民工们的无助与悲哀，无论是出卖苦力抑或是用身体换取利益，都是在农民工们逼仄的城市生存空间所给出的有限范围内的无奈抉择，他们一切“在空间内的被迫移动”[①] 都是为了更好地生存，建筑工地、工厂、垃圾场所、洗浴中心、发廊、城市家庭等叙事空间不过是农民工们漫长的“向城求生”道路上“偶然邂逅的场所”，“在这里，通常被社会等级和遥远空间分隔的人，可能偶然相遇到一起；在这里，任何人物都能形成相反的对照，不同的命运会相遇一处相互交织。在这里，人们命运和生活的空间系列和时间系列，带着复杂而具体的社会性隔阂，不同一般地结合起来”[②]。城市于农民工而言的异域性特征让游走于城市底层空间中的他们无所适从、备感孤独，受“偶然性支配”的生存空间的流变又使远离故土的他们无法得到原本所期望的安全感与归属感，只能化身为无“根”的游魂无奈地漂泊于城市与乡村的边缘地带。

---

① ［俄］巴赫金：《巴赫金全集·小说理论》，白养仁、晓河译，河北教育出版社1998年版，第275页。

② 同上书，第445页。

三　城市异托邦：多元文化共存的底层空间

“异托邦”的概念是由米歇尔·福柯在他的《另类空间》一文中所提出的，与并非真实在场的“乌托邦”相对比，福柯认为：“在所有的文化，所有的文明中可能也有真实的场所——确实存在并且在社会的建立中形成——这些真实的场所像反场所的东西，一种的确实现了的乌托邦，在这些乌托邦中，真正的场所，所有能够在文化内部被找到的其它真正的场所是被表现出来的，有争议的，同时又是被颠倒的。这种场所在所有场所以外，即使实际上有可能指出它们的位置。因为这些场所与它们所反映的，所谈论的所有场所完全不同，所以与乌托邦对比，我称它们为异托邦。”① 异托邦是多元文化中真实存在的场所，但又与非真实存在的乌托邦存在着某种交汇，福柯以“镜子”为例具体形象地说明了二者之间的重要联系，“当我在镜子中看到我自己的那一刻，镜子使得我与我占据的空间（变得）真实，因为它关联着周围的整个空间；但它又完全不真实，因为不得不通过某种在那个地方的虚拟点来感知”②。镜子对面的不真实空间让我看到了作为非场所性存在的自己，那便是镜子的乌托邦；另一方面，镜子又是真实存在于现实之中的，镜子中的我也确确实实占据着镜子平面上的一个位置，正是由于镜子的真实存在，我才发现自己能够出现在我并不真实存在的场所之中。因此，镜子在这里又是相当于异托邦的存在，当我出现在镜子之前时，我占据着镜子平面上一个位置，这是真实存在的；同时，镜子里的我又并非真实的存在，是虚拟的不真实空间。镜子在此处具备着乌托邦与异托邦的双重属性，它有力地链接起虚拟空间与现实空间，使多元性得以同时呈现于一个场所之中。对福柯的异托邦理论进行深入的探析，再结合当下

① ［法］福柯：《另类空间》，王喆译，《世界哲学》2006年第6期。

② ［法］福柯等：《激进的美学锋芒》，周宪译，中国人民大学出版社2003年版，第23页。

中国社会现代化转型时期的发展现状，我们不难察觉到异托邦理论所带给我们的强烈暗示：我们现实存在的空间是否并非是真实存在的唯一空间？在我们习以为常的现实空间里，必然还有真实存在于现实生活中被我们自觉或不自觉划分出来的异域空间，这些空间虽然被人们所忽略，但它们确确实实与我们现实存在的空间共存于一个真实的空间之中，彼此不可消解。农民工生存的城市底层空间作为城乡二元分割体制下的产物，是城市文化差异的重要体现场所，所以城市底层空间也成为城市异托邦的必然存在。

在农民工题材小说叙事中，城市异托邦作为现代化改革时期城乡二元体制下的社会性产物，几乎是对福柯 1967 年在他的《不同空间的正文与上下文》的讲稿中所总结的关于异托邦的六个特征的完全体现：第一，世界不只存在一种文化，“异托邦”就是多种文化并置的空间，多元性的文化共存于一个真实的空间之中，形成了“异托邦”的存在形式。城市异托邦是现代化的城市文明与传统的乡村文明剧烈冲撞的结果，面对高度发达的城市文明，根深蒂固于农民工骨血之中的乡村文明不得不委曲求全地委身在城市中被主流文化所忽略的建筑工地、工厂、棚户区、地下室、发廊、洗浴中心等地，成为城市异托邦的存在；第二，不同时代下社会持续不变的异托邦因历史的文化差异而表现出不同的存在形式。棚户区、城中村作为城市中长期存在的异域空间，在改革开放和城市的现代化转型之前只是单纯的城市贫民居住区，到了 20 世纪 90 年代初，随着民工潮的兴起，城中村、棚户区却因其低廉的租住成本，成为众多进城务工的农民工们的栖身之地，表现为不同的异托邦存在；第三，异托邦可以将几个并不相容的空间或场所并置于一个单独的真实存在的空间之中。这体现着异托邦强大的多元化与包容性特征。就城市异托邦来说，它是农民工们“向城求生”的生存空间，它容纳着不同性别、性格、生活经历、心路历程的农民工们共同存在于城市底层的异质文化空间之中，城市异托邦在此时也因其极具包容性的特征而表现出新的价值意义；第四，当人们与传统时间相互决裂时，异托邦可以容纳不同的时间或历史片断；第五，异托邦是一个既开放又封闭的系统，这一特征使异托邦之间能够相互隔离，却又可以相互渗透。城市异托邦的底层生存状态和社会资源分配的不公使农民工只能通过出卖自己的力气或身体，不自由地游走于城市的底层；第六，异托邦如“镜子”一般作为空间的两极，它创造出了一个虚幻的空间，这个虚幻空间正是对真实空间的补偿性揭示。[①] 也就是说，异托邦建构出一个与真实空间相对应的虚幻空间，这个虚幻空间通过揭示我们所在的真实空间来补偿真实空间中的种种不完美。

如上所述，城市异托邦是一个既开放又封闭的系统，每一个异托邦的场所通常是不能随意出入的，若要得到进入其中的权力，则必须通过正规的许可或需要的特定仪式方可进入。农民工处于属于自己层面的异托邦之中，他们所具有的自由选择的权力是微乎其微的，他们虽真实地存在于城市的异托邦之中，但却与他们想象中的城市乌托邦相去甚远，他们无奈地徘徊于底层空间之中，他们所做的选择或迫于生存的压力，或来自体制的隔阂，或受到法律法规的种种限定，鲍曼就对农民工这类流浪者的不自由的被迫选择状态进行了深入的解读：“并非所有的流浪者都是自愿，因为他们宁愿待在原地，而不愿意移动。许多人可能会拒绝进行漫游的生活，如果他们被问的话，但是，他们并没有被问。如果说他们在移动，是因为他们被后面的力所推动——由于被一个如此强大，如此神秘的力所推动以至于无法拒绝。他们决不把他们的境况视为自由的显现……对他们而言，自由意味着不必在外面流浪，意味着拥有一个家，并待在里面。”[②] 异托邦的另一特征是能够创造出具有幻觉性和补偿性的虚拟空间，长期苦闷压抑的底层生活有时会更加激发起农民工题材小说中的主人公们更为迫切地试图融入城市生活的热情，而城市异托邦所创造出的补偿性幻觉往往再次浇灭了主人公们自以为是的短暂融入的喜悦之情。《明惠的圣诞》中的明惠在高考落榜之后改名为圆圆进城打工，成为一名洗浴中心的小姐。在打工期间她认识了大老板李羊群之后终于摆脱了农民的身份，过上了自己梦寐以求的城市女人的生活。幸福总是美好而又短暂的，第二年的圣诞节当明惠与李羊群的朋友们聚会时，终于意识到了自己与那些城市女人们骨子里的区别：“他们吐出的烟雾像一条河流，但她觉得自己被他们隔在了河的对岸。他们喝酒，圆圆就喝自己那瓶加柠檬的科罗那。女士们是那么地优越、放肆而又尊贵。她们有胖有瘦，有高有低，有黑有白。但她们无一例外地充满自信，而自信让她们漂亮和霸道。她们开心恣肆地说笑，她们

① ［法］福柯：《不同空间的正文与上下文》，见包亚明主编《后现代性与地理学的政治》，上海教育出版社 2001 年版，第 21 页。

② ［英］乔格蒙·鲍曼：《后现代性及其缺憾》，郇建立等译，学林出版社 2002 年版，第 108 页。

是在自己的城市里啊！”自以为是的虚幻幸福在现实的打击下无所遁形，看清现实的明惠最终绝望地选择了自杀。再如《高兴》（贾平凹）中描述刘高兴坐出租车的那段场景：“坐出租车真好，很快经过了南城门外的城河马路，朝霞照来，满天红光，一排凹字形的城墙头上的女墙垛高高突出在环城公园的绿树之上，那是最绮丽壮观的。”殊不知，在城市流光溢彩的背后，真正隐藏着的恰恰是与美好想象完全相反的冷漠疏离。

四 结 语

在农民工题材小说叙事的城市时空体中，城市文明与乡村文明、传统文明与现代文明的冲突造就了农民工边缘人身份的尴尬处境，城市生活的苦闷“现在”与未来生活的美好展望互相交叉、融合，统一于整个城市时空体之中。在城市时空体的价值观照下，我们可看到作为叙事对象的农民工作为城市边缘人的身份是中国社会现代化转型的必然结果，主要表现为城乡二元体制、不公的社会资源分配、文化知识的严重匮乏共同作用的结果。作家作为创作小说的主体，“他观察的出发点是他自己所处的那个复杂而全面的未完成的当代生活，与此同时他本人似乎就站在与所描绘现实相切的切线上”①。结合农民工题材小说来说，这就要求农民工小说家们一方面要极力贴近农民工的现实生活，了解他们的精神世界；另一方面又要与农民工这一被叙述客体保持一定的审美距离，在对农民工生存困境进行现实观照的过程中努力做到文学现实与艺术高度的有机结合，创作出既能体现作家的人道主义关怀，又具有极高审美意蕴的农民工题材小说。

① ［俄］巴赫金：《巴赫金全集·小说理论》，白养仁、晓河译，河北教育出版社 1998 年版，第 457 页。

三　批评在文学现场

柳青文学的意义

今年是柳青100周年诞辰，我们理应对这位当代著名作家进行必要的缅怀和纪念。缅怀是情感深厚，难以忘却；纪念是贡献非凡，意义重大。柳青对于我而言，两者皆具。柳青不仅是20世纪50—70年代中国里程碑式的作家，也是路遥、陈忠实、贾平凹等陕派作家的“精神导师”，同时他的文学作品也滋养了如我辈者70后文学爱好者。柳青丰富的文学创作实绩和真诚的文学精神，是他留给我们的宝贵的精神遗产。在今天，我们纪念柳青，就是纪念通过他的文学作品和真挚的文学创作精神所凝铸而成的文学硕果。柳青对文学的那种执着和虔诚，柳青胸怀时代敢为天下先的文学使命意识，柳青洞悉幽微的历史眼光，对我们当下的文学创作都有着一定的启示意义，这也许就是我们今天重提柳青文学的意义和价值所在。

柳青文学的意义构成，我们可以从这几个方面来考察。

一、柳青与中国当代文学。在中国当代文学的发展史上，柳青是一个独特的存在。这个独特应该包含这些质素。一是柳青有意“去作家化”，他深入农村第一线，落户皇甫村14年，他把自己变成了农民，他不做社会生活的旁观者，而是主动成为社会生活的主人公。二是他对自己所处时代的积极书写和表征，他以文学的方式表达了他对时代的理解和思考。三是柳青的《创业史》是中国当代文学的一座丰碑，这座丰碑的生成机制值得我们深入探究。四是现实与理想在柳青文学中的沉潜与丰盈。这些丰富的内涵共同成就了柳青文学的伟大与独特。我们将柳青放在中国当代文学史的坐标上来考察，目的就是彰显其价值和意义，以期对中国当代文学的发展有所启示。

二、柳青与陕西文学。柳青是中国当代陕西文学的代表性作家，也是20世纪长篇小说创作第二次高峰的代表性作家。他1959年出版的《创业史》成为这一次“三红一创、保林青山”（即梁斌的《红旗谱》，吴强的

《红日》，罗广斌、杨益言的《红岩》，柳青的《创业史》，杜鹏程的《保卫延安》，曲波的《林海雪原》，杨沫的《青春之歌》，周立波的《山乡巨变》）集约式文学出场的标志性作品。柳青的文学创作启示了一代又一代的陕派作家，可以说40后、50后、60后，甚至是70后的陕西作家都深受影响。路遥就坦诚柳青是他文学创作的精神导师。陈忠实、贾平凹也多次谈及柳青文学创作对他们各自的影响。陈忠实在西安万邦书城与读者见面互动，在回答主持人问题：对你影响最大的是哪一本书？"陈忠实想了想说，是柳青的《创业史》。《创业史》他前后买了读、读了丢一共有九本。到后来对内容已经烂熟于心，再读，只是随便翻到任何一页，就很有兴趣地读下去。"[①] 可见柳青文学对陕派作家的重要影响和意义。陕派作家的形成离不开柳青这面文学的大旗，也正因为柳青文学的启示才生成了中国当代文学版图上令人瞩目的陕西文学。

三、理想主义与柳青的文学创作。柳青的文学创作有着浓郁的革命理想主义色彩。理想主义在柳青的文学建构中，可以说既是方法又是态度。从方法论意义上讲，他将历史与现实融通，他将人物赋予卡里斯马化色彩；从态度上讲，他投身农村，看到了农村真实的现状，他以革命事业必胜的理想主义激情秉笔直书。可以说，革命理想主义是那个时代的核心价值观，也是柳青献身社会、实现自我的精神灯塔。

四、现实主义与柳青的文学创作。柳青的文学创作以现实主义小说为主，他的现实主义长篇小说《创业史》就是典型的文本。其实，柳青文学所体现出来的现实主义色彩，准确一点讲，应该是"革命现实主义"，或者说是"社会主义现实主义"。现实主义是一个历久弥新，永葆艺术活力的方法论武器。我们从柳青文学中体悟现实主义文学创作的强大生命力和伟大魅力，目的就是在现代、后现代语境中重新认识现实主义的价值和意义。尤其是在新媒体语境中，各种穿越和幻象盛行，让世界变成了一个虚无的支离破碎的世界。丑和荒诞成为最重要的审美形态，成为人们表达美学趣味的有效途径。正是从这个层面上来讲，柳青文学所表达和倡导的真善美，更值得我们继承和推崇。

五、《讲话》《意见》与柳青文学的启示。柳青是从延安走出来的作家，毛泽东《在延安文艺座谈会上的讲话》中所倡导的文学路线和文艺

---

① 邢小利：《陈忠实与柳青》，《唐都学刊》2011年第4期。

精神对他影响较大，可以说，他的整个文学创作就是在践行和阐释《讲话》精神。面对21世纪以来新的文学状况和文学生态，习近平总书记在2014年10月主持召开了文艺工作座谈会，一周年之后其《在文艺工作座谈会上的讲话》全文公开发表，同时党中央下发了《关于繁荣发展社会主义文艺的意见》。这两部重要的文献意在引领中华文艺走向伟大的复兴。总书记在《讲话》中谈到柳青，这就让柳青文学在新的时代语境中"复活"，成为连接跨世纪两个《讲话》精神的重要载体，也因此让两个《讲话》穿越时空，形成学术意义生成的张力。关于柳青文学的启示意义，笔者曾试图这样归纳总结[①]：柳青文学创作的意义首先在于，他启示了一代又一代的陕派作家，可以说陕西作家中的40后、50后、60后，甚至70后作家都深受柳青的影响。其次，柳青文学的意义在于对读过并喜欢它们的人构成一种宝贵的经验。第三，柳青文学是"发现的文学"。我们每次重读柳青的作品，都有一种发现的快乐。第四，柳青文学有着鲜明的历史意识和文化印迹。第五，柳青文学打破我们对"十七年"文学的习惯性看法。这些归纳可能有不周到的地方，但其启示意义却是显而易见的。两个《讲话》和柳青文学在同构中生成了文学的意义时空。

六、柳青文学与文学的时代表达。关于文学的时代表达问题，笔者以为应该包含这些命题：(一)中国当代文学应该表达多元化的时代发展问题；(二)中国当代文学应该表达普遍的社会人生观、价值观。社会普遍的人生观、价值观是一个时代精神的缩微，从中可以窥视出时代发展的气息；(三)中国当代文学应该表达中国人民崇尚和平的愿望；(四)中国当代文学应该表达"和谐中国"；(五)中国当代文学应该表达"个人梦与中国梦"；(六)中国当代文学应该表达"党的时代旨意"。柳青的文学就是时代的文学。他的《创业史》就是一幅"互助合作"运动的历史剪影。柳青以自己的文学创作实绩，阐释了他那个时代的人生观、价值观，以及他对那个时代的理解和把捉。

七、柳青文学英语译介的缺失与反思。中国文学要走出去，走向世界，就离不开文学译介。我们查阅到的只有外文社在1954—1964年翻译出版的柳青的长篇小说《铜墙铁壁》《创业史》（沙博理译），其他时期的译本就很少见。当然这和"十七年"文学历史生成语境相关，是一种

---

① 韩伟：《文学何为与柳青文学创作的启示》，《小说评论》2016年第2期。

整体性翻译缺失。在文学作品的对外译介中，存在着“误解”与“正解”、他者与自我、“桥梁”与“瓶颈”、文学性的消解与补偿等问题。这些问题既是中国文学译介中普遍存在的问题，也是柳青文学走出去绕不开的问题。这些问题的解决、融通让柳青文学世界意义的生成成为可能，也让“十七年”文学在世界语境中获得新的诗学生命。

总之，我们从以上七个方面来探讨柳青文学，就是试图激活柳青文学的当代意义，让柳青文学穿越历史时空，对当代文学的生成和发展产生积极影响，尤其是柳青独立的个体思维方式，柳青对时代深层精神大问题的把捉意识，柳青强烈而鲜明的社会责任意识，柳青源于生活激情的真诚叙事，柳青文学描写的生动性，柳青文学给人们传达的信仰和善良的力量等，这些仍然是我们今天文学所期待的。

文学何为与柳青文学创作的启示

“文学何为”是我们当代作家和文学研究者都必须面对的一个文学命题。我们时代的文学应该以何种方式、何种面目服务于我们生活的时代，成为滋生思想着的中国的沃土。文学应该成为变动着的中国的催化剂和镜像。时代因文学而丰富、生动、深刻。文学在时代发展的参与中获得完满与通脱。柳青丰富的文学创作实绩和其在文学道路上熔铸而成的文学精神，不仅成为路遥、陈忠实等陕派作家的“精神导师”，也引领他们创造了陕西文学的辉煌。柳青对文学的执着，柳青强烈的文学的时代使命意识，柳青洞悉幽微的历史眼光与胸怀，对我们当下的文学创作有着一定的启示意义，这也许就是我们今天重提柳青文学的意义和价值所在。

一　文学何为与文学的时代诉求

一个时代有一个时代的文学。我们无法用古今中外经典文学的标准来衡量今天的文学。柳青所处的“文化大革命”前“十七年”文学，每年大约出版长篇小说 12 部左右，而“十七年”总共出版的长篇小说也就 200 部左右。在今天，文学出版可谓空前的繁荣。每年出版的长篇小说大约 3000 部。如此庞大的长篇小说出版量，不尽人意之处在所难免。然而我们不能因为一部分作品，甚至是一大部分作品的差强人意就整个否定中国当代文学。当然我们研究者和文学批评者，也可以就当前文学存在的问题提出富有建设性的批评意见。这样才能有效地促进中国当代文学的发展。刚刚揭晓的茅盾文学奖，五位获奖作家谈了他们的获奖感言。格非说：“我现在的观点是，文学的变化是微小的，同时也是深刻的。文学发展到今天，其实有意义的微小变革也并不容易。”[①] 格非所言有两个关键词，即“有意义”“微小变革”。这两个关键词意在说明文学在蜕变过程中裂变的艰难与逐梦文学的不易。王蒙说：“真正的文学拒绝投合，真正的文学有自己的生命力与免疫力，真正的文学不怕时间的煎熬。不要受各种风向影响，不盯着任何的成功与利好，向着生活，向着灵魂开掘，写你自己的最真最深最好，中国文学应该比现在做到的更好。”[②] 当代文学呼唤有生命力和免疫力的文学。真正的文学，是提供高端的精神果实，是充满信仰和爱意的，是温暖的文字，是开启心智和净化灵魂的，是具有免疫力的。李佩甫说：“感谢我的平原。”“‘平原’是生养我的土地，也是我的精神家园，是我的写作领地。在一段时间里，我的写作方向一直着力于‘人与土地’的对话，关注‘平原’的生态。这部作品能够获奖，对我来说意义特别，这是对我笔下平原大地的感念。所以，我要感谢我的平原。感谢平原上的风。感谢平原上的树。”[③] 李佩甫直率地表达了文学创作的“土地情结”，其实这种情结也可以说是“根的情结”。每个作家都有他的“生命的土地”。柳青、陈忠实笔下的关中平原，路遥、高建群笔下的陕北高原，贾平凹笔下的商州等，优秀的作家莫不是开垦生存土地的高手。作家在自己的生存土地上构筑起生命的峰峦，让生命在文学中熠熠生辉。金宇澄说：“用方言写《繁花》可以说是有意为之。艺术需要个性，小说需要有鲜明的文本识别度，我希望《繁花》显示出一种辨识度和个性，比如借鉴传统话本元素等等，中国文学学西方已有100多年，但我仍然认为，传统是我们生活乃至文学最基本的发动机，西方理论也说，作者感觉无力时，可以从传统中找到力量。《繁花》除借鉴传统的方式，也传达传统中国文化对于人生的看法。语言方面，选择一种改良的方言口语，相对于固定的普通话而言，方言更有个性，更活泼，它一直随时代在变化，更生动，也更有生命力。”[④] 文学是语言的艺术。阅读一部优秀的文学作品，首先跃入读者眼帘的是富有生命质感的语言。语言的意义美感，以其不可抗拒的力量征服了读者。读者在语言的美感中陶醉、沉思，放飞想象的翅膀。苏童说：“写作在某种意义上是作家自己呼吸、血液的再现方式，这

① 格非：《有意义的微小变革也并不容易》，《文艺报》2015年8月17日（002）。
② 王蒙：《真正的文学有自己的生命力与免疫力》，《文艺报》2015年8月17日（002）。
③ 李佩甫：《感谢我的平原》，《文艺报》2015年8月17日（002）。
④ 金宇澄：《小说需要有鲜明的文本识别度》，《文艺报》2015年8月17日（002）。

种体会通过写作体现出来，可以说，写作是一种自然的挥发。”[①] 这是一种有状态的写作，是一种作家与文学交织在一起的文学的释放。文学成为作家生命的自然流淌，作家的思想、情感、生命活力在文学中得以延宕、再生。五位获奖作家的感言，谈出了他们对文学创作的感想和对文学的理解，也同时折射了当下文学的现实状况，让我们在真诚的感想中忧思。

“任何文学问题都源于现实问题，任何现实问题都蕴涵着文学问题。文学反映现实，现实烛照文学。因此，无论从什么情况看，说社会现实生活是文学艺术创作的源泉，都是正确的，难以驳倒的。文学史表明，伟大的作家除了个人的天才外，总是与自己拥有丰富的生活阅历和经验分不开。”[②] 文学是时代的证言。文学就应该自觉地表达人类生存的困境，这种困境既来自于人类生命存在的“生存”问题，也来自于人类生命存在的“发展”问题。发展的极限追求冲击着人类生存的底线，人类在长期的历史发展积淀中形成的生存信念和发展理想受到了极大的挑战，尤其是新技术革命带来的“全球化”问题和“物化”问题。“全球化”一方面给人们提供了无边的背景和宏大的视野，另一方面也让人们备感渺小与虚无。“物化”问题直击人的精神和心灵，物成为衡量和评价人的有效尺度，物成为文学的表征世界。一些文学理论研究者也开始文学物性问题研究，探讨文学物性批评的诸个关联向度。“文学物性的四个关联向度：文学语言能指的物质性以及文本本身的物质属性；文学语境条件的物质性以及文学与起限制作用的社会世界和事实条件的物质关联；文学感知主体的物质性和审美经验藉以发生的身体的物质性；文学表征对象的物质性以及经验客体和对象世界的物质性。这些批评向度之间策应互动，促发了文学研究焦点从‘文本间性’向‘事物间性’的转移，以及文学观念从‘人性之表征’向‘物性之体现’的过渡。”[③] 这种文学物性批评研究的理论转向，从另一方面说明了文学承载着我们这个物化世界，物成为文学的一个重要内容和向度。文学也应该自觉地反映当代社会思潮，在人类自我意识的文化表达中推动社会的发展和进步。与传统社会重视“思想中的现实”大相径庭的是，当代社会以强调多元、相对与虚无的方式消解了传

① 苏童：《写作是一种自然的挥发》，《文艺报》2015 年 8 月 17 日（002）。

② 张炯：《论文学的现实反映性》，《兰州学刊》2014 年第 8 期。

③ 张进：《论文学物性批评的关联向度》，《文艺理论研究》2015 年第 3 期。

统的“绝对确定性”。“相对主义与虚无主义构成当代人类所面对的深刻的文化危机。”[1] “英雄”谢幕与“神圣形象”的消解成为这个时代的特征，如果从文化层面上来说，就是“大众文化的兴起”和“精英文化的失落”。“扁平化”“平面化”“媚俗化”“市场化”成为时代文化的主题词，文学也无可逃避地跌落到这个巨大的泥潭中。问题是，文学如何从这个时代的泥潭中跋涉出来，以一种理性的姿态来塑造和引导新的时代精神。李建军在谈到“中国当代小说最缺少什么”这个问题时，他给出的最重要的答案是“缺少真正意义上的人物形象，缺乏可爱、可信的人物形象”。[2] 李建军是从文学性的角度来谈当代小说的缺失问题，是很有道理的。但笔者以为，文学社会责任问题同样值得重视。小说在传达文学意味的同时，也应该强化对“作为人类生活的当代意义的社会自我意识”的思考。“文学社会责任是人们对于文学存在合理性的一种当然诉求”，“强调文学的社会责任和担当意识，其意义绝不仅限于文学领域，亦与社会主义道德体系建设、先进文化的发展、民族优良传统的弘扬以及‘中国梦’的实现密切相关”。[3]

文学何为？怎么样的文学才是无愧于时代的伟大的文学？“伟大的艺术作品像风暴一般，涤荡我们的心灵，掀开感知之门，用巨大的改变力量，给我们的信念结构带来影响。我们试图记录伟大作品带来的冲击，重造自己受到震撼的信念居所。”[4] 中国当代文学的时代使命，应该包含这些命题。一、中国当代文学应该表达多元化的时代发展问题。作家对时代的感性直观与理性把握，是文学的应有之意。当然“在对生活和生命的态度方面，文学必须摆脱‘时代’和社会的束缚，必须超越阶级、性别、信仰以及族群的狭隘性，进而达到世界性和人类性的高度，否则，就很难成为具有普遍性和永恒性的经典作品，也很难对广大读者产生深刻而持久的影响”[5]。柳青的文学就是时代的文学。他的《创业史》就是一幅“互

---

① 孙正聿：《当代人类的生存困境与新世纪哲学的理论自觉》，《社会科学辑刊》2003 年第 5 期。

② 李建军：《当代小说最缺什么》，《小说评论》2004 年第 3 期。

③ 党圣元：《论消费主义语境中的文学社会责任问题》，《兰州学刊》2015 年第 2 期。

④ ［美］乔治·斯坦纳：《托尔斯泰或陀思妥耶夫斯基》，严忠志译，浙江大学出版社 2011 年版，第 1 页。

⑤ 李建军：《一时的文学与永恒的文学——应该如何评价〈钢铁是怎样炼成的〉》，《粤海风》2014 年第 6 期。

助合作”运动的历史剪影。二、中国当代文学应该表达普遍的社会人生观、价值观。社会普遍的人生观、价值观是一个时代精神的缩微，从中可以窥视出时代发展的气息。柳青以自己的文学创作实绩，阐释了他那个时代的人生观、价值观。如果从这个层面上介入，我们就很容易理解他为什么对梁生宝那么用心用情了，可以说梁生宝的价值观、人生观就是那个时代的人生观、价值观，也就是柳青自己的人生观、价值观。三、中国当代文学应该表达中国人民崇尚和平的愿望。和平一直是中国人民最朴素最真诚的梦想。在中国文学的历史长河中，“和平”承载着太多的民族苦难和悲剧人生，尤其是积贫积弱的近代中国，更能说明问题。中国人民历来是向往和崇尚和平的，中国文学应该表达中国人民对和平的深刻领悟。四、中国当代文学应该表达“和谐中国”。和谐是一个人、一个家、一个民族、一个地区、一个国家，乃至世界发展的共同基础。没有和谐就谈不上发展与进步。文学是人类情感与精神的共同的场域，文学让我们心潮激荡，感慨系之。文学不仅仅要反映和表达时代精神，而且更为重要的是塑造和引领新的时代精神。五、中国当代文学应该表达“个人梦与中国梦”。无数个“个人梦”就汇集成了“中国梦”。“中国梦”又是我们“个人梦”得以实现和起航的“精神场”。中国当代文学有责任也有义务表达“个人”与“国家”。六、中国当代文学应该表达“党的时代旨意”。党带领我们中国人民摆脱了积贫积弱、任人宰割的历史，党也正带领着我们中国人民朝着伟大的“中国梦”阔步向前。我们的文学应该表达“党的时代旨意”，成为时代发展的助推剂。

总之，文学何为，是我们文学研究者应该沉重思考的一个问题。这也是我们重提柳青文学、柳青传统的意义和价值所在。阅读柳青文学，他让我们不得不思考文学的价值伦理。“为谁写”“为何写”“写什么”“如何写”，这几个关键词是打开柳青文学很好的切入点，也是凸显文学柳青意义的几个重要层面。

二　柳青文学创作的启示意义

柳青是十七年文学时期的一位重要作家，他的《创业史》以其宏阔的视野，描绘了20世纪50—70年代中国农业合作化运动成败与得失，“是‘十七年’社会生活的一种标本和‘十七年’文学创作的一种范式”①。但从80年代末期“重写文学史”以来，“这部具有里程碑意义的‘史诗’被不断质疑和重估，它对之后的农村长篇叙事的影响也在不断被梳理和揭橥”②。这就要求我们如何在新的语境下，走进柳青的文学世界，发掘出文学柳青的真正价值来。柳青的文学态度是真诚的，文学理想是纯粹的，甚至可以说是干净的。柳青自己说，他是一个“永远听党的话”③的作家。为党写作，为人民写作是柳青文学创作意义生成和价值建构的基本原点。韦恩·布斯在《小说修辞学》中说：“小说修辞的终极问题，就是断定作家应该为谁写作的问题。”④ 在布斯看来，写作理想直接影响作家修辞策略的选择。柳青的文学实践很好地诠释了布斯的观点。柳青是1940年“整风”运动以后在陕北解放区成长起来的作家，《在延安文艺座谈会上的讲话》深刻地影响着他的创作，甚至奉其为圭臬。在柳青看来，“只要他时刻考虑自己对劳动人民的责任心，不要把文学事业当做个人事业，不要断了和劳动人民的联系，他就有可能不发生停滞和倒退的现象，而逐步走向成熟”⑤。柳青是一个有着极强的社会责任感的作家，他深受苏俄文学精神里的底层意识、苦难意识、人民立场和诗性气质的影响，他以一种温暖的笔调书写着崭新的社会主义“新人”梁生宝。“人民性”成为柳青文学创作的美学纲领。“真正的小说关心的是人，叙写的是人在某种特殊的生存环境里的人生遭遇和内心体验，小说家的写作目的，就是要通过有意味的情节事象和具有典型性的人物形象，帮助读者认识社会，认识生活，向读者提供人生的经验和智慧，从而对读者的人格成长和道德生活发生积极的影响。”⑥ 柳青的《创业史》以梁生宝领导的互助组为故事发展和结构的主线，紧紧围绕借贷、购种、掮竹子、密植水稻、统购统销

① 周艳芬、杨东霞：《〈创业史〉：复杂、深厚的文本》，《西安联合大学学报》1999年第3期。

② 王鹏程：《〈创业史〉的文学谱系考论》，《中国现代文学研究丛刊》2014年第3期。

③ 柳青：《永远听党的话》，《人民日报》1960年1月7日（002）。

④ ［美］韦恩·布斯：《小说修辞学》，付礼军译，广西人民出版社1987年版，第408页。

⑤ 柳青：《转弯路上》，见《中国当代文学研究资料·柳青专集》，山东大学中文系1979年编，第20页。

⑥ 李建军：《文学写作的诸问题——为纪念路遥逝世十周年而作》，《南方文坛》2002年第6期。

等事件，展现了下堡村在农业合作化过程中的历史风貌和农民思想情感的转变，从而很好地塑造了社会主义"新人"梁生宝这一人物形象。爱伦堡说："作家就应该在短暂的一生中体验很多很多生活，他应该燃烧自己去温暖人们的心，他应该给人们的内心世界以光明，帮助读者更清楚地看事物，更充实更高尚地生活。"① 柳青始终和农民融为一体，将笔触深入到底层农民的灵魂深处，探究他们丰富复杂的心灵世界。在柳青看来，人民生活的大树万古长青，党性问题是原则问题，意识形态规范就得严格遵守，"讲话"精神永远是文学创作的灵魂。即使在写美好的爱情的时候，主人公梁生宝首先考虑的也是互助社和党的革命利益。梁生宝"真想伸开强有力的臂膀，把这个对自己倾心相爱的闺女搂在怀中，亲她的嘴"，但"共产党员的理智，在生宝身上克制了人类每每容易放纵感情的弱点。……考虑到对事业的责任心和党在群众中的威信，他不能使私人生活影响事业"。② 革命的真诚和道德的善良，让生宝决然地放弃了爱情，理想和信念战胜了现实。柳青注重具有鲜明的性格特征和丰富的人生内涵的人物形象的塑造。当然这种刻意的塑造，也有值得商榷的地方。譬如，严家炎就指出："为什么《创业史》第一部的许多读者都觉得梁三老汉形象在书中写得最成功、最深厚、最丰满？为什么以较多篇幅写的主人公梁生宝形象，虽然已经获得很大的成就，但还使人觉得不十分丰满，比起梁三老汉形象来在精神状态的揭示方面略显得浅些？原因何在？"③ 这实际上也指出了柳青文学的当代评价问题。解志熙有个论述，也许是一个较好的回答参照。他说："尽管柳青以为这些言行只表明梁生宝自小'学好'——'学做旧式的好人'，而他则立意要把梁生宝塑造成一个'新式的好人'，但在理念上的分辨显然未能压抑情感上的共鸣，所以柳青还是不由自主地把他笔下的梁生宝写成了'新式的好人'和'旧式的好人'的综合。而从某种意义上说，'新式的好人'梁生宝不也是'旧式的好人'梁生宝的继续和扩大么？因此人们尽管可以事后诸葛亮地断言他的创业必然失败，但那又何损于好人梁生宝呢？如果我们今天重评《创业史》这类小说，而只满足于从政治行情上贬斥它，那除了表明我们在政

---

① ［苏］爱伦堡：《捍卫人的价值》，孟广钧译，辽宁教育出版社1998年版，第31页。

② 柳青：《创业史》（第一部），中国青年出版社1960年版，第486—488页。

③ 严家炎：《梁生宝形象和新英雄人物创造问题》，原载《文学评论》1964年第4期。参见《中国当代文学研究资料·柳青专集》，福建人民出版社1982年版，第344页。

治上和学术上已经势利到根本不配评论这样的小说之外，恐怕再也说明不了什么。”①

在今天，我们重新阅读柳青文学，试图以一种科学、客观的学术眼光来发现一些具有启示性意义的东西。杨义在《鲁迅给我们留下什么(上)》一文中说：“我想，不妨换一个角度，看鲁迅在精神特质和思想方法上留给我们什么启示。因为观点是具体的，容易随着历史的行进而增光或褪色；精神特质或思想方法，则具有潜在的恒久性和普适性，运用之妙，可以进入新的社会思考的精神进程。”② 杨义为我们走进柳青、发掘柳青文学的价值提供了一个很好的切入点。我们从柳青遗留下来的文学作品探究他的心灵，发现他的精神轨迹，洞悉他的思想逻辑，这也就是杨义所说的“以迹求心”的思想方法。纵观柳青的文学作品，笔者以为柳青文学创作的意义首先在于，他启示了一代又一代的陕派作家，可以说陕西作家中的40后、50后、60后，甚至70后作家都深受柳青的影响。我们常听作家们说，我正在重读柳青的作品。这种“重读”，而不是“正在读”让柳青文学获得了经典的意义。这种重读是发现潜藏于作品中更多的细节、层次和含义。细节的经典化是柳青文学的一大亮点。路遥曾说：“像《创业史》第二部第二十五章梁大和他儿子生禄在屋里谈话的那种场面，简直让人感到是跟着这位患哮喘病的老头，悄悄把这家人的窗户纸用舌头舐破，站在他们的屋外敛声屏气所偷看到的。”③ 这种既直感又生动的细节随处可见，譬如“梁生宝买稻种”“郭世福卖粮”“高增荣借贷”等。就像刘纳所言：“无论对《创业史》持赞扬还是质疑态度，人们始终承认《创业史》描写的生动性。”④ 细节描写是作家最基本的能力，也是作家最见功力的东西。一部伟大的作品往往就是由很多闪光的细节构成的，细节描写的可靠与生动，也是衡量一个作家优秀与否的重要方面。柳青细节描写方面的成功和才能值得我们学习。其次，柳青文学的意义在于对读过并喜欢它们的人构成一种宝贵的经验。这种经验往往以有形或者无

① 解志熙：《“别有一番滋味在心头”——新小说中的旧文化情结片论》，《鲁迅研究月刊》2002年第10期。

② 杨义：《鲁迅给我们留下什么》(上)，《鲁迅研究月刊》2015年第1期。

③ 路遥：《柳青的遗产》，见《路遥文集》(一、二合卷)，陕西人民出版社1993年版，第454页。

④ 刘纳：《写得怎样：关于作品的文学评价——重读〈创业史〉并以其为例》，《文学评论》2005年第4期。

形的方式影响着你的经验归类方法、价值衡量标准、美的范例与评判。柳青文学有一种特殊的魔力，我们阅读之后，可能随着时间的流逝渐渐淡忘了内容，但它却把种子留在了我们身上，在我们身上生根发芽，成为个体或集体无意识隐藏在深层记忆中。第三，柳青文学是“发现的文学”。我们每次重读柳青的作品，都有一种发现的快乐。这种快乐就像我们重读《红楼梦》一样，每次都有不同的阅读发现和阅读感受。陈忠实在西安万邦书城与读者见面互动，主持人曾问：对你影响最大的是哪一本书？“陈忠实想了想说，是柳青的《创业史》。《创业史》他前后买了读、读了丢一共有九本。到后来对内容已经烂熟于心，再读，只是随便翻到任何一页，就很有兴趣地读下去。”[①] 第四，柳青文学有着鲜明的历史意识和文化印迹。我们读柳青的作品，就感觉农业合作化的鲜活生活向我们走来，有着特殊的气氛，背后拖着时代文化的历史足迹。读柳青的作品，时常令我们感到意外。譬如，柳青自己十分相信农业合作化，也全身心地投入到这场历史的洪流之中，但作品中往往有一些令人意想不到的反思。柳青在《创业史》写作的同时，创作了中篇小说《狠透铁》。柳青说：“《狠透铁》所反映的，是他亲自参加处理过的一个真实事件，故事本身很完整，他没有进行更多的概括与加工，就写成了。”[②] 在小说中，民主被破坏，小人得道，农业合作化运动后期的问题暴露无遗，这和《创业史》中他揭示的农业合作化运动的“历史必然性”形成了鲜明的对比，是“共名”时代中的“无名”思考。这也说明，一个真正的作家，就应该具有独立的思考和判断能力。此外，我们在阅读柳青作品的时候，往往获得一些令人满足的意外。譬如，我们总以为我们对那个时代，以及那个时代的发展轨迹有着清楚的认识，却没有料到柳青在作品中比我们思考得更深刻更透彻。如果我们抖掉柳青文学上飘着的历史尘雾，作品的伟大与深刻顿时光亮起来，愈发令人崇敬。第五，柳青文学打破我们对“十七年”文学的习惯性看法。研究中国现当代文学的学者们，总是有意无意地遮蔽了“十七年”文学，认为这段时期的文学太意识形态化、太政治化了。但如果我们实际阅读它们，就会感觉到它们的独特、新颖和意想不到，尤其是柳青作品。诚如刘纳所言：“今天的作者在‘写什么’和‘怎么写’方面

---

① 邢小利：《陈忠实与柳青》，《唐都学刊》2011 年第 4 期。

② 《延河》编辑部：《座谈〈狠透铁〉》，《延河》1958 年 7 月。

超越《创业史》是太容易的事，但是能在艺术描写，艺术表现能力上与柳青一比高低的并不多。”①

总之，在今天的文学语境中，我们以“文学何为”为切入点钩沉嘉惠，聚焦柳青文学的价值和意义，发掘柳青文学中值得借鉴的东西。柳青独立的个体思维方式，柳青对时代深层精神大问题的把捉意识，柳青强烈而鲜明的社会责任意识，柳青源于生活激情的真诚叙事，柳青文学描写的生动性，柳青文学给人们传达的信仰和善良的力量等，这些仍然是我们今天文学所期待的。

① 刘纳：《写得怎样：关于作品的文学评价——重读〈创业史〉并以其为例》，《文学评论》2005 年第 4 期。

陈忠实文学的当代意义与《白鹿原》的超越性价值

陈忠实无疑是中国当代最重要的作家之一，他的《白鹿原》是一部划时代的作品，具有里程碑式的意义。陈忠实自从步入文坛以来，关于他的作品的评论和研究文章、著作数以万计。笔者先后写了《多元情结的凝聚与现实主义的生命力——陈忠实中篇小说论》《从“乡土凝香”到“现实余韵”——陈忠实短篇小说论》《“生命的真实”与“心灵的悸动”——陈忠实散文创作论》三篇评论文章。这三篇文章对陈忠实中篇小说、短篇小说和散文作了较为深入的分析和阐释，但未写《白鹿原》专门研究文章。关于《白鹿原》，笔者以为，一是研究文章太多了，自己就不凑这个热闹了；另外一个深层原因是自己感觉很难超越现有的研究成果，难以做出创新性成绩。面对陈忠实文学以及研究陈忠实文学的论著，笔者以为整体上缺乏原创性和问题意识，未能真正进入陈忠实世界，未能跳出陈忠实，站在时代的制高点作当代性阐释，缺乏忧愤深广的情怀和视野，缺乏文学阅读的慧心和历史的美学的批评理念。对于陈忠实文学的意义发现和价值判定，需要在一个更高、更深、更广的层面上来进行。这个层面的背景是“中国崛起”，其格局是“中国故事与中国精神”“世界视野与中国经验”“中国文学与文化自信”。我们将陈忠实文学放置在这样的格局中来思考和分析，就会发现很多异样的闪光点，这是对以往研究结论的悬置和重构。

面对陈忠实丰富的文学遗产，我们不得不思考一个沉重的命题：陈忠实文学的当代意义是什么？他的代表性作品《白鹿原》有何超越性价值？在今天，我们纪念陈忠实，是纪念他对文学的真诚与执着，还是纪念他那胸怀中华洞悉幽微的历史眼光？我们要发掘陈忠实文学的当代意义，就得思考它的意义构成。这些意义构成的命题应该包括：陈忠实与当代陕西文学、陈忠实与中国当代文学、陈忠实与世界文学、陈忠实文学与现实主义生命力问题、陈忠实文学与中国当代社会发展思潮的关系和张力问题、陈忠实文学的历史源起演变轨迹和内在规律问题、全民阅读危机与陈忠实文学的评价问题、陈忠实文学研究论域的生成问题，等等，这些问题就要求我们研究主体从知识和思想两个视野来拓展陈忠实文学研究的边界，从而在更开阔的维度上探讨陈忠实文学的当代意义。以这样的问题意识来研究陈忠实文学，我们的研究视野将得到重大拓展，一些以前被我们忽视的方面将从遮蔽中向我们敞开，形成有意义的问题域和问题群。譬如，陈忠实文学中所蕴含的“人类性”质素、历史与政治在文学中的投射、美学与文学的同构、《白鹿原》与中国传统文化礼义廉耻问题、作为民族秘史的《白鹿原》，等等。我们对陈忠实文学中所蕴含的这些质素进行深层挖掘和反思，对文本中所表达的有关人类生存价值的历史性、时代性的创造性回答，使得陈忠实文学的固有价值向度充分地彰显出来。如果我们从这些维度来研究陈忠实文学，就可能获得一个崭新的思想空间。

陈忠实以文学的方式思想和表征了现代中国的社会演变史，这对于我们了解中国现代以来的历史和中国人的生存命运具有十分重要的意义。陈忠实往往能潜到历史和时代的最深处，能潜到个体与族群生命的最深处，言说人与历史的现代与传奇，思考中国传统文化最为核心的“礼义廉耻”在历史演进过程中的断裂与丧失。陈忠实文学对“大时代”的把捉和对“小时代”的书写是其经典化生成的一大亮点。所谓的大时代是反映一个很长历史阶段中社会发展的全过程以及全过程的矛盾、规律、总特征等，具有普遍性和共性。所谓小时代是大时代中相对独立的发展阶段，它反映的是具体历史阶段中社会发展的主要矛盾、特殊规律和个性特征，具有特殊性和个性。陈忠实文学往往既有这种“大时代”的宏阔历史意识，又有精准表达“小时代”的主要矛盾、主要问题的自觉书写。这在《白鹿原》中有着很好的体现。林岗在谈到这一点时说：“陈忠实是一个主观追求讲述历史的整一性而实际上却长于讲述历史的杂多性的作家。《白鹿原》的文本多处出现这两方面的裂痕，那个希望付诸实现的整一性的想法，随着情节的推移又被赋予与原初意义不相同的意味。多重不同意味的叠加站在杂多性趣味的美学立场，毫无问题，然而它却模糊了原初既定的整一性。”[①]

① 林岗：《在两种小说传统之间——读〈白鹿原〉》，《小说评论》2016 年第 3 期。

陈忠实文学的意义和《白鹿原》的超越性价值在于：一、陈忠实是一位思想型作家，他写出了一个民族的秘史。在《白鹿原》中，陈忠实通过白、鹿两个家族的家族秘史，揭示出了宗法文化中最原始、最本真的东西。这些东西其实就是我们民族的文化秘密。实际上，《白鹿原》就是试图通过写家族来展现民族心灵史、精神史、灵魂史。这也是陈忠实思考民族历史、民族文化命运的一种方式和策略，这种方式和策略在某种程度上可以说激活了他思想深处那道隐秘的历史河流。诚如李建军所言："它是作家基于对我们民族命运及未来拯救的焦虑和关怀，潜入到国民生活的深处，以自己的心灵之光，所烛照出来的民族历史及国民精神的混沌之域和隐秘的角落。"① 在这个意义上我们可以说，陈忠实创作出了对现当代中国历史最具解释力和批判力的作品。也有一些学者对陈忠实的《白鹿原》持否定的观点，比如南帆在《文化的尴尬》中，就认为《白鹿原》的基本矛盾冲突主要体现为儒家文化与现代性话语之间的碰撞与交锋。这种解读有一定的道理，但也存在着问题，有失偏颇。陈忠实的本意可能是想表达以儒家文化为内核的宗法文化谱系，尤其是礼义廉耻与中国现代革命发展演变过程的碰撞与交锋，甚至是丧失与断裂。陈忠实对中国近现代革命的这种自觉思考，确切一点讲是"文化的自觉"。《白鹿原》能成为经典，能经得起历史的检验，可能正是陈忠实这些深刻厚重的思想托起了这座文学的丰碑。

二、陈忠实文学是"人学"，他的文学作品最具"人类性"。他的作品对人性的开掘和对人的灵魂和精神的开掘，融入了生命的体温。陈忠实的文学创作意蕴具有人性内涵，具有丰富的人类性要素，他的人类性理念充满现代意识。程金城说："新时期以来，特别是20世纪80年代中期以后的中国文学，其最深刻的变化和最深远的历史意义就是作家主体归属意识中的'人类性'意识的增强和作品对'人类性'追求的强化。"② 从"人类"的视野看待陈忠实文学和《白鹿原》的文学意义，极大地拓展了研究者的研究思维和研究层面，同时也有效地消解了固有的研究模式和思维定式。我们如果从"人类性"的角度切入陈忠实文学，尤其是《白鹿

---

① 李建军：《一部令人震撼的民族秘史》，《小说评论》1993年第4期。

② 程金城、冯欣：《"人类性"要素与20世纪中国文学的价值定位》，《南开学报》（哲学社会科学版）2003年第6期。

原》，就可能更有效地挖掘出其作品在精神上与人类性的联系和所具有的世界意义。

三、陈忠实文学有着鲜明的未来意识，他的作品立足于现实，是现实主义文学作品的典范，但它又是超越现实的，直指未来。这也给陈忠实文学留下了无限大的阐释空间，让作品的意义在不断的阐释中生成新的意义。陈忠实说："当我第一次系统审视近一个世纪以来这块土地上发生的一系列重大事件时，又促进了起初的那种思索，进一步深化而且渐入理想境界，甚至连'反右'、'文革'都不觉得是某一个人的偶然判断的失误或是失误的举措了。所以悲剧的发生都不是偶然的，都是这个民族从衰败走向复兴复壮过程中的必然。这是一个生活演变的过程，也是历史演进的过程。"① 正是基于这样一种历史与未来交融的意识，陈忠实站在历史的制高点放眼未来，剥离了历史生活的层层裹革，以一种解蔽的方式打开了那个隐秘的"必然"。

四、陈忠实文学是真正的生命之学，他将自己的全部生命投入到文学创作之中，他的生命与作品中人物的生命共同构成"生命的共同体"，是生命的共同燃烧。陈忠实说："作家是依赖生活体验及至生命体验实现创作的。无论城市，无论乡村，无论现实生活，抑或历史生活，作家发生了独特独有的体验，就产生创作欲望。随着体验的深化，就会完成构思，再完成创作。"② 这实际上很好地回应了他的另外一句话："我崇尚作家的生命体验，然而是否获得并进入生命体验的层面，尚不敢吹。"③ 陈忠实正是基于这样一种生命激情，才创作出了蓝袍先生，以及《白鹿原》中的白嘉轩、鹿三、朱先生、冷先生、鹿子霖、白孝文、田小娥、白灵、鹿兆海、鹿兆鹏、田福贤等人物群像。这些人物群像都葆有作家的生命体验，甚至承载了作家太多文化信息。诚如郜元宝在重读《白鹿原》所言："《白鹿原》在'寻根文学热'沉寂多年之后继续'寻根'，但其所寻之'根'糅合儒、佛、道而以道教文化为主导，不啻为鲁迅名言'中国根柢全在道教'。"④ 正是因为陈忠实文学生命肌理中的这些文化基因，才使得

---

① 陈忠实：《关于〈白鹿原〉的答问》，《小说评论》1993 年第 3 期。

② 贾晓峰、陈忠实：《文化的沉思与创作的心曲——陈忠实笔谈录》，《当代作家评论》2014 年第 6 期。

③ 同上。

④ 郜元宝：《为鲁迅的话下一注脚——〈白鹿原〉重读》，《文学评论》2015 年第 2 期。

《白鹿原》中的诸多人物形象浑然丰满、拙朴率真，富有生命气息。

五、陈忠实文学是发现的艺术。意大利当代著名作家伊塔洛·卡尔维诺曾说，经典是每次重读都像初读那样带来发现的书，经典是即使我们初读也好像是在重温的书。陈忠实文学就具有这样的品格，每次阅读都有一种“发现”的快乐。雷达说：“《白鹿原》终究是一部重新发现人，重新发掘民族灵魂的书。在逆历史潮流而行的白嘉轩身上展现出人格魅力和文化光环，这是发现；但更多的发现是，在白嘉轩们代表的宗法文化的威压下呻吟着、反抗着的年轻一代。”[①] 雷达以评论家的敏锐眼光，发现了贯穿在《白鹿原》中的文化冲突，以及由文化冲突激起的人性冲突。在这里我们也从另外一个层面看到了《白鹿原》的深刻与厚重，看到了陈忠实在表达封建礼教与人性、天理与人欲、灵魂与肉体方面匠心独具。这也可能是《白鹿原》成为伟大文学最为可贵之处。

六、陈忠实的《白鹿原》讲出了中国故事的世界意义。陈忠实的《白鹿原》是典型的现实主义作品，但陈忠实的现实主义是立足于中国本土经验的现代性反思，套用现在流行的研究话语说，是全球化视界下的现实性。陈忠实以现实主义精神和浪漫主义情怀观照历史和现实生活，这在一定程度上增强了他讲述中国故事的表现力。他的这种忧患意识和反思精神在他的文学作品中有着很好的体现。这说明了他一方面对历史和现实生活有着深刻的认识；另一方面说明他的思想灵魂深处充满着浓郁的人文情怀，同时也说明他有着崇高的审美理想。他真实地将自己的困惑和解惑写进文学中，让真实的中国故事在世界文学格局中获得意义。

总之，陈忠实文学是一个独立的自足的文本，我们应该承认其丰富性和复杂性，应该看到其作品所具有的矛盾性、多质多层性。不同层次和年龄的读者和研究者，在进入陈忠实文学世界时往往会以自我的方式来阐释和解读，其结论可能有所差别。这就说明，陈忠实文学不是封闭的，而是不断生成的。我们研究陈忠实文学，就要有自己的问题意识。我们不仅要强调历史的追问，而且也要学会进行不断的自我审问。这样才能超越作为研究个体的陈忠实，才能凸显出其所具有的“人类性”“民族性”，以及“社会性”品格来。郜元宝在研究鲁迅时，强调“打通鲁迅研究的内外篇”。他认为“内篇关注鲁迅生平、思想和创作，兼及鲁迅的中外文化因

① 雷达：《废墟上的精魂——〈白鹿原〉论》，《文学评论》1993年第6期。

缘，鲁迅与所处时代环境的关系。外篇侧重考察鲁迅与某些现当代文学现象的关系，都是鲁迅生前和死后在被动状态下形成的文学史关联领域。"①部先生的这种鲁迅研究策略，在陈忠实研究中也有一定的借鉴意义。这种研究思路既可以有效克服陈忠实研究的"碎片化"，又有助于新的整体性"陈忠实品相"的生成。只有在这样的大视野中研究陈忠实文学，才能真正发现陈忠实文学的伟大意义。陈忠实思考历史、传统文化，思考人性、人类精神，以及人的终极价值和理想这些人类文明发展的根本问题，体现了一个伟大作家的不凡之处。在今天，我们探讨陈忠实文学的当代意义和《白鹿原》的超越性价值，归根结底就是要让其文学文本成为当代思想、学术研究和文学创作的再生资源，成为当代人类文化再生产的动力源泉。

① 郜元宝：《打通鲁迅研究的内外篇》，《文学评论》2016 年第 2 期。

在历史与现实的细部寻找“生命的雕像”

——高建群小说创作论

高建群是新时期以来陕西的一位重要作家。他创作了大量的诗歌、散文和小说，有一些作品引起了较大的反响。他创作的小说作品主要有三个方面：一是边关题材，如《遥远的白房子》《伊犁马》《马镫革》《大杀戮》《要塞》《白房子争议地区源流考》《愁容骑士》等；二是陕北题材，如《最后一个匈奴》《骑驴婆姨赶驴汉》《雕像》《老兵的母亲》《六六镇》《古道天机》《统万城》；另外就是他书写自己家乡关中平原的《大平原》。高建群的小说既有历史的大书写，也有现实的深挖掘。他是“一个善于讲‘庄严的谎话’（巴尔扎克语）的人；一个常周旋于历史与现实两大领域且从容自如的舞者；一个黄土高坡上略带忧郁和感伤的行吟诗人”①。高建群是一位诗人，有着诗人的气质和禀赋，他的作品中充满诗的浪漫与激情。诗的品格与韵味让他卓然不群，让他不同于一般的作家。高建群同时也是一位深刻的思想家，他的作品有着史诗般的气魄与力量。鸿篇巨制承载着他的“远大理想”，他把历史和现实凝铸成“生命的雕像”。他关注乡土中国的命运，他有着浓厚的人文情怀。在他的作品中，我们既能感受到历史的厚重，又能体会到传奇与浪漫的温馨。他在历史和现实的细部寻找倾诉的对象，表达他的价值理想与人文情怀。

---

① 高洪波：《解析高建群——兼谈他的四部中篇小说》，《文学评论》1992年第4期。

一 边地书写：传奇与浪漫的诗性表达

高建群小说创作的一个重要组成部分就是边地书写。他的这种边地书写和他的人生经历有着密切的关系。他高中毕业后，到新疆中苏边境的一个边防站当了五年的兵。当兵的孤独、寂寞让他热爱上了文学。当兵的这段岁月成为他后来文学创作不竭的源泉。他的第一部小说，也是备受争议的成名作，发表于《中国作家》1987 年第 5 期头条的《遥远的白房子》，就是书写他的这段岁月的。小说以“白房子”边防战士“我”的口吻，讲述了一段极富有传奇性的故事。白房子边防站站长马镰刀是一个传奇性人物。他做过走私生意，当过绿林头目，后来被清政府招安当上了边防站站长。由于一张牛皮的失误，导致了一场外交风波。最后，主人公马镰刀因自责而自杀。女主人公萨丽哈在马镰刀死后，掩埋了行义的士兵，成为一个“美丽的传说”。小说以诗化的笔调，讲述了马镰刀的传奇人生与萨丽哈的超凡入圣和美丽多情。小说中的“白房子”是一个极具象征意味的存在。正如有学者所言：“也许是那些神秘的国界线、那孤独的‘白房子’所具备的意象性的缘故，小说的思情寓意终于穿越时空的荒原，而进入了更富有人类意味的审美世界。”① 也有评论家指出：这部小说的“一个贡献就是在于它改创置换了一种原型形式，使得这种原来随着岁月的流逝而已经变得苍白无力的形式变得生机盎然，并且由于参照了别的民族的同一的原型形式，探索了人在特定的历史背景中的命运”②。《遥远的白房子》以西部传奇故事的神奇魅力，为高建群赢来了文坛的关注。有很多学者和评论家开始关注他的文学创作，这使他更加坚定了走文学创作的道路。

高建群从“白房子”出发，开始了他那传奇与浪漫的边地书写。他的一系列作品，如《伊犁马》《马镫革》《大杀戮》《要塞》《白房子争议地区源流考》《愁容骑士》等，都是以中苏边境“白房子”为故事背景，

---

① 周政保：《〈遥远的白房子〉：并不遥远……》，《小说评论》1988 年第 4 期。

② 楼肇明：《荒原上的壮士歌——读〈遥远的白房子〉》，《小说选刊》1988 年第 2 期。

以边防战士“我”的口吻讲述过去的历史与现在的故事，期间往往加入了浪漫爱情的元素，让“白房子”战士一下子获得了激情，燃烧起了爱情的火焰。这些富有传奇性的故事和浪漫的爱情，再加上作者诗性化的叙述，一下子就调动起了读者的阅读情绪，拓展了小说的审美空间。在《伊犁马》中，作者以饱满的热情书写了“我”对马的丰富情感和对生命意义的领悟。在《马镫革》中，“我”一看到腰间系有“马镫革”的战友，就情不自禁地回到了往事的记忆中。而在《愁容骑士》中，“我”不断地回忆着“白房子”的往事。“在这些小说中，扑面而来的是鲜活的、孤独的、苍凉的、雄奇的、浪漫的西部边关文化气息。”① 边关意象在高建群的笔下凝铸成了富有象征意味的文化符号和生命符号。

高建群的“边地书写”，在“方法热”的20世纪80年代中后期，无疑是一种执着的价值坚守。如何在如火如荼的西方文化热、方法热、理论热中书写自我的中国经验，呈现曾经发生的和正在发生的“中国故事”，是高建群必须面对和思考的问题。他的“边地书写”系列作品开启了新时期“传奇故事”的审美领域，并以“现实主义”价值立场对其进行了独特的美学思考和精神探寻。他的以“白房子”为标志的边防题材写作，不仅从题材上拓展了新时期中国文学的创作领域，而且在人物形象的建构、叙事技法的处理等方面都进行了新的艺术探索，意在打破“方法热”“理论热”的壁垒，坚守中国当代文学的现实主义精神维度。“边地书写”所呈现的“传奇现实”与作家饱满的浪漫主义情感，汇成一股文学河流，为改革开放骚动的人们提供了心灵的慰藉。

二　陕北言说：在历史与现实的细部寻找“生命的雕像”

高建群小说另一个书写的对象是陕北。陕北既是他的成长之地，又是他的工作之地。（他的出生地是关中地区，这也是他为什么倾力写作《大

① 梁向阳：《传奇故事的诗性写作——高建群“边关”题材小说浅论》，《伊犁师范学院学报》2004年第2期。

平原》的原因吧）他的陕北题材小说的背景是20世纪80年代，但这种时代文化语境在他的作品中既有很好地表达，又独树一帜。我们说他有很好地表达，是因为在他的作品中关于80年代时代巨变在他的创作中有很好的体现；我们说他独树一帜，因为在他的小说中有着作家的自我坚守。时代的语境要求作家突破创作的瓶颈、超越自我，但深入现实、进行精神的深度思考又让作家不得不反观自身、叩问灵魂、融入时代。高建群陕北题材的系列小说正是在这样一种背景下应运而生的。如他的中篇小说《骑驴婆姨赶驴汉》，小说的主人公李纪元是闯王李自成的后裔，是返乡青年，是腰鼓手，麦凤凰是一个高傲自负、美丽多情的城市姑娘。作家在叙述故事和描写人物的时候，加入大量的陕北文化元素和符号，如“信天游”“陕北剪纸”“腰鼓”“唢呐”等。这些文化元素和符号凸显了文化陕北的意味，同时作家还加入一些历史的元素，比如“秦直道”“赫连勃勃”“李自成”等。再比如《老兵的母亲》，作家有意地设计了一个吹鼓手老刘父子，他们是赫连勃勃的后裔，有着陕北文化的历史血液，让他们的优美的民间歌谣来叙述故事，刻画“母亲”，“母亲”的形象一下子高大起来，伟岸得需要仰视才见。这是革命年代“陕北母亲”的伟大形象，陕北这块深厚的黄土地和“母亲”无私奉献、默默牺牲的精神融为一体，很好地诠释和升华了小说的主题。在《雕像》中，以画家“我”与单菊为视角审视、观照和追索大革命时期的兰贞子传奇。画家在一次偶然的雕塑活动中，踏入陕北高原。陕北高原那“蓝天白云下，一个一个像大馍馍一样的山头向我簇拥而来，一种厚重的历史感和崇高感油然而生”①。画家想要了解兰贞子的事迹，单猛老人以一张倾注自己半个世纪情感的照片的真情告白，一下子打开了画家的艺术之门，凝铸成一尊“生命的雕像”。历史的苍凉和人的宽厚共同孕育了陕北成为“革命中心”的历史必然。

《最后一个匈奴》是高建群的代表作之一。他以家族传奇和革命变化为线索，将人物置身于历史时空中予以表现。小说主要围绕着陕北吴儿堡地区的杨贵儿一家三代人的生活展开，其间既有大的历史文化背景，又有陕北地区民俗文化的色调。诚如作家所言：“本书旨在描述中国一块特殊地域的世纪史。因为具有史诗性质，所以它力图尊重历史史实并使笔下脉

---

① 高建群：《雕像》，《中国作家》1991年第4期。

络清晰；因为它同时具有传奇的性质，所以作者在择材中对传说给予相应的重视，其重视程度甚至超过了对碑载文化的重视。"[①] 作者试图在历史的细部发现一些颇有意味的东西，以揭示我们这个民族的发生之谜、存在之谜。小说分为上下两卷，上卷主要写的是共产党员杨作新深入土匪黑大头的老窝与久斗智斗勇，最后为革命事业屈死狱中。这卷时间背景是20世纪20年代至40年代，这段时间正是陕北革命如火如荼的年代。作家在革命叙事中有着自己独特的视角，他对革命的理解、把握和我们习惯了的革命文学是不一样的。他以全新的革命叙事方式解构了革命话语，这体现的是一种真正的历史主义。小说的下卷写的是"十一届三中全会"之后，作为市委书记的黑大头的儿子黑寿山带领全市人民治理沙漠，进行着物质领域的革命；作为作家的杨作新之子杨岸乡，努力创作，成绩突出，在精神领域不懈地耕耘和创造。他们都没有忘记先辈们的革命理想和传统，他们在为新的陕北建设努力奋斗。作家以一种诗意的浪漫的方式，书写了四个家族、三代人的命运沉浮，勾勒出陕北一个世纪的历史风貌。这为我们了解陕北，研究陕北历史文化提供了一种独特的文学书写的视角。这种视角，既重视历史文化的丰富性，又凸显了文学的感性生命力。

高建群对陕北的黄土地有着特殊的情感，他总能在这块土地上找到书写的灵感。正如高洪波所言："证明灵性，寻找灵性，直到用自己的作品发掘和再现黄土地的灵性，几乎成为高建群锲而不舍的一种追求。照我的理解，高建群寻找的灵性，其实是一种活力、一种激情、一种诗意笼罩下的昔日辉煌。"[②] 其实，高建群的文学创作还有一个源泉，那就是在历史中激活灵性，挖掘历史成为他创作不竭的动力。他的《统万城》就是再现了匈奴这样一个消失了的民族。《统万城》有两条比较明显的线索：一条是主线，写的是大恶之华——匈奴末代大单于赫连勃勃传奇的一生，写匈奴民族唯一一个都城统万城的筑城史；小说的副线，写的是大智之华——西域高僧鸠摩罗什传奇的一生。高建群以一种大历史、大文化的笔触和气魄，书写了东方农耕文明与西方基督教文明之间的交错与碰撞。他以一种诗性的笔触，写出了历史的忧郁深沉，也写出了历史人物，尤其是女性人物的优美与浪漫。高建群的小说具有神秘的叙事特征，他把自己对

① 高建群：《最后一个匈奴〈后记〉》，作家出版社1993年版，第580页。

② 高洪波：《解析高建群——兼谈他的四部中篇小说》，《文学评论》1992年第4期。

历史、历史人物、苦难的现实，以及浪漫的理解融于笔端，形成了独特的自我表达，具有现实的浪漫主义品格。他的《统万城》是一部历史意识、乡土情结，以及对农耕文明的追溯的一种史诗“复活”。可以说，小说重新建构了曾经消失的民族的时空场域，在毛乌素沙漠筑起了一座“童话之城”，再现了十六国时期“悲剧中的悲剧”。

三 大平原叙事：乡土中国的价值指向与人文情怀

高建群一直有一个写他的出生地——渭河平原的夙愿。《大平原》就是他的这一夙愿的杰作。《大平原》以渭河平原为地域空间，再现了高氏家族三代人的命运沉浮，以及高姓村庄从20世纪30年代到21世纪以来的沧桑变迁。小说以“乡间美人”祖母高安氏的“伟大的骂街”开始，以母亲顾兰子的临终遗言收笔，时间跨度七十余年，“写农耕文化的沉重艰辛；写中国农民的沉默坚韧；写活着很难，有尊严地活着就更难；写社会大转型中正在消失的村庄，如此等等”①。我们透过高建群的小说描写，看到了支撑渭河平原上生活的人们的思维方式和精神方式，也就是这种深入灵魂底处的东西成为人们生生不息的力量之泉。小说的前四十章都是以一个关键词“饥饿”为轴心来描写高村人面对黄河决堤、水涝、大旱时的生存情形和生存状态。作家以一种冷静、客观的姿态书写了饥饿的体验，这种体验充满着生命的张力。作家试图以饥饿来凸显生命的强悍、生命的高贵和生命的卑微。“人们通过作家的文字，能够触摸到乡村灵魂扑面而来的实质。”② 我们可以看出，作家对逝去的“乡村诗意”是怀念的，甚至有一种欣赏的情结暗含于此。但是，这种怀念和欣赏不是简单的肯定，而是把他的笔触伸向“崛起的高新区”。从第五十七章开始，作家就开始书写转型之后的高村和高村人。作家很好地塑造了像王一鸣、刘芝一

① 雷达：《乡土中国的命运感——评〈大平原〉兼及家族叙事的创新》，《小说评论》2010年第1期。

② 梁鸿鹰：《在中国故事的长河里——谈高建群的长篇小说〈大平原〉》，《南方文坛》2010年第1期。

这样一些既机敏勇敢，又敢于冒险的人物形象。这些人物寄托着作家的情感与理想，承载着作家精神与现实共筑的梦想。诚如雷达所言：小说“以其强烈的主观性和写意性，以其苍凉的命运感，提供了较为丰富的文化信息”①。

高建群对传统乡村有着自我独特的理解。他以自己的方式突破了巴赫金对传统乡村的认识。巴赫金认为，传统乡村最突出的特征是循环性，“生长的肇始和生命的不断更新都被削弱了，脱离了历史的前进，甚至同历史的进步对立起来。如此一来，在这里生长就变成了生活毫无意义地在一处原地踏步，在历史的某一点上、在历史发展的某一水平上原地踏步”②。在巴赫金看来，我们要将这种富有“循环性文化特征”的叙述乡村纳入到现代小说的秩序之中，就必须发挥“文学形象”的“时间性质”，把这些东西都“纳入所写事件和描述本身的时间序列之中”③。《大平原》打破了这种宁静的乡土叙述，以鲜明的乡土中国的价值指向和人文情怀让静止的时间活泛了起来，建构起一座乡村与高新开发区的桥梁。作家通过高村和高新第四街区两个地方空间转换的书写，表达了自我的价值立场和人文情怀。作家说，小说的原名叫《生我之门》，它有三个含义。“狭义讲，是指我的母亲，这个平凡的卑微的如蝼蚁如草芥从河南黄河花园口逃难而来的童养媳。广义讲，是指我的村庄，或者说天底下的村庄。再广义讲，是指门开四面风迎八方的这个大时代。”④ 我们可以看出，作家的这三重指向事实上也就是作家面对乡土中国现代性转型的文化心理。作家面对高村的消失和高新第四街区的崛起，没有过多的哀叹和惊讶，而是以一个成熟的作家心态面对这一历史巨变，对这一独特的“中国经验”和“中国问题”做出历史的、审美的回应和表达。“表达当下，尤其是处理当下所有人都面临的精神困境，才是真正的挑战，因为它是‘难’的。”⑤ 作家以一种“浪漫主义骑士精神”，赋予作品理想主义色

① 雷达：《乡土中国的命运感——评〈大平原〉兼及家族叙事的创新》，《小说评论》2010年第1期。

② ［苏］巴赫金：《巴赫金全集》（第三卷），钱中文译，河北教育出版社1998年版，第430页。

③ 同上书，第453页。

④ 高建群：《大平原》，北京十月文艺出版社2009年版，第413页。

⑤ 孟繁华：《乡村文明的变异与“50后”的境遇——当下中国文学状况的一个方面》，《文艺研究》2012年第6期。

彩，以理想点燃现实，让作品获得灵性与生命。如："你见过那些古老的、笨重的、冒着炊烟的村庄，被从大地上连根拔起时，那悲壮的情景，那大地的颤栗和痛苦吗？"[①] 这种喷薄而出的抒情和议论，是沉潜于作家内心深处的"人类意识"与"现代意识"使然。也正是作家基于这样一种现实主义情怀，他才选择高村和高村的现代变体，即高新第四街区，并从政治、经济、文化、民俗、心理等方面进行了整体性的审美把握，重建了中国当代文学的现实主义精神维度。

高建群的《大平原》赋予地域文学书写以新的内涵。"消失的高村"割断了作家与土地的联系，文学表达的地域性差异也将不复存在。全球化与工业化成为历史发展的必然，高楼大厦取代了乡间茅屋，所有的世界都是一样的钢筋水泥。这些被严重物化了的世界，唤起了人们对地域性差异的关注与追求，也激起了人们对家园、乡村秩序与乡村伦理的怀念与向往。正是这样的一种全球化所导致的文学单向度写作和文学人物形象的单面性塑造，促使作家肩负起神圣的历史文化使命，重建人文信仰和价值理性。诚如高建群所言："艺术家请向伟大的生活本身求救吧，因为面对伟大的变革时代，不断出现的新的人物和故事，是艺术长廊里从没出现过的，作为艺术家有责任去表现他们，为时代立传，为后人留下当代备忘录。如果做不到，那是文学的缺位，是作家的失职。"[②] 正是基于这样一种认识，高建群把他的目光投射到崛起的"高新第四街区"，他要为中国当代的发展做"备忘录"。如果我们套用海德格尔的一句话，就是"哪里有危险，拯救的力量就在哪里生长"[③]。面对高新第四街区新的中国政治生态的创造性重建和新的历史文化语境，作家既要承载政治伦理建设的重负，又要彰显巨大的精神启示意义和思想价值，这也许是作家的一种更为宏大的精神建构追求。

总之，高建群以其丰富而厚重的文学创作实绩，给新时期以来的陕西文坛，乃至中国文坛带来了很多有价值有意义的作品。他的文学创作成为我们当代文学研究一个不能忽略的文学存在。他以一种诗人的浪漫之情和

---

① 高建群：《大平原》，北京十月文艺出版社 2009 年版，第 364 页。

② 朱玲：《高建群：艺术家们，向伟大的生活求救吧》，《北京青年报》2009 年 11 月 30 日（B02）。

③ ［德］海德格尔：《人，诗意地安居》，郜元宝译，张汝伦校，上海远东出版社 1995 年版，第 137 页。

欧洲“骑士精神”为我们描绘了带有传奇色彩的异域文化和“白房子世界”。我们从他的作品中看到了惊天动地的爱情、荒凉的边界地、美丽多情的萨丽哈和由盗而成为边防站站长的回族小伙马镰刀，还有“一张牛皮大小的地皮”的传奇故事。透过这些浪漫的诗性文本，我们看到了边地的雄伟与奇崛、苍凉与孤独、鲜活与美丽。边地的政治、历史、文化、民俗风情尽收眼底。可以说，他笔下的人物既是生命的符号，也是文化的符号，有着独具特色的美学品格。他以一支如椽之笔书写着陕北的历史和文化。他的这种书写独特之处就在于，他以一种虔诚的文化寻根的态度来观照陕北，审视陕北高原。他的作品中充满了丰富而灿烂的陕北文化元素和意象，譬如神话、传说、民俗、歌谣，以及一些颇具意味的历史遗存物。他在故事中呈现陕北的历史，在历史的追忆中凸显陕北的文化。厚重的历史和丰富的文化，让高建群的小说获得了史诗般的品格。他以历史发展的见证者来写他的出生地——渭河平原，渭河平原上那个平凡的高村。“高村平原作为物化符号永远从地球上消失了，但那慷慨悲凉的秦腔还在吟唱、生命力强盛的顾兰子还硬朗、高家的祖坟还在，传承高村血脉与精神的高新第四街区在蓬勃发展。”[①] 高建群以文学的方式记录下了历史的发展。高建群的文学书写，既具有历史的沧桑与厚重，又有现实的鲜活与温暖。他总能在历史和现实的细部寻找到有意义有价值的故事，让故事成就人物形象，把他们塑造成“生命的雕像”。

① 高红梅：《浪漫的重建——〈大平原〉的地域写作与乌托邦话语》，《文艺评论》2012年第3期。

象征与隐喻：阿来“山珍三部”的文化密码

阿来在山珍三部中本着一以贯之的人本主义立场，以辩证的目光、惋惜的笔调描写新旧、强弱、内外文化碰撞的火花，抒发自己对社会发展弊病和文化冲击的独到见解。作者并不刻意地使用隐喻与象征的创作手法，也不悉心追求深奥的人生哲理，但却使作品处处散发着隐喻与象征的意味，透露出难以遮挡的人文情怀的光芒，审视复杂人性中不为人知的方面。作品以三种中心意象为叙述焦点，渗入时代、人性、文化等核心元素，通过展示三种意象与人类经济利益纠缠不清的命运遭际，表达了作者对人性善念的坚守和对堕落灵魂的救赎。

阿来自然主义文学新作“山珍三部”——《三只虫草》《蘑菇圈》《河上柏影》，不仅呈现了弱势文化落后、腐朽、蒙昧的一面，同时也表达了弱势文化存在的价值与尊严。作者在书写现代文明势不可当和不可理喻兼具的同时，也描绘了其合理、先进、便捷的优势，并不遗余力地展现文化冲击的复杂性和多维性。在作品中，阿来通过对具有高度凝聚力的三种中心意象——“虫草、松茸、岷江柏”的塑造，隐喻并暗示时代变迁给人类、原始文化乃至无辜植物带来的可怕遭际。读者在对圣洁、神奇、本真的原始文化走向没落深感遗憾与惋惜的同时，也目睹其走向衰亡乃至消失的历史必然性与合理性。作品以“中心意象”为叙述焦点，以“隐喻手法”营造并渲染了一种极具象征性和寓言性的整体故事氛围，成功构建了一个完整而富有深意的象征系统，使得隐喻表达趋于完美。故事书写的是现代化进程对积淀千年的历史文化的冲击与毁坏，诉说的是藏民族在内外交汇、新旧更替的社会现实中生存的无奈与困顿。在苍劲有力的古老与华灯璀璨的现代化的博弈当中，阿来不仅是在探寻那些被遗失在林间的山珍之宝，更是在这些大自然的馈赠之中洞悉人性的复杂与不堪。

一 虫草、松茸、岷江柏：原生态文化的中心意象

阿来“山珍三部”是“对人性的书写并直面存在之困”。[①] 其分别以“蘑菇圈”“三只虫草”“河上柏影”命名，且均各自以“松茸”“虫草”“岷江柏”为叙述焦点，三者是植物，也是生命；是金钱，也是文化；是现实，也是梦想。意象主义诗人庞德曾说：“意象”不是一种图像式的重现，而是“一种在瞬间呈现的理智与感情的复杂经验”，是一种“各自根本不同的观念的联合”。[②] 因此要清晰理解这部自然主义新作的理智与情感经验，必然离不开对这三种意象的探析。韦勒克说：“意象可以作为一种‘描写’存在，或者也可以作为一种隐喻存在。”[③] 作者对不同意象的铺设，能够在隐喻作者意图、启发读者顿悟方面，发挥不同的作用和功效。而意象的典型形态之一“中心意象”，更是在故事中占据着核心地位。在此我们对中心意象的细致探究，或多或少都将有助于读者领略作品意味，获悉作品最具价值的思想意蕴。

“中心意象”是由作者创造出来，能够体现作者审美理想的一种高级象征意象，其不仅有助于想象和追踪理性，而且具有高度凝聚力和代表性，其背后往往隐含或象征着作者想要表达的真正寓意。我们通过对阿来“山珍三部”中心意象的分析，能或深或浅触摸到文本的隐喻和象征意蕴，发现其中关于生命与人性、关于世界与社会、关于存在与消亡的深刻思考。阿来在接受采访时说道：“围绕西藏的植物，我会写一组小说，我把植物当成一种文化来写，因为植物不是自己生长在那里，开花结果。它同时和人类发生关系，被人利用，被人观赏，你把这些方面发掘出来，它就是一种文化。而且植物会把你带入他们自己的世界，他们生命

---

① 韩伟：《回望先锋：文学与记忆（笔谈）》，《兰州学刊》2016年第3期。

② 汪耀进：《二十世纪西方文学批评丛书〈意象批评〉》，四川文艺出版社1989年版，第5页。

③ ［美］勒内·韦勒克、奥斯汀·沃伦：《文学理论》，刘象愚等译，江苏教育出版社2005年版，第57页。

的秘密世界，那是一个美的世界，一个人活动其中的，有着深厚文化意味的世界。"[①]"山珍三部"正是对这些西藏植物与原始文化的探索与找寻，其带领读者走进这些植物世界，呈现这些植物与人之间不可摆脱的同命相连关系。

小说中人物与自然万物的命运之锁是紧紧相扣的，虫草、松茸、岷江柏渗透于整个叙事时空。始于虫草、终于虫草，始于松茸、终于松茸……，还有那始终难逃厄运的岷江柏。在金钱利益牵动下，那些原本和睦亲切的人物关系、事物关系均变得面目全非，随之而来的厄运也降临于这些稀有物种身上，人心扭曲不堪，植物遍体鳞伤。阿来在这三部小说中整合了摇曳不定、零散飘落的意象碎片，以三种中心意象在一个中心地理环境上的诸多遭遇来讲故事。这些具有强大凝聚力的三种中心意象，即"山珍——三只虫草、蘑菇圈、五棵岷江柏"，使作品超越了简单的故事写实，而生成深刻的意象寓意。人与"中心意象"割舍不清的联系表明"山珍"不是简单的象征符号，其不仅意味着物质的满足，更是精神的慰藉与寄托。其幻化成精神性的象征物，成为所有能从中获利的人的生命中潜在的梦想和诱惑。

那些濒危的松茸、虫草、岷江柏意象承载着作者赋予的使命，具有多层隐喻意味。就单层次来看，虫草意象隐喻生物的自然神性，人类的生存资本；蘑菇圈隐喻着生命的生生不息，万事万物的命运相连；岷江柏隐喻着原始宗教神性与神话传说的覆灭。就总体来看，三种意象又共同隐喻着一种"原生态文化"（"原生态文化是指某一区域族群自然形成的，没有受到外来影响和冲击的文化，这种文化具有原始性和自在性的特征，与该区域的地理形态和该族群人的自然生活习惯密切相关，所以还具有其自身的独特性"[②]），也象征着人类以及其他自然生物的命途多舛。这些稀有山珍存在于自然的生态链之中，就如"开会的蘑菇圈"的自生繁荣一样。然而利益的驱遣使得人类丧失原有的平和心态，这种失衡心态作用于自然万物，打破原有的生态平衡，最终致使蘑菇圈毁灭、生态链断裂，人类岌岌可危。

"尽管弱势文化因为迟滞、落后而陷入受强势文化掌控并随社会发展

① 阿来、傅小平：《文学是在差异中寻找人类的共同性》，《文学报》2015年8月13日（003）。

② 寇旭华：《〈尘埃落定〉的象征性分析》，《文艺争鸣》2009年第9期。

而衰落的宿命，但其在强势文化面前仍有尊严和价值，并与强势文化形成二律背反，成了强势文化的反面关照，那里没有理性，却有激情、神奇和本真的残破，没有进步或现代化，却像一个远去的田园或重新发现的圣洁之地。”[①]《蘑菇圈》中阿来写未受到外来文化冲击时的蘑菇：“布谷鸟叫声响起这一天，在山上的人，无论是放牧打猎，还是菜药，听到鸟叫后，眼光都会在灌丛脚下逡巡，都会看到这一年最早的蘑菇破土而出……他们烹煮这一顿新鲜蘑菇，更多的意义，像是赞叹与感激自然之神丰厚的赏赐。然后，他们几乎就将这四处破土而出的美味蘑菇遗忘在山间。”[②] 小说中未曾受到外来文化侵扰的藏区和原始人那种自在的状态，诗意的生活以及纯粹的精神，不带半点尘埃亦无喧嚣吵闹，人与自然和谐相处，封闭而神秘。在此，蘑菇圈本身就是原生态文化的一种表现，但随着强势外来文化的入侵，三种中心意象被摧残殆尽，而伴随这些中心意象消逝的是原生态文化和人类存在的诗性以及精神的神性。

阿来以清新、爽朗、凝练的笔调，在山珍三部中通过三种中心意象，深刻表达着藏汉民族的诸多冲突，诉说着藏区文化的溃败和稀有物种所遭受的灾难，透出哀伤之感，如一曲挽歌，凄婉悲凉。《蘑菇圈》中阿妈斯炯如守护神一般关爱呵护着蘑菇圈，实质上她守护的还有在外来强势文化入侵下，已柔弱不堪的自然神性与自己灵魂当中最为善良、原始和本真的人性，但不幸的是她竭力守护的珍宝终究被利欲熏心的人毁于一旦。只要松茸商人一出现，人们便会“提着六个铁齿的钉耙上山，扒开那些松软的腐殖土，使得那些还没有完全长成的蘑菇显露出来……阿妈斯炯心疼地对胆巴说，人心成什么样了，人心都成什么样了！”[③] 原生态圈被无情打破。而阿妈斯炯依然守护着精神原乡：“丹雅说：阿妈斯炯你眼神不好啊，这么大朵的蘑菇都没有采到……阿妈斯炯微笑，那是我留给它们的，山上的东西，人要吃，鸟也要吃。”[④] 但阿妈斯炯的微薄之力终究抵不过利益浪潮驱遣下无所顾忌的人心欲求。《三只虫草》中，虫草是所有机村人的致富之路，外来商客的收购，官场升迁的用途，救人性命的任务，使虫草不堪重负。让人心痛的是，以虫草为生的藏民们，居然不知道虫草长

① 寇旭华：《〈尘埃落定〉的象征性分析》，《文艺争鸣》2009年第9期。
② 阿来：《蘑菇圈》，长江文艺出版社2015年版，第5页。
③ 同上书，第85页。
④ 同上书，第114页。

成以后的模样，唯有少年桑吉，还心怀好奇与憧憬，询问长辈不得后，选择细心照料和观察虫草。在所谓的外来文明的冲击下，有人坚守本心不为所动，有人动摇而不知所措，有人陷入了痴醉癫狂，有人故步自封不闻不问，但也有人在做错之后怀着一颗悲悯之心为自己也为所有人赎罪。

《三只虫草》和《岷江柏》中，原生态文化也不可避免地遭受了灭顶之灾。原生态的代表意象虫草和岷江柏无一例外地被赋予了过多的金钱负担，如果说蘑菇圈隐喻机村原生态文化锁链，那么虫草和岷江柏就隐喻着人类和自然生态环境的命运。黑格尔指出“隐喻是一种完全缩写的显喻，它还没有使意象和意义互相对立起来，只托出意象，意象本身的意义却被购销掉了，而实际所指的意义却通过意象所出现的上下文关联中使人直接明确地认识出，尽管它并没有明确地表达出来”[①]。虫草、岷江柏、蘑菇圈看似是实实在在的物质，但将这三种意象放入作品中宏观把握，这三者背后的深刻寓意则值得深究。蘑菇圈的“被毁灭”、虫草富有深意的未知旅途、岷江柏逃脱不掉的死亡归宿均是由人类肆无忌惮谋取利益或是官场争权夺势、划分派别所致。在“山珍三部”中，阿来本着一以贯之的人本主义立场开始自己的捡拾之路，捡拾我们人性中善良淳朴的一面，捡拾大自然赐予我们人类的珍贵植物，捡拾知识的神圣性和宗教的虔诚性。在一路捡拾中，阿来细致地揭露这些东西的遗失过程、描写藏汉文化冲突以及时代发展带给封闭自锁的古老文化的冲击。在作品中阿来塑造了一个与贾平凹、莫言、福克纳相似的“中心地理环境”——藏区。“民间是作家曾经生活过的土壤，也记载着乡土人生活的苦难史”，“故园东望路漫漫，双袖龙钟泪不干”，这是远离故乡的人在骨子里流淌着的一种血脉，“这种血缘似乎促成了作家对乡土的自觉抒写情怀”。[②]“山珍三部”在某些方面如贾平凹的“商州”一般充满着浓厚的乡土气息，如莫言的“高密东北乡”一样处处流露着作者对藏区原生态文化的典型——机村的眷恋之情，也如福克纳的“约克纳帕塔法县”一样处处描写的都是藏区人民的生存百态和心理变迁，或许阿来无意于制造这样的现象，但其对故乡的那种深沉的情感，总与这些典型作家在灵魂深处血脉相通。不同的是，阿来的创作更多表达的是对人性中淳朴善良遗失与珍稀植物濒危的哀伤与惋

---

① ［德］黑格尔：《美学》（第二卷），朱光潜译，商务印书馆1979年版，第126页。

② 韩伟：《柳青文学的意义（笔谈）》，《兰州学刊》2016年第7期。

惜，能让读者更多地亲身体会失宝之痛，反思自我。

原本藏民视虫草为山神神圣的礼物，“山神有无数个眼睛在看着”，岷江柏也承载着诸多历史文化和佛教传说，总能让喇嘛们津津乐道地讲述许久，而蘑菇圈更是人们在饥饿难耐、生命垂危时的救世主。这些自然赠予人们的珍宝，却在经济利益的操控下经过人手，被摧毁殆尽。少年桑吉的寻梦之旅与虫草意象交织于一体，虫草的流浪隐喻着桑吉乃至更多少年不可知的未来，表达着作者对其成长的忧虑。阿妈斯炯蘑菇圈的“被”毁灭，隐喻着一种神物的丧失，表达着作者对人与自然和谐相处的关系被打破的无奈与悲哀。王泽周在写论文时调研取证，采访喇嘛，获得了不少有关神话传说的故事，但最终岷江柏的死去以及被砍伐刨根的悲剧，印证了那些神话的虚构性，预示着原本崇高、神秘的神话及宗教殿堂随岷江柏的毁灭一起倒毁坍塌。

从意象洞悉作品的隐喻意蕴和象征意义，对其背后所隐含的特定时代的民族文化心理加以解析和研究，才能发现小说真正所要表达的意蕴。“阿来并不是写异乡异闻，而是写一种原始状态的人和魂，他灵魂的根系深植在藏文化的土壤深处。”① “山珍三部”所描绘的藏文化那独特的魅力和光彩，蕴含着浓厚的民族文化意识，作者在描述其与汉族文化互动的部分充满独特的寓言性和象征性。因此我们不应仅仅关注精彩绝伦的表层故事，而更应看到作者对“冬虫夏草、蘑菇圈、五棵岷江柏”三个中心意象的塑造与铺设的背后，所表达的隐喻和象征的寓意，以及作者对人生富有深意的思考。

二 人性、文化、时代：象征系统的寓意钩沉

“写作总要受到由时代精神、主流意识、民间话语构成的表达空间的制约。”② 因此，象征和隐喻手法的使用则使得文学表达更为自由，读者

① 寇旭华：《〈尘埃落定〉的象征性分析》，《文艺争鸣》2009年第9期。
② 韩伟：《柳青文学的意义（笔谈）》，《兰州学刊》2016年第7期。

阅读的意蕴空间相对扩大。阿来的“山珍三部”中隐喻与象征交相辉映。但需要明晰的是，隐喻与象征既有联系又有区别，“隐喻最初主要起修辞和诠释的作用，其主要的目的是通过一个事物使另外一个事物得到更好的理解与接受，两个事物之间具有关联的意义，而象征则不限于隐喻所属的领域，它并不是通过与其他事物意义的关联而获得意义，而是因为象征事物本身的存在就具有意义”[①]。“象征一般是直接呈现于感性观照的一种现成的外在事物，对这种外在事物并不直接就它本身来看，而是就它所暗示的一种较广泛较普遍的意义来看。”[②]“象征注重的是实物或符号之间的偶合连接关系，这种偶合的连接关系主要体现在形象与意义的关系是偶合的，形象与意义之间本身并不具有必然的联系，只是在某种特殊的情况下被赋予了特定的意义。”[③]“山珍三部”中每一个稀有植物或者每一个富有深意的人物无不具有一种或多种象征意义。

“山珍三部”的第一部《三只虫草》本身就是一个象征。三只虫草的漂流之旅与少年桑吉的成长构成小说的两条平行线，虫草的遭际映衬或预示着桑吉那未知的命运。三只虫草的命运分别是不同的：第一只虫草被书记泡水之后，成了书记的腹中之物，并散发出浓烈的土腥味“泡在杯子里。煮在汤锅里。用机器打成粉，再当药品吃下。这样的结果让桑吉有些失望：神奇的虫草也不过是这样寻常的归宿”[④]。表明虫草不过是世俗之物，只因坠入物欲横流的社会被赋予了经济价值，而变得丧失神性。第二只虫草落入了老人的药膳之中，去拯救老人垂危的生命：“这家人买了二十只虫草，每次两根，炖在汤里，给老人提气。桑吉的那一只，炖成了第八碗汤。那碗汤，老人没有喝完。他头一歪，嘴半张着，汤却慢慢从嘴角淌下来，顺着脖子流到了胸脯上。”[⑤] 虫草拯救老人的失败，表明虫草的无力与平凡，虽有神圣的使命，却没有起死回生打破轮回的神力。这象征着人们所为之疯狂的“宝贝”根本无法承担人们对其寄予的希望，这更使得人们为虫草痴迷的举动显得明珠弹雀。这就如马克斯·韦伯所说的“世界的祛魅（指的是对世界一体化宗教性解释的解体，它发生在西方国

① 朱全国：《论隐喻与象征的关系》，《吉首大学学报》（社会科学版）2007 年第 4 期。
② 吴伏生：《隐喻、寓言与中西比较文学》，《文学评论》2016 年第 2 期。
③ 同上。
④ 阿来：《三只虫草》，明天出版社 2016 年版，第 126 页。
⑤ 同上书，第 129 页。

家从宗教神权社会向世俗社会的现代化转型中）。”[①] 在此阿来也完成了对虫草的“祛魅”和对原始文化的祛魅。第三只虫草最终随着虫草大军流入首都，进行着它自己的命运之旅。这只虫草的命运是未知的，充满着不确定性，也象征着人世的未知与迷茫，隐喻着桑吉乃至人类那充满不确定的命运。

与第三只虫草一样有着未知命运的人物桑吉也具有多重象征意义。少年桑吉在封闭单纯的原生态文化滋养之下，在和谐平静的自然环境的熏陶之下茁壮成长，象征着万物生长。他天真、善良，懂得给不争气的表哥买手套和帽子，给老师买飘柔洗发水，给奶奶买膏药，给姐姐买李宁 T 恤，处处显露出人性中最为温暖的一面。当他的百科全书遭到校长的无情掠夺和毁坏的时候，他并未让恨的种子在心里生根发芽，相反他听从了母亲和父亲的话，“不可以对人生仇恨之心”。桑吉追寻百科全书的过程象征着他对知识、智慧的追求。最终桑吉上了州重点中学，在学校的图书馆里他见到了完整的百科全书，并致信给多布杰老师：“我想念你，还有，我原谅校长了。”这样的完美结局可谓皆大欢喜，然而却也颇具意味深长的暗示——在未来路途上等待少年桑吉的将是何等残酷的现实？成长中的桑吉是在复杂旋涡中挣脱还是沉浮，作者以这样的结局画了一个问号，让读者感到些许的担忧。

在《蘑菇圈》中，蘑菇圈本身就象征着机村原生态文化，也象征着生生不息的生物圈、人类以及其他万物在历史中的生死存亡。“文学的‘时代性’蕴涵于文学的‘人类性’之中，而文学的‘人类性’又可以说是对文学的‘时代性’问题的历史性回答。”[②] 人类如蘑菇圈一样，在历史的长河中经历着自在、发展、繁荣与毁灭。在大饥荒时期人们依靠蘑菇圈度过危难，斯炯也始终怀着一颗悲悯之心善待村民和蘑菇。她将蘑菇形容为“开会的蘑菇”，将未长成的蘑菇比作胎儿。当丹雅带她去参观人工种植的蘑菇时，斯炯说：“你的孢子颜色好丑呀……我的蘑菇圈里，这些孢子雪一样白，多么洁净啊。”[③] 看到金针菇和香菇时斯炯说：“蘑菇怎

---

① 王泽应：《祛魅的意义与危机——马克斯·韦伯祛魅观及其影响探论》，《湖南社会科学》2009 年第 4 期。

② 韩伟：《从现代文学研究到民国文学研究：观念转变与范式变革》，《陕西师范大学学报》（哲学社会科学版）2016 年第 3 期。

③ 阿来：《三只虫草》，明天出版社 2016 年版，第 129 页。

么能长成这么奇怪的样子。没打开时，像一个戴帽子的小男孩，打开了像一个打着伞的小姑娘，那才是蘑菇的样子……哦，腿这么短的小伙子，是不会被姑娘看上的。”① 这一个个的蘑菇在斯炯眼中都被拟人化，斯炯引导读者以看人的眼光来观赏蘑菇。在此蘑菇与人的命运相互交织、难以分离。蘑菇欣欣向荣时期，人类的家园未遭外来文化的侵蚀；当传说蘑菇是价值连城的松茸并有人高价收购时，这种被遗忘在山间的蘑菇也开始被疯狂采摘。最终蘑菇圈遭受的灭顶之灾预示着人们那坎坷而不幸的命运。蘑菇圈与人类就如同有机体一样，一荣俱荣，一损俱损。

《河上柏影》中的五棵岷江柏与王木匠和《蘑菇圈》中的松茸与斯炯一样，也和《三只虫草》中的虫草与桑吉一样，具有多重象征意义。五棵不知生长了多少年的岷江柏，矗立在村前，香气四溢。人们用它散落的枝叶做香料，焚于祭奠神灵的香炉之中，用它脱落的树皮来做调料，烹饪美食。但不幸的是，由于崖柏的濒危致使与其相似的岷江柏遭受非难。那五棵生长了百年的岷江柏最后在发展旅游业的时候，由于根部覆盖了水泥导致树根难以吸收水分和呼吸空气，而陆续枯萎。五棵百年老树就在政府的指挥下逐一丧命。这些古老的树木象征着古老的智慧和文化，在村子里流传的关于这些树木的传说有好多种，每一种都是一种期盼，一种信仰，一种文化。然而岷江柏最终被砍伐殆尽，并遭受刨根之难，那些民间流传的关于它的神话传说也都在王泽周的调研下烟消云散。承载着神话传说的岷江柏的神秘面纱被揭开后，总不免流露出现实的残酷和无奈。而协助砍伐岷江柏的王木匠，一个忠厚的汉族男子，在《河上柏影》中不仅是一个慈祥的父亲，他还是汉族的代表，他象征的是前现代时期汉族人在藏族地区所遭受的轻视。他与藏族妻子的婚姻和遭人歧视的遭遇，象征并预示着藏汉文化的交融，交融过程中必然遭受种种不易与困苦，但终究还是会以不可抵挡之势走向融合。

“山珍三部”中的象征元素比比皆是，但将多种象征元素的意蕴集结起来，主题可归纳如下——“作者对原始文明与智慧没落的惋惜，对现代化进程盲目求快的忧虑，对时代的关注和对人性的深沉思考。”阿来借用珍稀物种松茸、虫草和岷江柏这三种中心意向的兴衰存亡，来表达自己对自然万物的惋惜、对人性邪恶一面的批判。我们通过探究作品的几个主

---

① 阿来：《蘑菇圈》，长江文艺出版社 2015 年版，第 104 页。

题意蕴，可以看清作者想要表达的真正寓意。“在汉语中‘寓’的本义是‘寄托’，因而《汉语大辞典》说‘寓言’也就是‘有所寄托之言’。同理‘寓意’即‘有所寄托之意’，寓意是隐喻的延伸所要表达的真正意蕴。”① 总结起来“山珍三部”的象征寓意可概括为以下三点：

其一，浓厚的宗教神秘色彩和无法摆脱的宿命感。阿来的小说自始至终都笼罩着宗教气息，三部作品中的人物无论是年少的桑吉、还是慈善的阿妈斯炯或是知识分子王泽周，都是贫苦的藏区人民。他们均不同程度地被不同方式伤害，致使其退缩或是认命，抑或是将一切劫难归咎于宿命。就斯炯自身而言，她对宿命的认可颇具佛家思想，无论是她的哥哥还是儿子，她都用“宿命”来加以解释。随着佛教的传入和流行，其宣扬的宿命论深入人心，原本处于蒙昧状态且淳朴善良的人们在冥冥之中接受了佛教哲理。由人延伸到社会，由思想牵动着行动，为命运操控，从一开始就在上演昭示结局的悲剧。就如斯炯守护的生生不息的蘑菇圈一般，被人们残酷摧毁，纵使斯炯百般无奈也只能哀伤感叹。阿来是用汉语写作的藏族作家，“受到这个民族强大的宗教背景的影响”，他的小说也正因此充满了神秘浓厚的宗教色彩和不可摆脱的宿命感。但阿来并未直接强调这种宿命感，而是衬托出心理体验，让读者深有感触。

其二，不可抗拒的强势文化冲击与弱势文化的消亡。小说主要聚焦在藏区，描写汉文化入侵给藏区的人物关系、事物关系以及组织活动带来的诸多变化。这不由得引起我们对“他者——外来文化”意义的思索，并且在与“他者”文化的接触、交往、碰撞或冲突的过程中，形成具有民族特色的自我认知意识。在藏汉民族文化的碰撞中阿来强调了“他者”文化不容忽视的积极因素和“本我——藏区文化”中最为精贵的琼浆玉酿。作品在“本我”与“他者”文化生存与发展之间形成一种特有的张力，“一方面使民族文化抛弃非现代性的文化因子，尽快使民族文化心理实现从前现代到现代的结构性转换，一方面又要十分珍视本民族文化传统，使它不致被市场化、商业化和科技化的浪潮所吞没，依然保有原生态文化的魅力”②。《蘑菇圈》《三只虫草》中的藏汉族民众的利益交融，《岷江柏》中的藏汉联姻等，从象征意义上讲是“他者”文化已如生存本

① 吴伏生：《隐喻、寓言与中西比较文学》，《文学评论》2016年第2期。
② 寇旭华：《〈尘埃落定〉的象征性分析》，《文艺争鸣》2009年第9期。

能和血液一样融入“本我”文化的体系之中。在“本我”与“他者”文化的矛盾冲突中，“他者”文化有对“本我”文化不同程度的肯定和否定。但这肯定与否定之间并不矛盾，相反作者正是通过两者之间的矛盾化解来表达强弱文化互动、交融的关系，而最终从两者的矛盾中洞悉出文化的统一性。

其三，时代变迁背景下对复杂人性的关注与深沉思考。在阿来山珍三部中，着重描写的是时代变迁中利欲熏心的人的堕落与无奈。作者用隐忍的目光观照人性的善恶，描绘外界诱惑下的人生百态，不同的人面对同样的诱惑，有人选择坚守底线而有人则堕落不堪。在历史的纵深处，阿来探索的是一个民族该以何种心态面对风云变幻的当下。现代社会的启蒙消解了认知混沌，科学技术对自然神性与人文神性给予了致命的颠覆。但是，当人类精神与社会发展到达瓶颈与迷途时，神性自然与原始文化在某种程度上又能返身肩负起拯救人类空虚灵魂的重担。这种复杂的生态文化伦理观，一方面营造了一个原始时期，处于蒙昧无知状态下的温情脉脉的人类；另一方面又以自然世界与动物天国的诡异神秘来驱动人们自身的道德因素。就如贾平凹一般，将民间文化加以神巫化并赋予其新的时代内涵时，这种“神性”便是作者拯救人类灵魂，实现人的自我救赎的一剂良药。

阿来作品以三种中心意象结构故事，象征自然万物的稀有珍贵，展示着藏区文化浓厚的宗教神秘色彩和人们思想当中无法摆脱的宿命感。还有现代社会中不可抗拒的强势文化冲击与弱势文化消亡的现象，也表达着时代变迁的背景下，作者对复杂人性的关注与深沉思考。象征寓意的良好表达离不开意象的隐喻意义，因此象征意义的挖掘终究还是要追踪到中心意象的隐喻功能，所以我们还需对作品的隐喻意蕴给予无微不至的观照。

三　坚守、堕落与救赎：隐喻真实对人生况味的诗性表达

“隐喻”是对希腊文“metaphora”一词的翻译，其本义是“迁移”（transfer）。据此，亚里士多德为隐喻作了如下定义：“隐喻是为某物起一

个本属于他物的名字。这种迁移或是为某物类，或是从类到种，或是以类比为依据。”[①] 我们应当注意到“隐喻不仅仅是一个语言现象，它还是一种认知模式；通过赋予某一无名之物一个名称，使它传达出‘新’的知识”[②]。“山珍三部”的中心意象虫草、岷江柏、蘑菇圈就已不是具有单纯寓意的意象，而是一种带有认知能力的指示物，其往往暗含着挖掘不尽的思想意蕴。我们通过探究这些中心意象的象征和隐喻意义，可以从不同方面洞悉到阿来想要表达的关于“他者”文化的丰富哲理。

按照形象学的说法：我们可以将阿来笔下的文化看作“本我——即弱势的本土文化或藏区文化”；而与“本我”相对应的发生关联的异族文化则可视为“他者——即强势的外来文化或汉族文化”。我们应当辩证地看到“本我”在诉说自我的同时，也是在言说“他者”。在这本我与他者文化的描绘及其关系的构建当中，阿来创建了一个神幻、纯粹、原始且富有独特文化气质的真实世界。这种“真实”在作品的民间化氛围中是合情合理且符合行事逻辑的假想的真实，其带有鲜明的感性色彩和传奇色彩，不能单纯借用理性来加以评判，也就是说其属于一种隐喻的真实。隐喻真实的寓意代表的是意义层面的生发，其不同于现实的真实，“它不过是把假想当成了真实，或者说，是把假想中或多或少的真实因素加以强化，用来支撑自己面对世界的信仰”[③]。例如某家人的生老病死与其家里的房屋构造有某种关系，或者某个妇女生男生女与自家房前的一棵老树有着某种联系。在民间传说中这是另一种知识和逻辑。隐喻真实的叙述方式，“可以使文本的容纳空间扩容为具有广阔性的诗性空间，这种扩容也使得文本的意义空间变得更为开阔，意义层面的‘隐喻真实’变得更为丰富”[④]。“隐喻真实”在阿来的“山珍三部”中对呈现“本我”和“他者”文化、扩大作品阐释空间都发挥着极大的作用，而且这种隐喻真实对作品的感性观照也彰显了文学的多元性和丰富性。

在作品中阿来运用隐喻真实营造了一个逼真可信的文化氛围，并运用隐喻手法描写人类在利益诱惑下的坚守，在坚守中逐步堕落，走向溃败，

① ［德］黑格尔：《美学》（第二卷），朱光潜译，商务印书馆 1979 年版，第 10 页。

② 朱全国：《论隐喻与象征的关系》，《吉首大学学报》（社会科学版）2007 年第 4 期。

③ 李明彦：《诗性图式与隐喻真实：寻根文学中的寓言叙事》，《文艺争鸣》2012 年第 12 期。

④ 同上。

后又以哀婉叹息的文笔描绘着人们或是无可奈何或是虔诚悔过地踏上救赎之路。以此来传递作者对人生况味的诗性表达。就如“蘑菇圈”一样，简单来看，它是一个生命有机体，是自然生长的蘑菇。但阿来却赋予了蘑菇圈更多的寓意，比如人在外形上的优美丑陋，人类的繁荣幻灭，世间万物的有机统一，机村的原生态文化等。《蘑菇圈》中，丹雅为了骗取政府的扶持基金不惜在阿妈斯炯身上安置定位系统，跟踪斯炯并在蘑菇圈附件安装监控。《河上柏影》中岷江柏更是由于与一种近乎灭绝的崖柏长得极为相似，清晰的纹理和淡淡的香气，使得人们对其进行不计后果的大肆掠夺。即使最后到了生死的边界，那五棵枯萎的岷江柏也难逃被砍伐去做串珠的厄运。人类从最初简单的物物交换开始，便在内心构建了一个估量物品价值的秤杆。在这杆秤的称量下，人们总是难以摆脱利益纠葛，而后发展到市场经济，这种现象更是有过之而无不及。伊格尔顿说：“现代资本主义社会中最可怕的反精英主义的力量就是称为市场的东西，它消除一切差别，混淆一切等级，把一切使用价值的差别统统埋葬在交换价值的抽象平等性之下。”①

在经济一体化的当今中国社会，金钱对人的驱使尤为明显。这不是当下社会的特有现象，但放入时下我们社会的发展和教育理念之中，放入文学所强调的生存哲理与艺术价值中去看的话，只注重经济利益而忽视自然环境、宗教信仰、文化保护及人生意义，必定不是生存正道。因此诸多文学家便在自己所构建的文学帝国当中去抒发各自创建，有悲愤的，有哀怨的，有淡泊的，也有赞扬的，而阿来“山珍三部”则是清新感伤的。虽然在对文学作品进行评判时，不应该以承担义务和责任的多少来进行功利的评判，但不可否认的是衡量文学价值的重要标准之一，就是其中蕴含的哲理性还有对社会、对人生的启悟。如阿来所说：“人生的重要之点在人生的况味，在人性的晦暗或明亮，在多变的尘世带给我们强烈的命运之感，在生命的坚韧与情感的深厚。”② 并且在阿来的创作实践中，他也一直本着人文主义立场，“山珍三部”看似写山珍海味，实则都是在运用隐喻的手法和童话模式，来对人生况味进行诗性表达，并带领读者体验人性

① ［英］特里·伊格尔顿：《马克思主义与文学批评》，文宝译，人民文学出版社 2008 年版，第 101 页。

② 阿来：《河上柏影》，人民文学出版社 2016 年版，前言第 2 页。

的光辉与阴暗。

人生的况味需要人们仔细品味，可惜摇唇鼓舌的现代社会，尤其擅长的是炒作、宣传、煽动的操控，将自然之宝作为交换之物，使其身不由己地坠入现代利益机制和官场旋涡之中。阿来看到如此景象，只得以自己的笔杆来捍卫人们灵魂中向善的、慈悲的一面。阿来说道：“写生命所经历的磨难、罪过、悲苦，但更愿意写出经历过这一切后，人性的温暖。即使这个世界还在向着贪婪与罪过滑行，但还是愿意对人性保持温暖的向往。如主人公所护持的生生不息的蘑菇圈。”① 生命起源时期人们对自然的敬畏、崇拜都在发展过程中被所谓的科学清扫。对此阿来并非全盘否定，他以古老的叙述对科学的发展和侵入缓缓道来，记录着自然生态的恶化和古老文明的消亡，他一边追溯着古老神秘的文化，一边描写着科学技术对人们的生存困境的改善。阿来作品中宗教神性的丧失代表着一种古老文化的没落，而百科全书亦即科学偶尔不合理的使用也象征着一种不文明的入侵。为了现代化建设的顺利推进，我们不得不像桑吉一样在两种文化之间作出抉择，这是一种代价的付出。

《蘑菇圈》中，新任工作组女组长对斯炯的拷问都是汉族人以自己的方式和文化语境对藏族人的一种错误解读，她以自己的传统思维来衡量斯炯的行为，并作出主观评判“愚昧”。她要求藏族人民遵守自己的条规，却忽视其赖以生存的文化背景，不可理喻地要求藏民实现“脱胎换骨”式的改变。从人物意义的发生上看，斯炯的人生就是在训导读者，无论是对人或自然万物都应心怀悲悯。她的遭遇与历史时代的变化紧密相连，也因世态人心诡谲善变而飘忽不定，但最终她为我们提供原谅的理由和向善的天地，动摇了人们自以为是的道德偏见。《三只虫草》中少年桑吉的天真、善良与宽厚也带给读者一股暖流，尽管未知的命运令人担忧，但其淳朴、无邪的天性总能温暖人心。这莫不是对原始文化、纯真人性的坚守，莫不是对被利益掩盖的人心的救赎。《河上柏影》中，藏族人在王木匠到来之前对依娜的欺凌，暴露出藏族人野蛮的一面，而王木匠这个汉族人的到来却解救了依娜。这又从另一方面体现了汉族人友善的一面。就如在饥荒时期吴掌柜教会斯炯认识野菜和蘑菇，并送给斯炯一只羊一样温婉动人。汉族和藏族是两个不同但又联系紧密的民族，阿来在描绘两个民族的

① 阿来：《河上柏影》，人民文学出版社2016年版，前言第3页。

关系时，尊重其各自的主体性，并辩证地、批判地、客观地对两者予以描述。这其中有阿来对藏族的热爱与赞美，也有对汉族精神的肯定与认同，这不是矛盾观点所在，而是以犀利精准的眼光对藏汉两族的审视与关切。

古老与现代，宗教与科学，藏族与汉族其实并非是对立关系，在阿来的作品中我们更容易发现两者的统一性。阿来追溯本源并不是要回到过去，而是要发现当今生活和历史中值得坚守的人格，捍卫善良人心的神圣殿堂。“山珍三部”中原始人所处的时代环境，一方面代表人类美好的童年时代；另一方面也代表人类成长的蒙昧时期，伴随着人类的生存与发展，这些封闭神秘的时代也终将逝去。尽管社会物欲横流，但我们不应该遗忘这些文化传统和人性向善的方面，而是需要注释自我，审视灵魂。此时的阿来便站在了人文关怀的前列，为遗失的原始文化、民间文化以及自然文化摇旗呐喊。他极力追求隐喻的真实，在追求真实的途中，发现人类生存与发展过程的种种局限。阿来并不简单地要求人们坚守一种文化或者单一人性，而是要求我们尊重事物和人类的多维性和复杂性。他放弃追求唯一性、确定性和固定性的“真实”而通过“象征”“隐喻”的方式来认识“真实”和“真理”，这种象征和隐喻的方式所具有的发散性，能够更大限度地表述“真实”。[①] 阿来以“造境”的方式将带有文化根性的隐喻真实放在了藏区村落——机村，通过三种中心意象的遭遇映射出人心世态。

阿来笔下的原始文化、蒙昧人心以及自生自灭的自然植物等与历史时代的特殊环境相交织。万事万物构成一个有机体，陷入宿命轮回之中，演绎着利益纠葛的闹剧。作者以“隐喻真实”来彰显对原生态文化和原始人性坚守的必要性，并使得神性融入尘世，在一定程度上得到理解和救赎。作者展露人类在利欲熏心的状况下堕落的同时，又倾尽全力塑造心怀悲悯的阿妈斯炯，天真善良的少年桑吉和崇尚知识的王泽周，并让这些具有代表性的人物来救赎堕落不堪的人心，守护人心血脉深处的善良与淳朴。最终构成一个庞大的象征体系，供读者欣赏参悟。我们可以引用美国艺术史家柏瑞德·贝瑞孙对《老人与海》的评价来映射阿来：“真正的艺术家既不象征化，也不寓言化……但是任何一部真正的艺术品都散发出象

① 李明彦：《诗性图式与隐喻真实：寻根文学中的寓言叙事》，《文艺争鸣》2012 年第 12 期。

征和寓言的意味。这是一部短小但并不渺小的杰作。”[1] 阿来的“山珍三部”也是如此，他并非刻意地使用象征化或者寓言化的创作手法，只是这样的方式，更加有助于读者从表层故事中洞悉富有哲理的深刻寓意。

总而言之，“山珍三部”的主题可概括为：时代变迁背景下，现代社会中不可抗拒的强势文化冲击与弱势文化的消亡，弱势文化熏陶下的藏区人民那浓厚的宗教神秘色彩和无法摆脱的宿命感，以及诸多变迁背后作者对复杂人性的关注与深沉思考。作品创立的三种中心意象虫草、松茸、岷江柏，隐喻着一个民族——藏族、一种文化——弱势文化，在一定历史阶段中的生死存亡。作者运用“隐喻真实”竭力造境，形成象征系统，使得整部作品都由内而外地散发着清新、爽朗的气息，又不乏淡淡的忧伤之感，且人文主义关怀渗透其中。无论是描写藏族地区与汉族地区的冲突，还是叙述藏族人民与汉族民众的磨合，抑或是描绘宗教神性与科学现代性的碰撞，还是诉说人类对自然珍稀物种的疯狂掠夺，作者都始终流露出自己对科技现代化过快的忧虑，对原始文化和人文精神遗失的惋惜。同时，阿来也通过故事情节的发展，表达出科技现代化与古老文明之间并非对立而是归于统一的真诚认知。除此之外，“山珍三部”之中还有许多待解的文化密码，等待我们进一步阐释和破译。

① 董衡巽：《海明威谈创作》，生活·读书·新知三联书店 1985 年版，第 145 页。

现实与隐喻:诗意的理解与哲性的沉思

——评于晓威中短篇小说集《L形转弯》

20世纪90年代，中国的当代文学正经受着种种消费主义力量的考验：文学与读者关系的多元化导致文学逐渐成为一种消费品，文学与市场的寻租关系也使得商品的逻辑从作家的思维中弥散到文学作品里。当代文学作品中无处不在地充斥着物欲、色情、暴力，这些“有趣又好看的故事”使文学作品的灵魂失去了本应该在作家的关注之下而重视的道德修养。作品感性魅力的丧失、作家风格的消逝、心灵感知模式的支离破碎，使作品无处不充满了写实的欲望，速朽的物质快乐。身处商品化时代，我们从不否认文学也具有商品的属性，但是文学作品中的道德、温暖、理想、价值绝不可以等价交换给货币。追求美好和崇高的文学应该永远是自由的心灵艺术。“它让人对现实保持感觉的灵敏和灵魂的不安，它让人遁入时间内部镶满镜子的走廊，透视自己也环顾人生，它让人更加热爱生命。”① 这是于晓威对文学使命的定义，正是这种使命感让于晓威在创作过程中做出了正确而富有价值的文学选择，而他的小说也得到了文学界和读书界的一致好评。2008年10月于晓威的中短篇小说集《L形转弯》获全国少数民族文学创作“骏马奖”，书中的小说是他自1997年以来，从发表在《收获》《上海文学》《钟山》《中国作家》《青年文学》《解放军文艺》《民族文学》等30多种国家和省级文学刊物的100多万字作品中，精选出20万字结集而成。

歌德在回忆自己小说写作时说：“在这个躁动的时代，能够躲进静谧

① 于晓威：《流动或寻找》，《当代小说》2006年第1期。

的激情深处的人确定是幸福的。”[1] 于晓威就是这样一个幸福的人，他的创作不浮躁不张扬，谈到文学时他说：“……如果时间是流动的，那么生命的过程就是不断寻找。文学也是这样。真理是要在无限的丰富性中做归纳的，它恪守稳定、追求单一，而文学，连带时间，连带生命，是要抵抗归纳、质疑稳定、突破单一的。这是文学之为文学的生存证。”[2] 他的这种文学视界使他能够远离当下的写作潮流，始终坚持着自己的创作路线，坚守自己独特的充满道德化诉求的写作态度。

于晓威喜欢以娓娓道来的质朴语气，去呈现鲜活生动的人生百态、人物群的喜怒悲乐，为我们铺展一个生命力充沛的民间社会。他的作品都有很写实的品质，丰富的事实、经验和细节，但同时，他又没有停留在事实和经验的层面上，而是由此去构筑广阔的意蕴空间。他总是在以自己的方式去领略生活的风景，去体验生命的沉重。让我们对人的“此在”进行反思，而恰恰正是这种反思使作品闪烁着熠熠的光辉。

一　对现实世界的诗意理解

于晓威始终认为农村才是他艺术创作的源泉，在他的内心深处有着对于“生于斯，长于斯”的乡土独特的理解。而只有当他以这种资源为模板去模拟现实生活时，他才能以最日常化、最生活化的笔调写出人性、写出人生存的根本处境。乡村世界只是他的叙事视界的始点，他真正关注的始终是作为普遍人性的心理和意识深处的东西，是纠结在灵魂深处的东西。小说集《L形转弯》的叙事在整体上偏重于哲理性思考，“属于这种创作活动的首先是掌握现实及其形象的资禀和敏感，这种资禀和敏感通过常在的注意的听觉和视觉，把现实世界的丰富多彩的图形印入心灵里”[3]。于晓威善于以敏锐的眼光将琐碎而

① ［德］瓦尔特·本雅明：《本雅明文选》，陈永国、马海良译，中国社会科学出版社1999年版，第97页。

② 于晓威：《流动或寻找》，《当代小说》2006年第1期。

③ ［德］黑格尔：《美学》，朱光潜译，人民文学出版社1959年版，第348页。

密实的生活化书写融入他笔下的乡村和都市、现实与历史，在文本中烙上自己体验到和意识到的人性的印迹，将文学观念依附于自然民俗风情之上：婚外恋、选村主任、童年的游戏、农民进城打工、办丧事等这些生活化的内容增加了作品的真实感和亲切感，对一些日常琐事的描述使这种生活型小说具有极强的张力，有利于塑造极鲜明的人物群。人“首先是文化人，它为特定的文化所‘塑造’，其身上印刻着独特的文化性格”①。所以现代东北农村的风景、风俗一再地贯穿在于晓威所有的小说之中，《孩子，快跑》中乡间风情、人情的描写，《丧事》中对农村典型居住格局、民俗的展示，都彰显出作者谙熟乡村的生活脉络和交往氛围。以此来审视人性，透视人生，掌握世界，使文学借助哲学的思考与反省振翅高飞，进而于平凡之中张扬人性。

在他的小说中总是能够清醒地直面现实并透视生命的根本境况，并在这一泥沙俱下的时代潮流中，去寻绎个体生命存在的意义。这也正符合他的文学追求。于晓威有着很强的叙事控制能力，他善于将人物置放于情节之中，去看人性的改变的轨迹。如《在深圳大街上行走》中他以一个作家在深圳体验生活的视角，将一群都市边缘人的城市底层生活揭开，这是一个被人漠视的世界，这个世界潜伏于我们周围，虽与高楼广厦并肩而立，却总像野草一样蔓生于城市中阳光照耀不到的每一个角落。从“我”与林小路的接触开始到我们离开那个繁华的城市，他的笔触并没有仅仅停留在语言文辞的层面，而是不断返回到“我”的个人经验与特殊环境中去，为那业已逝去的人们所经历过的一切留下心灵的化石，揭开那些被遮蔽着的朴实无华的生活事实，让我们记起我们曾经有过的尴尬的生活历程。他的小说将我们带入一个平凡人的世界，没有达官显贵、没有富豪名流，有的只是老百姓的心灵苦闷与生活艰辛。《L形转弯》则是通过文本突显在现代都市中人们的生存状态，以此来反证人们精神上的焦躁、逃避、对抗以及人物玩世不恭地沉醉于琐屑生活环境中的卑微与愉悦。在《L形转弯》中，男主人公杜坚是公安厅直属防暴队的队长，多年来获得过无数的嘉奖。女主人公乔闪是一名保险公司的业务员。两个人由于生活的空虚而走到了一起。可是当由婚外情而导致的多米诺骨牌倒下时，作者没有让我们见到爱情光环下的浪漫与甜蜜，而是以此为着眼点去探讨人在

① 王嘉良：《中国新文学现实主义形态论》，文化艺术出版社2002年版，第255页。

生活中的渴望被压抑以及灵魂深处的焦虑，从而进一步去发掘文本更深一层的蕴意。杜坚作为人世间公正与道义的代表，作者一方面赋予他特殊的身份——防暴队队长，另一方面作者又赋予他一个艺术家般极其敏感而脆弱的心灵。这种本我与自我的极不相融造成了悲剧发生的必然，也给后文故事的发展埋下了伏笔。虽然乔闪唯一倾心所爱的人是她的丈夫，乔闪仅是贪恋着与杜坚在一起的随意与快乐，而杜坚虽是一名警察但他的感性让他贪婪地享受着乔闪带给他的生命被点亮的感觉。两人无节制地陷入了爱欲恣肆的虚无深渊之中。当乔闪选择与杜坚同归于尽时，他在小说的结尾安排了这样一个细节“乔闪走到煤气灶前，扳掉鸣报装置，拧开煤气管道的最大阀门。接下来，她返回床边，躺上去，紧紧地同杜坚搂在一起。在意识丧失之前，乔闪看了门口一眼。卷帘门底下微暗的光线告诉她，真正的黑夜即将来临了”。于晓威为我们展示了爱让我们获得精神和身体慰藉的同时也需要付出代价。他对笔下的人物是充满了同情和理解的。他诗意地处理着小说中的死亡，至于什么是爱情？什么是幸福？他把评判的主臬交给了读者。

于晓威作品中最出色的地方就是他在文本中的道德向度，“道德作为实践的实现价值的行动，是有目的的活动”[①]。“实践不再是像动物那样由生命本能支配的纯粹自然的行为方式，它在这里指的主要是有关人生意义和价值的活动。”[②] 对于人生的价值的意义，于晓威有着自己的看法，他并没有因为创作题材的老套，而让《L形转弯》小说集成为当代都市文学下半身写作潮流中的又一文本，作者始终在关注人物的自我反省与自我评价，在他的作品中人物的性格始终是复杂而更接近生活的。如杜坚这个人物的内心是丰富而立体的，当他因内疚而坚决辞掉公安厅希望他去参加即将到来的全国射击比赛时，他说：“我不知道这个子弹该往哪里打，除非是我的脑壳。”这让我们透彻地感受到他的灵魂深处并不是充满着荒芜与麻木的。这种内心的矛盾使人物具有更为丰富的精神向度和意义空间。又如在《孩子，快跑》中端午涯的父亲也是中国传统美德的化身，牛村主任为了顺利当选下一任村主任，给全村二百多投票人每人发了五十元钱，“端午涯的父亲叹口气，君子而不仁者有。小人而仁者未有啊。涯子，别

---

① 周中之主编：《伦理学》，人民出版社2004年版，第60页。

② 张汝伦：《历史与实践》，人民出版社1995年版，第216页。

攥着那脏玩意儿，把它擦腚了。端午涯的脖颈又爬了无数颗小虫子。父亲提高了声音，把它擦了腚！端午涯只好照父亲的话做。”这些都是于晓威在文本中对理想道德的诉求，也是对于生命心灵向善与向美所作出的肯定。

于晓威以自己独特的艺术情趣对世间的道德与人性进行着诗意的理解。“小说的艺术情趣应该是人对于艺术的某种品质较为稳定的主观趋向性，它建立在对美学思想和艺术修养的基础上。”[1] 在小说集《L型转弯》中，我们总是能够读到当贪婪和欲望与道德相抗衡时所产生的人性的各种断裂：生理与心理的断裂、理智与情感的断裂，正是这种断裂让我们看到人性深处最深邃的真实感。《L形转弯》《走在深圳大街上》《丧事》《游戏的季节》《北宫山纪旧》等小说以对当下的每一个生活细节、每一种精神线条的敏感，让我们被细致有趣、肌理丰满、处理盎然的叙事所吸引，他“在生活的丰富性中，通过表现这种丰富性去证明人生的深刻的困惑”[2]。但作者的叙事视点又让我们不会流连于故事的表面，而忘却了故事背后作者的精神跋涉。他始终以一种“理性”的眼光在人性与文化领域逡巡，试图在人性这座森林中构筑起理解的桥梁，以期打通人与人，人与社会的隔膜，他始终以自己独特的敏锐的感受力冲破旧的范式，这种纯客观的写作使读者在作者的美学视界中，看到了人之本性。《陶琼小姐1944年夏》《一个好人》《抗联壮士考》用新的形式，把人物放回至历史中，在过去与现在的对话中，在这些抗联时期的新历史小说中我们见不到“宁鸣而死，不默而生”（《范文正公集·灵乌赋》）式的英雄，对陶琼、李老枪、楚二双、赵四眼、胡成轩这些普通人的普通生活的描述，也没有揪人的悬念，于晓威仅靠叙事的超强驾驭能力来抓住读者，他将历史的母题加以整合，历史是延伸的文本，文本是一段被压缩的历史，历史和文本构成了对生活世界的一个隐喻。小说即恢复了现代社会人们业已萎缩了的历史意义，又使文本意义在过去与现在的阅读瞬间接通，人透过文本而寻绎到了生命的意义。“历史是英雄的历史，更是凡人的历史，关乎情感的、非理性的生活细节、凡人的精神史共同构成历史的真实样态，这成为

---

① 赵慧平：《探寻者于晓威》，《当代作家评论》2007年第2期。

② ［德］瓦尔特·本雅明：《本雅明文选》，陈永国、马海良译，中国社会科学出版社1999年版，第97页。

于晓威小说的一个主要表达元素。他提升凡人的生活元素，沟通生活与历史的联系，文字背后深层意蕴依然是在‘焦灼’美学笼罩下的对生命的无根感与荒凉感，对个体生存的痛惜感。”①

二 对隐喻世界的哲性沉思

相对于长篇小说而言，短篇小说从文本创作上说是极易完成的，但从其思想的容量上而言，富有深刻思想蕴涵的小说却是极难创作的。但是于晓威的小说把握住了短篇小说的真正的本性：在有限的空间和叙述中进行富于历史深度的沉思。

莫泊桑、契诃夫、欧·亨利都是世界文学史上的短篇小说创作大师，他们的小说都以冷峻的叙述表现出普通人存在的困境、小人物生活的悲哀。强烈的戏剧性效果和社会批判意向是他们小说创作的鲜明意图。于晓威的小说也有这种明显的创作意图：《孩子，快跑》中端午涯因为没有钱买棉衣而不得不跑着去上学，但却因跑的速度打破了省里的纪录而意外地得到了梦寐以求的上重点高中的机会；《北宫山纪》中李能忆和妙悦的一段情缘与尘缘，在穆罕默德演示移山倒海的故事中画上了句号；《丧事》中死去的老妪平静地躺在外间，而里屋的一群吊唁的人却鲜活地上演着生活中的各式闹剧；《关于狗的抒情方式》中以一条黄狗戏剧性的命运显示出办公室中人们虚伪的心理流动；《圆形精灵》中借一个铜钱350年的历史命运影射时代的人事的变迁。他这种独特的戏剧式的叙事结构造成的反讽效果导致这种阅读是一种“极乐”性的，会让读者感到煎熬，无法产生快乐，从纯感受的角度上，它给人一种痛苦的经历，但又使人的精神境界为之拓宽，像春蚕蜕皮一样，使人产生了一种更加理性的阅读视域。

“于晓威的小说里有一种确定了的从卑微的生活中凝练出来的站在

① 晓宇：《凡人的生存寓言与精神史诗——评于晓威中短篇小说集〈L形转弯〉》，《小说评论》2006年第2期。

高处的主题。”[①] 他的小说不在于营构故事的情节冲突，而在于小说本身所拥有的隐喻意趣。秋天与死亡是贯穿于他小说中的意象，《孩子，快跑》中端午涯在奔跑中度过了萌动青春，从上初中的第一个秋天到中考成绩下来的初秋，秋天象征着主人公的成熟，象征着年幼丧母的端午涯经历过生活的贫穷与磨砺，从一个少不更事的少年逐渐成长为自立自强、好学上进的青年。《L形转弯》中失去丈夫的乔闪如同一枚枯黄的树叶，不再是这座喧闹的城市中不受季节变化的生命，在这个秋天，甚至连那曾经带给她快乐的性爱也让她感觉似乎“与死亡存在着某种天然的沟通或神秘的联系”。《隐密的角度》中的“她”死后，“他”用自己那空洞而失神的眼睛，看到“秋天到了，风把金黄的树叶吹掉，零落到那窗台上，仿佛硌痛了什么”。这些贯穿于小说中似乎再合理不过的意象，似乎与主题没有直接的关系，但是却暗中构成了人物命运的一部分，更是构成了于晓威创作的重要语境。在《九月玉米地》的开篇作者这样写道：“端午节刚过，绿黝黝的土豆叶蔓上衬出粉白粉白的花，玉米稞子离结缨还远着，可也长到齐腰身高了，中间的叶窝里卷着一圈一圈无穷尽的待发的希望，叫人看了心里抑制不住的高兴。”然而这小小的满足感在这些认为“是艺就养人”的朴实的农民心中竟如同林间雨后的彩虹，那么真实却又转瞬即逝。秋分的最后一天村姑死去了。“林子蹲在山坡上，静静地看谷里自家的玉米地，阳光下，玉米地的叶子反射出灰亮亮的光芒。”林子感觉时间是被脚踩凝固了，先前，林子一直就这么看着：当他心里高兴时，就觉得眼前的庄稼是自己的孩子，林子怀着宽松的心情抚植它们，盼望它们成长；当他心里苦痛时，他就觉得眼前的庄稼是自己的父亲，什么委屈都是靠它的大手来抚慰，痛感就不知不觉烟消云散。可现在，林子心里苦痛时，他感觉广袤的玉米地原来不再是父亲，是欺骗他的“养父”，“而自己却是别人真正的弃子”。对林子来说，村姑就是眼前这唰啦啦的玉米地了，他不忍心割倒它们！是啊，怎么舍得割倒它们呢？这种心理视角的运用，使复杂的人物心灵世界更加丰满，更加因蕴含哲理而富于启发性。玉米从端午到秋分的生长过程，见证了村姑的生命从存在到消逝。秋天本应是丰收和喜悦的季节，但是村姑的逝去却一点一点地揪扯着读者的心灵。于晓威在

---

① 周景雷：《温暖站在高处——关于于晓威小说》，《当代作家评论》2007年第2期。

创作中总是自觉地沉潜在生活底层，以获取文学创作材料，获得生活与生命的艺术体验。如同鲁迅对叶紫的评价："在辗转的生活中，要他'为艺术而艺术'是办不到的，但我们懂得这样的艺术。"① 他了解农村的生活，了解农民的生活，他知道金钱与生命对朴实的农民而言，前者才是主宰着生活并让他们活下去的希望。如同作品中所描述的：一间玉米仓、一头牛、一挂花轮套车，在村姑眼中是丈夫的居所、是半辈子置下的家业，这一切对于她来说意义远大于活着，所以才会发出"死一个人容易，原来活一个人多难啊！"这样无奈的感慨。对于在现实细碎生活中农民的异常艰难的生存境况的叙写，让我们触摸到了作者心里那巨大的失落和空间：面对沦入不幸境地的弱者，他并没有表示一种犀利决绝的道德上的义愤或蔑视的态度，而是对笔下的一切人物充满着理解的同情和温柔的怜悯。尼采说："艺术家比迄今为止的全部哲学家更正确，因为他们没有离开生命循环前进的总轨道。"② 于晓威以自己独特的艺术敏感展示着生命的声音，从生命与美学的角度来看，他虽以虚构的方式来总结人的存在状态与经验，但是作品中主人公对希望的希冀与永不放弃却无疑体现了作者唯美主义的哲学思索。

他的作品总是以自由平实的叙事来衍生故事结构本身的内在张力，营造人性的想象空间，伸张自己的写作理想，建立自己的叙事美学。"文学的根本使命就是展开生命个体的灵魂冲突。文学是探究个体生命的，而个体生命天生是属灵的。如果不探究个体生命，文学就不能透彻，就有'隔'。在人类意识发展史上，生命个体的成熟是和追问'不朽'联系在一起的，这就产生了对灵魂的思索。……有了永生的追问与渴望，才有生与死的冲突、灵与肉的冲突、本我与超我的冲突、此岸与彼岸的冲突，也才有对灵魂的叩问、对天堂与地狱的叩问、对神秘世界与超验世界的叩问，以及对命运与存在意义的叩问。"③ 于晓威在他的小说中一直存在着一个隐喻的世界。在这个世界中进行着自己的思索，为我们在上述这些创

---

① 鲁迅：《叶紫作〈丰收〉序》，见《鲁迅全集》第6卷，人民文学出版社1981年版，第220页。

② ［德］尼采：《悲剧的诞生》，周国平译，见《尼采美学文集》，生活·读书·新知三联书店1986年版，第387页。

③ 刘再复、林岗：《中国文学的根本性缺陷与文学的灵魂维度》，《学术月刊》2004年第8期。

作维度进行着探索。“水中的月亮能够证实天上有月亮，虚幻能证明现实。现实是真实存在的，可以证明，虚空也真实存在。”“大海显渊旷，时至还枯竭；日月虽明朗，不久则西没。”“树与土地的关系，缘起则树生，缘灭则树死。”“生如寄，死如驻。”（《北宫山记旧》）“时间！横亘了一切！”（《圆形精灵》），这些对超验世界的追问使他的小说从更深一个层面上关注着个体生命的本质，关注着人的生存本相，充满着死亡与神秘的体验。在他后期的小说《厚墙》中，这种风格日趋成熟，也是一个秋天，一个为了贴补家用而进城打工的少年，因砸墙工钱的纠葛而向他的雇主举起了铁锤。（这个曾经带给他许多羞辱的雇主也是这个城市中唯一帮助过他的人，当少年认出他来时已经太晚了。）文本以对人性深处温暖与冷漠的洞察构成了小说话语的基本层面，透过少年的视界，我们窥见了城市的冷漠无情，人们不禁追问：这样善良的一个少年，何以会无视自己与他人的生命呢？人性的复杂，让我们永远不会停止追问生命的意义。他从一个独特的角度为我们阐释和呈现了作品所蕴含的丰富的艺术价值和思想价值。

作者写作的“坡度”都是倾向于某种哲学化的对人生极致的一种追问。他的小说很难定位在某一类题材上，他智性地驾驭着各类题材。“一个作家究竟是在表现过去，还是在描绘现在，或是勇敢地跃入未来，那都是无关紧要的，重要的是他作品中所蕴含的精神，以及他作品传递给人类的信息。”① 无论是在处理乡村、都市题材，或是新历史题材上，他总试图在生存困境的意义上探讨人与人、人与社会的关系，探讨生死无常、逝者如斯，使文本在其意义上从时间、空间拓展出想象的新疆界。作者思考的重心，不仅在于对人性的追问，也在于表现本我与自我，甚至与超我的博弈。他的这种审视，实质上是对人的存在、人的自由的终极思考，显示了作家言说自我生命体验的同时，体现出作家博大而深切的人性关怀。作者反思人的离去如同“春天里一场细细的小雨，夏天里轻轻飘荡的柳絮，秋天里疏疏斜下的落叶，冬天里默默无声的晦雪”（《九月玉米地》）。作者感叹时间缓缓流逝“像风一样。这让我们想起有点仿佛身边的人生，年老的走了，年轻的变老，崭新的出生，然后再变老。这中间有些遗落的东

---

① 转引自秦朝晖《人性底线的寻觅与坚守——读于晓威的小说有感》，《鸭绿江》（上半月版）2005 年第 1 期。

西，你是不知道的”（《游戏的季节》）。这种对个体生命与神秘世界的叩问，如同歌德的小说一样，表面上虽写婚姻和家庭，其实是在写深藏于命运之中的那种神秘感。

作者沉重的慨叹和成熟的忧思，空谷足音般回荡在读者心间。文学应该“写人世，写人世里有天道，有高远的心灵，有渴望实现的希望和梦想，有了这些，人世才堪称是可珍重的人世”①。于晓威做到了，他以一个作家的人文关怀穿透生活经验的表层而深触到了人性的灵魂，在给读者强烈生活实感的认同的同时也加深了作品的思想意蕴。读完于晓威的小说，油然而生出一种无以言说的生命沉重感，这部小说给人的悲凉感不是在阅读之中，而是在掩卷之后，尽管小说并不蕴含着吸引人眼球的当代文学的图腾，它却很真实地浮现着当代农村以及与农村相关联的人与事的身影，深刻地带给我们更丰富、更完整的人生体验和自我的内省，正如美国学者史蒂·格林布拉特曾说：“文学永远是人性重塑的心灵史。”于晓威也为我们重塑了一个反思的、多元的心灵史，为我们寻觅生命的丰富性与复杂性提供了一个新的契机。

① 谢有顺：《中国小说的叙事伦理》，《南方文坛》2005年第4期。

人性思考的焦灼与生命意义的彰显

——以反战电影《雁南飞》和《全金属外壳》为例

在反战电影中，对于人性的展示与思考，体现了电影独特的魅力与价值。人性，作为人类道德存在的基本标志，彰显了生命存在的普遍意义和基本需要。本文以米哈依尔·卡拉托佐夫创作的电影《雁南飞》和斯坦利·库布里克导演的《全金属外壳》为例，从四个角度，对反战电影中塑造的人性进行阐释，把人性作为一种特定的对象，呈现于我们最平凡的情感中。在对反战电影的分析中，文章试图挖掘出沉潜于影片中的人性的生命意义及其价值。

反战电影作为电影的主要类型之一，在重现战争场面、塑造战争英雄和对战争的反思方面都具有重要作用。无论反战电影的视角是在于着意弱化战争，还是为了昭示战争对于人类文明的破坏，我们都可以将反战电影看作是在用战争的名义写诗。这战争可能是正义之战，也可能是“贪婪”之战，在对战争题材电影的反思中，我们总是可以看见，尽管人性之光隐藏在一块黑色的幕布下，但却是一种不被淹没的存在。在战争电影中，对人性的刻画，可以通过故事情节、场面设定、人物演绎等多种途径得到淋漓尽致的表现。通过电影这样一种特殊的表达方法，我们可以窥见隐藏在战争故事中的深层次的内容。对于人性的认识，不再停留在浅层次的概述上，我们可以透过电影的叙述，借助这种有力的表达方式，将对人性的思考落实在具体可感的情感基石上。

一 “理想的烛光”：人性观照下的永恒情感追求

安德烈·塔可夫斯基曾说：“我认为当代最令人悲哀的事情，莫过于人类对于一切美的感受力已被摧毁殆尽。”① 我们生活在一个日益物欲化的社会里，现代大众文化和工业文明不断以“消费者”作为诉求对象，不断满足“消费者”的各种盲目的物质需求，这种欲望驱使我们一步步坠入情感没落的空间里，摧毁我们对于美的认识，对于美的感受。我们的灵魂被悬置于半空中，找不到可以放置的空间，我们对于人类自身问题的思考也早已没有热情，我们逐渐遗忘，很少去触碰这个问题，对于人性的思考也日趋浅陋。

对于美的渴求，对于理想的憧憬，作为我们最朴素的情感的需求是不可或缺的。在反战电影中，我们总是可以在废墟之中找到美和理想的影子。作为苏联第一代著名电影艺术家，50年代诗电影的倡导者，米哈依尔·卡拉托佐夫导演的电影《雁南飞》，此影片虽是战争题材，但是，在具体的叙事方式、摄影理念和场景设置上都体现了不同的艺术理想。面对残酷的战争，我们反观电影本身，并没有太多的血腥的杀戮场面，我们留恋于美的存在、美的享受和美的幻灭的过程中，在这其中，我们不仅找到了对于人性的最本真的追求，更是诧异这种诗意表达的风格。在这部影片中，主要围绕着男主人公鲍里斯和女主人公维罗妮卡的爱情故事而展开的，我们无时无刻不沉浸在他们的爱情氛围中，被这种纯洁的爱情所感动、缠绕。电影的开头是男女主人公的约会场面，这场面显得格外空旷，偌大的空间，两个人物占据着很小的空间，在宽广的背景画面，承载更多的是空间的冷清。在鲍里斯送维罗妮卡回家这一情节中，摄影师乌鲁谢夫斯基采用了运动摄影的手法，鲍里斯在送维罗妮卡回家的镜头中，鲍里斯走上楼梯，依依惜别，不忍和恋人就此分别，一直跟随着维罗妮卡的脚

① ［苏］安德烈·塔可夫斯基：《雕刻时光》，陈丽贵、李泳泉译，人民文学出版社2003年版，第40页。

步，直至听见邻居家的狗吠声，怕维罗妮卡的家人发现，这才挪动脚步下楼，可是刚下几个阶梯，又折回来，重复再次约会的时间和地点，这种渴望再次相见的急切心情，在鲍里斯的上下楼梯的动作中得到淋漓尽致的展现，而恋人之间的这种幸福亦是溢于言表的。在镜头的置换过程中，我们的感情也有了皈依，借助镜头的变换，我们可以更贴切地理解这样一种对于爱情的渴望。对甜蜜的爱情理想的刻画愈是深刻，当战争让这一切化为乌有时就愈见痛苦。当战争来临，鲍里斯要奔赴前线，保家卫国时，可怜的维罗妮卡可以做的只是那散落一地的饼干，就像是爱情中枪后分裂的残片。影片在其后的叙述中，交代了可怜的维罗妮卡"移情别恋"，鲍里斯命丧战场，战争改写了生活，让人措手不及。在最后的镜头里，在迎接归来的战士的时候，只有维罗妮卡手拿鲜花，穿梭在急切的人群中，在得知爱人无法归来时，可怜的维罗妮卡选择了将鲜花献给其他人，通过这一举动将自己的期待分解殆尽。

《雁南飞》是一部很纯净的作品，之所以这样说，是因为在这部影片中，几乎没有意识形态的表述，一切都显得那样的流畅，那样的朴素，导演似乎在刻意回避战争这一事实，着意弱化战争因素，只是将战争作为影片的一个要素，推动了情节的发展、人物命运的改变。这与库布里克导演的《全金属外壳》的表达方式有所不同。《全金属外壳》是一部描述美国海军陆战队与越战的战争片，改编自古斯塔夫·哈斯福特的小说《短期服役》。这部反战影片，通过扭曲人性的新兵训练的过程刻画了非理性的杀人狂热是如何摧残人的心灵、扭曲人性，在他们的世界里，军队需要纪律，而保证纪律的唯一方法是时不时地杀人，在军队中，在残酷的战争中，根本毫无人性可言。所有的士兵就是一颗颗全金属外壳的子弹，他们被训练出来的目的就是杀人，冷酷无情。这是一种非人道的训练方式，人的存在对他人来说是地狱性的存在，萨特曾说："如果与他人的关系被扭曲了，被败坏了，那么他人只能够是地狱。"① 人和人之间的这种非正常的关系也正昭示了人性的没落。

《全金属外壳》是一部纪实风格鲜明的影片，在这部影片中，库布里克在影片中主要描述的是美国对越南战争的故事，通过对越战的反思，将

① ［法］萨特：《他人就是地狱：萨特自由选择论集》，周煦良等译，陕西师范大学出版社2003年版，第9页。

战争这一主题推至表达的中心。影片的前半部分，主要介绍的是军官以各种方式来训练这些新兵，他们原本是一群善良、本分的青年，在战争魔鬼的驱使下，被抛至军队，接受毫无人性可言的训练，从而成为可怕的杀人机器。在真正的杀戮开始之前，先杀死人性。这是对军人的要求，也是对战争的无奈屈服。人在这种情境中显得那样的脆弱，就如帕斯卡说："人只不过是一根苇草，是自然界最脆弱的东西；但他是一根能思想的苇草，用不着整个宇宙都拿起武器来才能毁灭它；一口气，一滴水就足以致他死命了。"[①] 然而，对于一个连最基本的思考能力都消失殆尽的人来说，他的脆弱是彻底的，因为他是无法思考的机器。

人性在战争面前是何其的卑微，然而，在反战电影中，正是通过这种卑微的姿态，我们将人性推至一个从未有过的高度。提倡意味着缺失，在缺失中，我们致力于重建。反战电影中对于人性的反思，无论是隐蔽的，还是直指人性自身，都说明了我们对于这种理想，这种人类最基本、最朴素的情感的追求。我们用千差万别的方式来阐释我们对于人性的渴慕，当生活在现实世界的缺憾中，我们反而更加有力量来弥补这种缺憾。真实的战争，以"虚幻"的技术性手段来塑造，在反战电影中，对于人性毁灭的警惕，对于人性回归的呼唤，都证明了人有了反观战争、反观自身的主动性，而不只是停留在对故事的渲染层次上。对于人性的重新审视和定位，恰恰反映了我们对于这种人类最基本的道德情感的永恒追求。

二 "苦闷的呐喊"：战争迷雾笼罩下的情感宣泄

"呼号"，是痛苦的号喊，是情感的压抑。但这种痛苦，这种压抑却不是胆怯和卑微的表现，这恰恰是出于人最本真的自然情感和人的本性。扯开人性的包裹，我们看到了血淋淋的事实，那是让刽子手都不禁颤抖的恐怖事实，原来我们一直生活在被一层迷雾笼罩的世界中，这层迷雾中有厮杀、有血战、有惊心动魄的战争，在这个冰冷的世界里，爱情、亲情、

① ［英］毛姆：《随性而至》，宋佥译，上海译文出版社 2011 年版，第 137 页。

友谊所有这些最平凡的感情都被遮盖，我们无处可逃。爱和同情的道德能力的缺失，让我们处在一个更卑微的世界里，我们压抑着，愤懑着，不断寻找一个感情的缺口，可以让我们郁积的情感得到宣泄。

罗兰·巴特说："每当恋人看到、感到或知道情偶因这个或那个外在于恋爱关系的原因而感到不幸或受到威胁时，一种强烈的同情感便会油然而生。"① 罗兰·巴特虽然旨在解释恋人之间的各种情境，在痛苦中结合，因为痛苦而结合。对于爱人受苦受难的可怕事实，我们从内心深处感到痛不欲生，而现实能够给予你的是冷若冰霜，漠然置之。在电影《雁南飞》中，可怜的维罗妮卡在等待中消亡，在消亡中又继续等待希望。鲍里斯的牺牲画面在影片中是一个很重要的内容，鲍里斯为了救战友而不幸中弹，影片此时出现的是一片旋转的白桦林，以此为背景，鲍里斯出现了美妙的幻觉，他最心爱的维罗妮卡，穿上了美丽的婚纱，他们两个在旋转的楼梯上憧憬着美好的未来，紧接着，维罗妮卡的影像渐渐淡去，鲍里斯又回到了冷冰冰的现实中，又回到了天旋地转的白桦林，鲍里斯倒了下去，迎接死亡的到来。恋人的死亡，此时对于维罗妮卡来说只是不知情的存在，对于鲍里斯来说，这临死前的幻觉，充分显示了鲍里斯对于自己美好爱情的向往和憧憬。然而，是战争将这对恋人推至风口浪尖，爱情鸟之翼早已受伤，再也无法展翅飞翔。爱情的期望是无法满足的愿望，恋人之间炽热的感情早被现实冰封。感情找不到发泄的途径，我们找不到超越人性的钥匙，得不到幸福是可悲的，但是这种幸福不可得的原因更是深层次的悲哀。

爱情在战争的面前是如此的无力，而这种无力感并不只存在于爱情中，在任何人的内心深处，对于战争毁灭人性的事实都是无可否认的。在《全金属外壳》这部影片中，对于人性在普通人身上的毁灭展示的更是淋漓尽致。影片开始，17 名新兵被剃头的场景是一个简单而又富有深意的片段。这些青年人，响应国家的号召，准备投身战场，为国效力。剃头似乎是一种仪式，这仪式象征着从此自己不再是一个单纯、纯粹的人了，他的身上被赋予了更多的意识形态，更多的社会政治内容，伴随着头发的落地，似乎他们身上仅存的一些人性也消失殆尽，剩下的只是裸露的欲望，

① ［法］罗兰·巴特：《恋人絮语——一个解构主义的文本》，汪耀进、武佩荣译，上海人民出版社 2004 年版，第 61 页。

他们在残酷的战争的侵蚀下，剩下的只有盲目的杀戮渴望。影片虽重在纪实，可是从影片的很多镜头我们都可以看出，那些被我们观看的各种各样的战争场景，千姿百态的人物塑造，我们从中看到的更多的是生与死的对望，电影观众作为“看客”，在看与被看的视觉置换上，我们可以体验到银幕世界里的人的生活处境和心理体验，在反观自身的过程中，我们将影像世界和现实生活连接起来，在影片中找到了对于现实价值的追求的需要。我们不是孤立存在的个体，我们生活在非真空的世界里，这世界的千差万别、多姿多彩在无形中浸透到我们的骨子里，成为一种刻骨铭心的存在。我们看电影的同时，也将自身放置在一个被审视的位置上，通过自我反省、自我悔悟，我们有机会找到解决问题的方法。无论在影片中出现的是残酷的杀人场面，还是富有悔改意味的情节，我们都可以从中看到，导演通过这样一种特殊的表达方式，将顽固不化的罪恶感撕裂开来，展示在我们面前，没有伪装，没有面具，一切都是如此的赤裸裸，没有被粉饰的角落。

越南战争是人类历史上无数战争的缩影，在《全金属外壳》这部影片中，我们可以看到的是，血腥的杀戮和文明社会的冲突从未停歇过，现实和历史总是存在着始料未及的矛盾。战争的爆发，使所有人都陷入了困境，无一幸免，这场看似有国别、区域化的战争，其实是整个世界的战争。没有任何人能够提供一个避难所或诸如此类的一切手段来将战争固定到一定的范围内，即使远在万里之外，我们也不是一个旁观者，战争对于人类的毁灭，已不仅仅只是物质生产上的，更深层次的是对于人类心理深处的信仰和情感的毁灭。

战争中，狂轰滥炸似乎不再只是战争的一种外在表现，它逐步走向内在所特有的意义。这种战争的外在表现形式就像是对情感的一种歇斯底里的宣泄，这是一种病症的存在，类似疯癫。“疯癫是最纯粹、最完整的错觉（张冠李戴、指鹿为马）形式”[①]，“疯癫不是暴露了某种物理机制，而是揭示了某种以兽性的可怕形态肆意横行的自由”[②]，我们人类已经濒临疯癫的边缘，或者毋宁说，我们已经在不知不觉中渐渐滑入疯癫的深

① ［法］米歇尔·福柯：《疯癫与文明》，刘北成、杨远婴译，生活·读书·新知三联书店2012年版，第34页。

② 同上书，第81页。

渊。疯癫就像是一种最正常的人性的表现方式，是社会画面、社会生活中的一个身影，司空见惯，无处不在。我们自诩的万物的灵长的头衔是徒有虚名的，我们已经在欲望的泥潭里越陷越深，甚至，连挣扎的勇气都荡然无存了。我们是一群高傲的疯子，在满足自己无止境的贪婪的同时，也在一步步地肢解我们的灵魂，我们生存在这个泥沼遍布的世界，从未生活过。这些没有固定形式的疯癫状态正是我们最真实的身影，而当我们要去在一堆骷髅里发现人类文明的笑容时，我们必须揭开某种东西，晦暗的、无序的、混沌的，这样一种流动的状态，正是我们精神世界的发端和归宿，当我们认识到人类竟然疯癫到这种地步时，我们要做的就是返璞归真，寻求我们人类道德情感中最基本的存在。人不是自己的目的，而是存在于一种形式中，形式的分崩离析让存在无所依附，我们通过对反战电影中的人性的认识，为我们的情感宣泄找到一个突破口，找到一个合理的归宿。

三　“残酷的真实”：爱情的毁灭与人性的救赎

斯皮尔伯格认为，在很多种电影类型中，最伟大的战争电影就是反战电影，在反战电影中，我们将人性分解，在这种企图治愈人性之病的手术台上，肢解我们对于最美好情感的期盼，让我们得以看见人性的真正面目。海明威认为世界上有三件事情是值得一写的，这就是爱情、凶杀和战争。在反战电影中，这三件事情可以被同时归纳起来，运用到电影创作过程中，以战争的主线，在对战争的刻画中掺入爱情和凶杀。

在《雁南飞》这部影片中，首先引起我们注意的是男主人公鲍里斯和女主人公维罗妮卡之间的爱情故事。影片中有这样一个镜头，男主人公要奔赴前线，保家卫国，但是，临别前，无法与心爱的维罗妮卡见面，鲍里斯让自己的奶奶为自己传达依依惜别的不舍之情，他给维罗妮卡准备了一个小松鼠的玩具，因为他给自己的恋人起了个可爱的名字——小松鼠，他把自己对恋人的感情倾诉在一封信中，并把这封信藏到了小松鼠的篮子里。影片在设计这个镜头的时候是很巧妙的，此情节的设置，好像是影片预埋的伏线，既是鲍里斯对恋人的爱的见证，也揭示了影片末尾，维罗妮卡最终发现了这封信，再次感受到鲍里斯对自己浓浓的爱。再如送别那场戏，维罗妮卡知道鲍里斯要奔赴前线，急忙赶来送行，可是，当她到鲍里斯家的时候，鲍里斯的奶奶告诉她，恋人已出发去了车站。维罗妮卡慌忙出去追，这时摄影师采用的是运动摄影的方法，摄影师拿着摄影机，紧跟在维罗妮卡的身后，更真实地反映出维罗妮卡急切的心情，真实地刻画了女主人公的心理情绪。在无尽的人群中，维罗妮卡喊着鲍里斯的名字，穿梭在人群中寻找爱人，在画面的其他空间我们看到的是无数的人在送别，这为他们的故事提供了一个比较广阔的空间。尤其是，当维罗妮卡看到鲍里斯的背影，但却无法赶上前去让鲍里斯停下来诉说衷情，无奈之下，维罗妮卡将手中的一包饼干扔向了鲍里斯，这时，镜头转向地上，饼干被前进的部队踩在脚下，这些被踩碎的饼干犹如维罗妮卡的心情，自己的爱人，就连最后一方面也没有见到，失望至极。

在这一系列镜头中，大部分都是近景，给观众们营造了一种身临其境的感觉，在人群中左右摇摆不定的镜头，既是女主人公的主观的视角，也表现了此时此刻维罗妮卡的焦急心情。这种摄影风格在20世纪五六十年代的苏联是非常流行的，被称为“情绪摄影”，提倡者认为，所谓“情绪摄影”就是电影摄影不应该只是对客观现实的记录，而是要带有强烈的情绪来反映角色的生活和事件的发展，也就是说要“干预”影片中的生活，这样才能更好地感染观众、打动观众。运动镜头的应用使得我们可以很贴切地理解角色的心理情绪，有利于增强影片的感染力。正如安德烈·塔可夫斯基说：“如果一个作者被他所选择的风景所感动，如果这个风景唤起他的记忆、激起他的联想，纵然是主观的，那么这种兴奋将会使观众受到感染。”[①] 我们就是被导演所设定的这种情景所感动，深刻体会到影片在塑造人物形象时的魅力。

爱情的毁灭似乎在反战电影中是一种宿命，我们习惯于相信，战争要摧毁的是我们最坚贞的爱情，似乎只有这种安排在反战电影中才是最具代表性的。事实也正是如此，如果我们对于爱情的最忠贞的愿望都被毁灭，那么战争的罪恶无疑是对人性的严重摧残。在充满矛盾的人性的驱使之

---

① ［苏］安德烈·塔可夫斯基：《雕刻时光》，陈丽贵、李泳泉译，人民文学出版社2003年版，第25页。

下，我们一方面被毁灭，一方面又处在无休止的修复之中。在《全金属外壳》中，小丑的举动是处在修复中的人格救赎。小丑在影片中是具有双重人格的，他一方面是善的化身，另一方面却被毫无人性的战争侵蚀着。影片最后，小丑终于射出了在战场上的第一枪，解救了这位女狙击手，很多人都认为这是小丑人性回归的一种表现，或者毋宁说，人性始终存在于小丑的身上，从未消失过，只是，这位越南女狙击手的痛苦唤醒了小丑被压抑已久的善的一面。渴望修复人性，是影片暗含的一种希望，也是我们观影人在心理上填补落差的希望。也许我们更愿意按照自己的解释去诠释人性、生命和道德。库布里克认为世界上最大的善和最大的恶都来自人，这是毋庸置疑的，欲望的驱使可以让天使变成魔鬼，在反战电影中，出现最多的莫过于解救和帮助，我们寄希望于此，企图找到解脱。

刘小枫在《拯救与逍遥》一文中谈道：“当人感到处身于其中的世界与自己离异时，有两条道路可能让人在肯定价值真实的前提下重新聚合分离了的世界。一条是审美之路，它将有限的生命领入一个在沉醉中歌唱的世界，仿佛有限的生存虽然悲戚、却是迷人且令人沉溺的。另一条路是救赎之路，这条道路的终极是：人、世界和历史的欠然在一个超世上帝的怀抱中得到爱的救护。”① 我们在面对反战电影时，在审视电影内涵的同时，我认为更多的是对于人的出路的思考的问题，因为我们只有在审视美或者丑的时候，我们才明白在最基本的生存问题上存在的缺陷。而只有认识到了这种缺陷，我们才会主动地去寻求救赎之路。

四 “绝望的黎明”：漫长等待中人性的曲折回归

人性的回归就像是一个永无止境的流动，面对人性的缺失，重拾人性的力量是需要智慧的。毛姆说：“智慧是值得称颂的品质，可是有大智慧的人应该永保智慧不失。它是一件利器，能成善举，可一旦把握不当，也会成恶事。所谓恰如其分地运用智慧乃为谈话增添趣味，将值得称颂之事

① 刘小枫：《拯救与逍遥》，上海三联书店 2001 年版，第 33 页。

完美展现，还有就是揭露人性之阴暗、愚蠢及荒诞不经。”① 这种智慧，可以让我们得到生活之外的惊喜，这种特权，可以释放生之痛苦，在绝望中找到黎明。人性的丧失及回归是一个复杂的过程，需要等待，更需要的是理智的态度。人性应该像电影中的音乐一样，可以让人听到，而不需要刻意去听。人性应该是自然而然的存在，不因外在或内在的变形而分崩离析。

剔除反战电影中的残忍、厮杀、血腥之余，我们可以看到，战争电影越来越体现为一种情感浸染。在《雁南飞》这部影片中，维罗妮卡自杀的场面也很精彩。维罗妮卡认为自己的愚蠢背叛了她和鲍里斯的忠贞的爱情，无奈之际，维罗妮卡选择自杀，在这个风雪交加的天气，维罗妮卡奔跑在自杀的途中，此时，镜头跟随着女主人公而运动，时空在不断地变换，景象在不断地变换，好似女主人公此时复杂的心情，这种快速的节奏给予观众的除了视角上的冲击更有心理上的冲击。维罗妮卡在自杀的途中，遇到了一个等待亲人的小男孩，善良的她上前询问，得知这是一个在战争中幸存的孤儿，更巧合的是，这个小男孩名叫鲍里斯。在这部影片中，这一情节的设计好像是刻意的，对爱情忠贞不渝的鲍里斯虽然已为国捐躯，但是这个小男孩的出现就像是有意的情感补偿。对维罗妮卡来说，这种情感补偿是必要的，甚至是不可或缺的。失去恋人的维罗妮卡在小鲍里斯的身上寻求到了一种情感的安慰。人性的因素在《雁南飞》这部影片中，并没有大肆渲染，但是我们却可以通过这种自然流畅的方式，得到更深的精神上的领悟。维罗妮卡在自杀的冲动下，遇见了小鲍里斯，这个人物的出现使得维罗妮卡重新认识到生命的重要，找到了活下去的理由和勇气。感情深处似乎有一股暖流涌过，这是生活在提醒她幸福也可以是这样一种方式。不动声色的记叙手法使得《雁南飞》具有了典型的诗电影的风格特征。与《雁南飞》风格迥异的影片《全金属外壳》在对于人性的回归的诠释上，也有其独特之处。

在影片《全金属外壳》中，很多人将小丑的那第一枪视作其人性回归的标志，其实，在影片上半段结束时，新兵在接受了教官魔鬼式的训练之后，傻瓜比尔在最后无法承受心理上的重压，别无选择地走向自杀，但是在他自杀之前，比尔用他一直视作女友的战枪射死了教官。在这之后，

---

① ［英］毛姆：《观点》，夏菁译，上海译文出版社2011年版，第87页。

比尔朝着全身发抖的小丑看了一眼，随机掉转枪头，将枪口伸进自己的嘴里，随着一声枪响，背后的白色墙壁被鲜血染红一片。比尔之死，颇有深意。比尔刚刚进入军队接受训练时，是一个很单纯的小伙子，在接受了非人性的训练以后，内心挣扎、扭曲、痛苦不堪。比尔之所以选择死亡，是因为在他的世界里，只有通过这种方式他才能重新找到自己。比尔之死和小丑的第一枪相比较，比尔的选择是一种反观自身的结果，因为他深切地认识到，自己无法在现实世界中找到任何还可以将生命继续下去的理由。选择死亡，其实是另一种人性回归的方式，而且，这种方式是彻彻底底、干净利落的，这种选择斩断了一切与现实世界的关系，正是这种选择，让我们在影片的中间部分，感受到了震撼人心的画面，激起我们对电影中深层次内容的思考。

"电影是人造的梦。"[①] 在这个梦中，战争电影是在让梦不断解析，不断毁灭。战争的本源是人与人之间的矛盾，矛盾扩大和欲望膨胀，便会有战争。战争的存在就是毁灭。毁灭我们创造的现实客观世界的同时，更深层次的是对于人类生命和心理的毁灭。战争是残酷的，它将世界都隐藏在冰冷的地窖里，没有阳光，感受不到温暖。战争的破坏性足以扼杀一切美好的东西，足以使人性扭曲和异化。如果说电影中蕴含着奇迹和灵魂，那也是被掩埋在表象之下的。通过银幕的叙述，我们看到了电影世界中暴露出的人类的贪婪、裸露的欲望以及丑陋的姿态，在战后重建的过程中，我们呼唤和平和温暖的世界，这是我们最真切的渴望。

战争影片在被消费的同时也应该承担某种责任，这种责任可能是对人的情感世界的冲击，也可能是借助这种独特的表达方式来唤醒沉睡的人性。但是，当我们以一个端正的、理智的姿态来看待战争，看待反战电影中的战争，就可以发现这一切都是人心在作怪，战争的荒谬感、人的滑稽感，在这样一个开放性的空间中得到诠释。对于人性的思考应该是永无止境的，无论哪个时代，哪种社会制度，都不能抛弃对于人性的关注和思考，而存在于电影世界中的以多维度展示的人性，也依靠其独特的丰富的表达内容和方式而渴望被解释。

---

① ［法］埃德加·莫兰：《电影或想象的人》，马胜利译，广西师范大学出版社 2012 年版，第 15 页。

小说的难度

——以冯玉雷的敦煌书写为例

在当代文学创作中，敦煌题材一直备受青睐，有关敦煌的文学书写成为永不消退的文学热点。敦煌是博大的，也是精深的，其间蕴含着丰富的历史文化质素，要对敦煌进行文学的把握是有难度的。敦煌的文学书写要求作家既是文学家，也是敦煌学者，二者缺一不可。只有具有敦煌学者的修养才能真正书写出富有文学价值的敦煌文学作品。冯玉雷就是这样一位作家，他的三部长篇小说《敦煌百年祭》《敦煌·六千大地或者更远》和《敦煌遗书》就呈现出这样一种风貌。这三部小说以其创新性的后现代笔法、诡谲浪漫的想象、摇曳多姿的情感挥洒，向我们展示了一个古老而又充满灵性至真至善的西部广阔画卷。如此丰富的内容展示，也增加了其小说解读的难度。小说自发表以来，产生了较大的影响，针对其内容与创作手法进行评论的文章和研究著作很多，但将其置于整个当代敦煌文学之中予以观照的研究相对较少，因此本文试图以“小说的难度”作为切入点，从叙事的难度、理解的难度和小说的高度三个方面深入分析和探讨文本中蕴含的价值。

一　叙事的难度

冯玉雷先生的长篇小说《敦煌遗书》[①] 内容上是以斯坦因的四次中亚文化探险为故事线索，在亦真亦幻、亦虚亦实的叙述中，再现了小说发生

① 冯玉雷：《敦煌遗书》，作家出版社 2009 年版，第 1 页。

时代的广袤西部大地上的历史、人物、艺术、宗教，乃至天地和大漠等的生命化和性灵化。小说还涉及中西方在这些方面的冲突，同时也牵扯到一千多年前文明的碎片史、追寻文化认同之根的民族史。由此，《敦煌遗书》可谓是一部讲述敦煌题材的百科全书。正如赵毅衡先生在《敦煌遗书·序》中所言："没人如此写过敦煌，恐怕，今后也不会有人敢如此写敦煌。"[①] 在叙事手法上，他几乎完全打破了传统小说模式。在叙事内容、叙事话语和叙事动作方面具有明显的后现代性。全书自由驰骋、天马行空、纵横捭阖，表现出一个成熟作家的奔放和洒脱。

后现代性的重要特征就是具有怀疑精神和反文化姿态，以及对传统的决绝态度和价值消解的策略，削平深度模式走向平面，继而历史意识消失产生断裂感，同时主体性的消失也意味着"零散化"，一切都充满着解构与重构、"不确定性""非原则性"等。[②] 冯玉雷的敦煌书写明显地体现了这一点。他不是运用传统理性深度模式的写法，而是运用最原始的感性写法，用最原始的感受性书写来展现敦煌，这也是他叙事中的难度所在。

（一）情节的"碎片化"、意识流和非逻辑性。 情节是按照因果逻辑或矛盾冲突组织起来的一系列事件。但是读完冯玉雷的小说我们会有一种感受，那就是整部小说的事件异常丰富多彩，然而通过解构之后这些事件抑或是环境和心理的描写等几乎都是零散的堆砌与淡化，随着意识的流转而流转，叙述有意模糊人物与情节，"不像小说"，缺乏传统小说情节的连贯性、悬念的紧张性和主要人物的一以贯之，它有意地切断故事的趣味线索，让人颇为不适。譬如《敦煌遗书》中有一节由寒浞写到旗子和官员，又由官员写到蒋孝琬的替考、写到铜钟与失踪、写到竞聘与蒙面人；又如第312—313页上一段是实写他回忆文书箱是否被人启动过和文书运往大英博物馆的推测，而下一段则变成了另一种叙述格调和叙述方式，写现实中采诗、善爱戴着他亲手制作的面纱跳舞，而他虚幻地想起了娇娇，接着又是现实的敬酒，之后却是斯坦因再一次幻想起和娇娇一起解甲归田的情景，最后则是他完全地沉浸在自己的意识流幻想之中，憧憬着和娇娇与世无争的生活，心灵尽情地飞翔裸奔，这种意识的流动毫无阻隔和打断，甚至会在历史传说和神话传说的意象片段与现实实践之间反复穿梭或

① 赵毅衡：《敦煌遗书·序》，作家出版社2009年版，第2页。

② 朱立元：《当代西方文艺理论》，华东师范大学出版社2005年版，第360页。

在此事件的基础上不断地联想不断地写意，由一个事件跳跃到下一事件像流水一般不断绵延下去。就这样，叙述的线索似连非连，让我们感受到了一个世俗的、热闹的、喧嚣的世界。同样在《敦煌·六千大地或者更远》中有种不知道情节展开的线索是什么的感觉，整篇文章就像一片混沌，每个事件都像是洒落满地的水银珠，彼此之间不能聚拢，但是每个“水银珠”里面所渗透的情感、信仰、灵魂却在光的作用下彼此映衬，相互呼应。正如赵录旺先生所言：“叙事不是在集中的矛盾冲突中以线性的因果逻辑组织起来的文本结构，而是在不同叙事视觉下形成的世界碎片杂糅而成的互文式结构。”[①] 其叙述依据的是性格、情感的逻辑，艺术想象的逻辑，它本身就是独立自足的。当我们把这些“碎片”拼贴之后，就会获得作者情感与读者情感的共鸣。

（二）结构的非整一与复调化。与上面提到的相似，小说大的结构上也同样具有这样的特点，表现出与传统截然相反的一种非中心化、非线性的书写自由的小说文本。从小说连续的每一章题目中我们就可以看出来，每一章的标题是完全不相干的事件的连接，上一章的文本结尾丝毫没有预示下一章内容，而下一章内容的书写也完全与上一章内容不搭，每一章都是一个全新的中心人物与事件，使我们不禁想起我国古代的章回体小说，这其间的对比显而易见。除此之外，时间上和空间上的线索以及现实与传说共时性存在也有着明显的体现。例如既有以斯坦因四次历史考古为线索的所见所闻，又有象征性意象以古代神话夸父逐日到当代夸父裸奔的线索和真假“遗书”的一次又一次的发现与颠覆的线索，以及以娇娇三姐妹、大夏八荒和骆驼客等六千大地上土著居民在文本时间与故事时间上亦真亦幻的传奇性生活的线索。这样的写作特色看似非整一性和非逻辑，但实际却遵循着情感这条主线，各条线索之间相互照应，自由书写，在多元视角下使故事的发生和情节的联想总能产生出人意料的变化，从而使故事产生独特的审美感受和艺术效果，形成一种文本间自由穿梭的游戏。

（三）叙述方式的多元视角。“视角是作品中对故事内容进行观察和讲述的角度。视角的特征通常是由叙述人称决定的。”[②] 作者冯玉雷在他

---

① 赵录旺：《后现代主义小说叙事的新实践——冯玉雷小说书写艺术的一种阐释》，中国社会科学出版社 2011 年版，第 16 页。

② 童庆炳：《文学理论教程》，高等教育出版社 2007 年版，第 256 页。

的敦煌书写中颠覆了传统单一的焦点式透视的视角叙述，而是在文本叙事中重点突出叙事方式的多元视角。“它始终是叙述者与人物的混合或融合”[①]，甚至“多音齐鸣”。在这里每个人、物都是平等的，都可以以自己的视角发表意见。例如《敦煌·六千大地或者更远》中一段大概意思是孩子生下来没奶吃，“小娘子要求丈夫用新米熬汤，催奶。米汤说我无能为力”[②]。米汤也会在自己该发表意见的时候以自己的口吻说话。最明显的是《敦煌遗书》中《十一页桦皮书》的叙述，对同一件事，从十一种视角纷纷诉说。还有就是在《敦煌遗书》中，表面上作者是全知全能、无视角限制的旁观者的第三人称隐身叙述，但当我们仔细读完之后其实不然，叙事者的视角叙述超越了任何限制，成为一种无所不在的叙述。例如在小说中不仅主要人物斯坦因、蒋孝琬、娇娇三姐妹、大夏八荒等骆驼客在叙述，动植物如胡杨树、羊、骆驼等，甚至任何一种物品如文书、玉石、子弹等也在自我叙述。叙述视角又从人物转到各种动植物再转到无生命的物，具有多重身份，可能是他，可能是她，也可能是它，并在三者之间互相转移穿梭。当然，这也取得了一种多个叙述者共存的奇特现象，各种叙述者声音的狂欢，形成了一种多声部重奏复调的效果。然而这多元化的视角变化正体现了叙述者的要求与希望，只有这样才能把自己的感情从不同的方面和角度淋漓尽致地展现给读者，让读者同样感受到叙述者的情感世界，而不是受一种视角的支配，剥夺读者多方面了解的权利。

（四）全知视角的独特运用。在《敦煌遗书》中的某些情节，作品更加注重叙述人物和事件本身，作者只是充当全知的见证者，至于真假的辨别或价值的评判由读者做主，给了读者更大的自由空间。例如戈特究竟是被谁杀害的，抑或是死还是活？作品中作者没有给我们任何明确的答复，只是在第一章从一个新疆士兵的口中得知戈特死于元浩对脚印绿洲的屠杀中，而后英国官方却称戈特是被拉孜所害；在第七章的十一页桦皮书上戈特自己记载是被拉孜所杀；在第十一章娇娇又告诉斯坦因在大屠杀中夸父救了戈特；第三十五章叙述英国驻喀什领事馆里出现一位叫作戈特的流浪汉；到第四十六章艾伦坚定地指出送来五蕴文书箱的那位老骆驼客就是她

① ［苏］巴赫金：《陀思妥耶夫斯基诗学问题》，生活·读书·新知三联书店1988年版，第50页。

② 冯玉雷：《敦煌·六千大地或者更远》，作家出版社2006年版，第39页。

父亲戈特。以上这些作者都没有给予辨别和答复，不对读者加以任何的引导或是暗示，像这样的叙述方法还贯穿在如脚印绿洲的大屠杀因何而起，真正的佉卢文“遗书”到底有没有等情节之中。这些扑朔迷离的问题在小说中作者都没有解答，或许也正因为这种叙述的手法，给读者留下参与的空间太大，导致经常被作者牵引着走的读者会一时间感到不适应与茫然甚至不理解，然而这也恰恰表明了作者的立场，对应小说所要表达的自由“裸奔”的态度，作者的裸奔是为了读者更好的裸奔。

以上的这些分析可以让我们窥探出冯玉雷小说的独特叙事艺术。不论是叙事内容中情节的“碎片化”、意识流和结构的非整一复调化，还是叙事话语中叙述视角的多元化，抑或是叙述动作中叙述者的隐身退却，这些叙事上的难度确实让读者有一些迷惑，但是这并不阻碍我们能够从中看到小说叙事的创新所带来的耳目一新的视觉感受。随着对这种叙事手法的阅读适应，我们将会感觉不到其中的难度，相反是一种情感上的愉悦。

二 理解的难度

冯玉雷的这些小说发表后，读者反映最强烈的就是它的难以理解性。人们认为它的隐含读者是小部分的受众人群，作者光顾着自己书写的裸奔而没有考虑到读者，因此妨碍了阅读，造成小说阅读理解上的难度。造成理解的难度的原因首当其冲的是小说叙事的难以理解，正如上面所述，作者运用了大量的后现代小说的写法，这对于普通读者来说还是陌生的；其次是小说的文化语境造成的难以理解，如小说是以敦煌的万事万物作为背景，但相对于那些对西部对敦煌不甚了解的读者来说，一切都充满着陌生感。当然，还有其他方面的原因，如抒情性写意性造成理解的难度，象征性手法的运用等。这些都是造成我们理解上有难度的原因。

（一）文化语境的障碍使得理解难度增加。什么是文化？文化是包罗万象的，凡是人类创造的一切，不论是精神方面的还是物质方面的都可以称为文化，包括物质、制度和精神。物质生活方面，如饮食、起居种种享用，人类对于自然界求生存的各种物质。[1] 制度文化，是渗透了人的观念的社会的各种制度；精神文化，是最深层的东西，如文化心理、价值观念、思维方式、审美趣味、道德情操、宗教情操、民族性格等。那么读者则应该是通过“品质阅读”去发掘其背后的“价值阅读”，发现作品中的文化内涵。“文化对文学叙事的制约作用体现在叙事发生的文化语境，任何叙事的发生都是在特定的文化语境中进行，因而对人物的塑造、对生活的理解、对意义的阐释等都是以文化为基础的，文化作为价值体系和意义规范成为文化人理解自我和世界的根基，也成为故事内容和人物性格刻画的内在规范。”[2] 冯玉雷《敦煌百年祭》《敦煌·六千大地或者更远》和《敦煌遗书》三部小说中设计了大量的文化意象，如波斯文、汉文、突厥文、于阗文、藏文、回鹘文、粟特文、梵文、佉卢文等语言文字文化，壁画艺术、弹唱艺术、行为艺术等敦煌艺术文化，它还包含了如夸父逐日等神话元素，斯坦因考察过程、第一次世界大战等历史事实，各种钟声、芦笛声、鸣沙山和月牙泉的声音等音乐。此外，小说中提到了敦煌、鸣沙山、喀什、莫高窟等几十处地名，如果对西部地理状况不那么了解，阅读这部小说简直如入迷宫。小说还有一些关于和田玉、佛教经卷、古代文书、刺绣与绢画的描述等，所有这些共同构成了这部复杂奇特的文本。“它为我带来了强烈的视觉冲击和浩阔的阅读感受，包括大量关于敦煌和西域的神话传说，民间故事，历史疑案，科学知识。我相信读到这本书的人，也会和我一样，为它的历史意象的丰富，斑斓，多元，神奇和无极的寥廓感而发出赞叹。”[3] 更何况这些大多数又都是敦煌在19世纪末20世纪初这个地理大发现时期的事与人，就更需要一定的前期了解与铺垫才能轻车熟路地读下去。同样如此包罗万象的文化，蕴含的是西部人，或者说是敦煌人几千年来的文化心理与审美情趣，在这部小说中都一一为我们渗透和呈现。从某种意义上说，这部小说是学者所写，追求学术梦想的小说，属于学院派文化小说。冯玉雷的敦煌系列就是如此，如果不具备一定的知识背景，是难以走进他的小说世界的。

---

① 梁漱溟：《东西文化及其哲学》，北京师范学院出版社1988年版，第7页。

② 赵录旺：《文化叙事的风格化与多样化——〈白鹿原〉与〈敦煌·六千大地或者更远〉的一种比较性研究》，《甘肃高师学报》2009年第6期。

③ 冯玉雷：《敦煌·六千大地或者更远·序》，作家出版社2006年版，第2页。

（二）情感抒发的象征性意象运用也使得理解变得更加困难。这里涉及三个关键词，分别是“情感”“象征”和“意象”。情感的抒情是指表现、传达作者以情感为核心的内在心性。所谓“以情感为核心的内在心性”是指包括情感在内的诸种感性心理因素，这些因素包括情感、个性、本能、欲望、无意识等；所谓“表现”是指自然呈现作者的内在心性；所谓“传达”是指作者不仅要表现自己的内在心性，而且要将其传达给读者，使读者了解分享自己的内在心性。小说之所以在理解上有如此大的难度，与作者带有意象抒情性的叙述是分不开的，情感在某种程度上本身就毫无逻辑可言，是一种意识流般的呈现。《敦煌·六千大地或者更远》中就有大量的“直觉”“禅悟”“玄览”等非理性的写意词语的运用。不仅如此，目录中往往运用如“乌鸦与麦田”等大量名画的名字作为题目，甚至在楼兰与唐古特的肌肤相亲中也不是写实的描述，而是运用“感到烟火的气息”这样带有意向性抒情言语的表达。这种表达方式使得读者在阅读过程中难以直接抓住作者想要传达的内容和感情，从而也就增加了理解的难度。至于表现和传达作者以情感为核心的内在心性的手段与方式也是多种多样的，而作者冯玉雷则采用大量的象征性意象来表现自己在这六千大地上难以用其他方式表现的情感，同时象征性意象本身又具有哲理性，必然会造成理解上的难度。天、地、梵歌、夸父、西王母、楼兰、驼唇纹、玄奘的脚印、和田钟、玉璧、藏经洞等都是象征着作者那一时刻的与敦煌和敦煌人民之间的情感。黑格尔认为：“象征一般是直接呈现于感性观照的一种现成的外在事物，对这种外在事物并不直接就它本身来看，而是一种较广泛普遍的意义来看。”[①] 在冯玉雷的小说中，这种具有“广泛普遍的意义”的事物着实很多。抒情要求以特定的声、色、味去“暗示”“阐发”微妙的内心世界，抒情的策略就是通过象征的意象，使之充满丰富曲折、复杂多变、含混朦胧的“心里画面”，运用新颖别致充满隐喻、悖论的意象，予人以强烈的视觉冲击力和情感冲击力，以致令人过目不忘，读完小说后脑海里充满这种意象。在《敦煌遗书》中，有大量的“裸奔”意象。在那个“裸奔”的现场，“斯坦因”在六千大地上裸奔，“羊皮书”上的文字在裸奔，“钟声”裸奔于各个角落，“野骆驼”在裸奔，“眼泪”在裸奔，“三个少女”在裸奔，“元浩等破坏者”也在裸

① ［德］黑格尔：《美学》（第二卷），朱光潜译，商务印书馆1979年版，第10页。

奔……“裸奔”到底是什么，这些许许多多的意象为何裸奔，这些意象的裸奔又象征着什么？我想这其中隐含着作者难以用其他方式言说的情感，只有通过如此的抒情性表达，如此的意象象征才能把作者别有深意的对于世界的体验表现出来，它拒绝粗浅的望文生义的理解。作者驰骋想象力，以富有丰富情感的诗性语言抚摸大地。因此这种抒情同时又是象征性文学意象，其本身就具有意义的模糊性、难解性，需要接受者去思考、揣摩和读解，需要在特定的社会文化语境和特定的心灵状态下去充分地体验和领悟。

（三）小说人物事件时空穿越的荒诞性也使得对小说理解变得困难。 读完冯玉雷的小说，不知不觉我们会被一些荒诞性的事件或情境扰乱，在许多的传说和现实之中自由穿梭、亦真亦幻。如《敦煌遗书》中“夸父”这个人物意象，作者首先上溯为古代逐日的大英雄，之后夸父转变为身后有斧头胎记并与于阗公主相爱，又跨越历史同高阳公主相爱，他又是在左宗棠军队前裸奔的精神病患者，随后是在荒漠中裸奔的乞丐，是蒋孝琬不愿承认的生父等。这些不同时代的关于夸父的不同形象，被故事文本和现实之中的人们反复提及与复述。还有就是，娇娇、善爱、采诗在敦煌的壁画前居然发现几千年前的壁画像竟与自己一模一样，蒋孝琬在千年前的木简上发现了自己的名字，以及关于他们前世的种种传说，映照了他们的前世今生，还有以不同形式裸奔的人物与动植物等在古代与现代、神话与现实之间的反复往返穿梭。此外，故事时间虽然是发生在19世纪末20世纪初，但是里面穿插了很多现代人的生活片段和价值观念，如在《请办理补票手续》里讽刺性地把裸奔看成一次演出并发出补票通知。故事文本里多次出现“裸奔”“古惑仔”“助听器”“学术造假”“我轻轻动一下翅膀，就带来罪恶的黑风暴”等当下热门词语和话题。这种手法在之前出版的《敦煌·六千大地或者更远》也有所表现。以上这些古今穿梭的荒诞性叙述，作者是不加以提示的，如果读者没有认真体会的话就容易产生费解，出现阅读的混乱，也就难于把握故事所要表现的主题和意境。然而，这些似乎都是作者有意为之的，意在提示我们正是敦煌的这段历史成就了我们现代的敦煌。作者只有通过塑造这种穿越时空的形象才能一代又一代地将传统文化延续与守护下去，从而对我们作出一种生命与精神的召唤。

对于冯玉雷的小说，读者在阅读上遇到的理解的难度，包括文化元素的驳杂带来理解的难度、象征意象抒情性的阐发带来理解的难度，以及人物事件穿越造成理解的难度，在某种意义上的确给读者的阅读带来了诸多不便，然而，这并不等于排斥读者。首先，作家按照自己的意愿进行自由地书写创造，是创作个性使然。作者自己也说过，他“写过诗歌、诗剧、散文、评论、电视剧本和小说，现在，主要进行小说创作。只有在小说中才能自由发挥，也才能最大限度地感受到创作的快乐”①。如果为了迎合大众的口味去进行欲望化的写作那必然会把读者带入感官上的感受，而不是心灵的陶冶与栖居；其次，许多新事物在创造之初有个认可的过程，甚至充满了坎坷，但是跨越之后我们则会从灵魂深处得到凤凰涅槃般的重生，这不仅包括作者，也包括读者。

三 小说的高度

正是由于“叙事的难度”和“理解的难度”才成就了冯玉雷敦煌书写小说的高度。从小说的语言、人物、情节以及思想高度来说，都是冯玉雷小说特有的风格和张力。在科学技术高度发达，人类灵魂严重异化的今天，冯玉雷书写了不同于市场文学和那些媚俗的网络文学的寻找精神家园的敦煌文学，这既是作品艺术价值所在，也是作家创作走向成熟的标志。

（一）语言的高度。海德格尔说：“语言是存在之家”，而语言的发生却来自于“存在的天命”。也就是说，海德格尔所说的语言言说并非人的言说，即那种表达人的主观意图的言说，而是存在的言说，即意义化活动实现自身的方式。人类的世界不再是人栖居的家园，而是“技术的栖居”，人与世界变得越来越功利化、片面化和异化，从而遮蔽了自身。因而存在的自由的真理的言说失去了其本身的诗意性，成为信息化的言说。冯玉雷的敦煌书写让我们看到了人类那种存在的诗意自由的心灵空间，其自由书写的语言有别于传统小说的语言，更是对日常语言和对世界的意义

① 权雅宁：《心灵的阳光——评〈敦煌·六千大地或者更远〉》，中国社会科学出版社2007年版，第139页。

束缚的解放。首先冯玉雷小说的语言也有着"叙事的难度"里碎片化、非整一、杂糅的特色，具有写意性的特征和高度主观化的审美精神，其表现为语言的象征化、性情化、心灵化的美学特征。在《敦煌·六千大地或者更远》的第605页，作者在叙述中很突兀地让骆驼开始讲话，作者自我的声音被显现出来，同时在冯玉雷的小说中什么都可能说话，说话的样式和内容五花八门，只要能把作者的思想和自由书写出来就行，自由挥洒，语言随意而富有深意。语言一旦被书写则如洪流一般势不可当，冯玉雷善于用语言进行铺陈与渲染，语言与情感融为一体，犹如汉赋一般畅快淋漓地尽情言说，让思想和情感随着语言喷薄而出，增强了所写事物和事件的气势和情韵，很好地拓展了文本的审美想象空间。例如《敦煌遗书》第57页作者对钟声展开铺陈渲染，正如赵录旺先生所言："语言自由动荡，叙述虚虚实实、开合跌宕，形成畅快淋漓的叙述节奏；而在语言的渲染中语义自由勾连、想像自由，但又切合其文本叙述的话语语境，富有音乐性与绘画性，既承上文，又为下文做了铺垫，看似随意的语言渲染，却能容纳西部世界丰富的文化元素，深得西部文化世界的精神。"[①] 这些都是与传统小说相异的一种陌生化的叙述，是对习惯性语言的一种悬置和拒绝，让许多无法表达的情感由不可能成为可能，让世界以及人的灵魂在这样一种自由的书写中显现出来。冯玉雷凭着自己的灵性和审美情趣，以独特的言语方式来书写人类"诗意的栖居"。

（二）人物描写的高度。作者在描写人物时不再像传统小说那样塑造典型人物，或者说是典型环境中的典型人物。在他的敦煌文学书写中没有从头到尾所要强化的主人公形象，换句话说，他的小说中每个人都是主人公，每个人都不是所谓的"高大全"形象，而是圆形人物。在小说里，我们看不到具体每个人长得是什么样子，穿的是什么样的衣服，谈到两个人相似时也仅仅是从比较的角度来描写，因此刻画的人物都是神似，而不是形似，是写意的，每个人物都是作为一种文化符号出现的。我们看到这里有真善美的符号，有勇敢坚毅的符号，有执着追求的符号，同样也有利欲熏心的符号，而且这些符号人物事实上"不再突出其民族的，国家的，集团的意志代表，而更多的是以文化的，个体

---

① 赵录旺：《后现代主义小说叙事的新实践——冯玉雷小说书写艺术的一种阐释》，中国社会科学出版社2011年版，第126页。

的，甚至人类精神的某种精神代表出现”①。这些人物所代表的不仅仅是民族国家，而是一种文化意象。每个人物就如同一种色彩，各种色彩彼此重叠交错，共同在敦煌六千里的大地上绘出震撼人心的文化画卷。具体地说，是作者通过亦实亦虚、碎片化的书写，展现了西部敦煌六千里大地上不同背景、不同身份、不同性格的人物。其中有带着西方科技与偏见，又对敦煌文明憧憬与向往的外国考古者斯坦因；有去敦煌寻找亲生父亲夸父、精通多种语言、协助斯坦因考古挖掘的中国传统的知识分子蒋孝琬；有率性天真，爱得不顾一切，富有牺牲精神和奉献精神的娇娇，以及善爱和采诗这真善美化身的三姐妹；有强悍智慧昆仑，恣肆飘逸的八荒，勇敢柔情的大夏等世世代代生活在这六千里大地上的骆驼客……他们真诚、信用、勇敢，千百年来遵循着自己的生活原则，生活在这片神奇的土地上。这些人物的描写极具包容性，作者运用各种手法，从不同侧面展示他们性格的复杂性。如《敦煌遗书》中的斯坦因和《敦煌·六千大地或者更远》中的斯文·赫定，作者并没有把他放在外来的侵略者、文物的掠夺者、西方列强文化侵略者的角度上去展现，而是将敦煌放在大的文化背景中，不再突出其民族、国家、集团意志，相反讲述的是斯坦因四次敦煌之行和斯文·赫定的中亚探险对敦煌古老文化的展示。还有在《敦煌百年祭》《敦煌·六千大地或者更远》和《敦煌遗书》都一直提到的王圆箓这个人物。他在余秋雨的《道士塔》中被描绘成是“敦煌石窟的罪人”，一个被历史置于尴尬处境的小人物，他可能愚昧自私，但在冯玉雷笔下却不是这样，“（的确）王圆箓损坏了一部分敦煌壁画，更使大量珍贵文物被盗卖，但同时，也使那些珍贵的文物在百年间躲过重重灾难，被完整地保存在欧洲的博物馆中，供学者研究，游人观赏，最终使敦煌学成为资料丰满的国际显学”②。可以看出，这样的人物描写在冯玉雷的敦煌小说中比比皆是，体现的是对人物的尊重。总之，作者力求深入到天、地、人万事万物的灵魂深处，还原情感的真实，展现本真状态下的生命个体，以凸显作者的文化理想和精神追求。

---

① 雷达：《敦煌：巨大的文化意象》，《甘肃日报》2006年6月12日（006）。

② 李清霞：《敦煌文化精神与行为艺术——论冯玉雷〈敦煌遗书〉的叙事伦理》，《小说评论》2009年第5期。

（三）思想的高度。冯玉雷的小说作品中一直充斥着“裸奔”这个词汇和意象，其实作者是在这种词汇和意象的重复上表现深刻的哲学思考，为我们传达一种精神的召唤。斯坦因在裸奔、夸父在裸奔、阿古柏和元浩在裸奔、八荒大夏三姐妹及骆驼客在裸奔、金玉神驼在裸奔、芦笛在裸奔，一切的一切都在裸奔，在裸奔的激情中迷失、彷徨、寻找和渴望。而这“裸奔”或者如前所述是随着意识流转的碎片化事件和作者看似杂乱无章的呓语，所要传达的到底是什么？是处在西方文明带来的社会危机和精神危机的当代，作家面对现代文明对人性的异化而表现出的不能拒绝的心灵的净化与崇高、宁静与圣洁，在自由诗意的栖居中体会生命深处至情至诚的善。在《敦煌·六千大地或者更远》中不论是英国籍作家梵歌，还是俄国探险家普尔热，都希望将自己“嫁给了六千大地”。正如李清霞所言：“在个人化写作、欲望化写作日益流行的今天，文学正在走向边缘化、新闻化、世俗化、市场化。现在的文学越来越满足于讲故事，停留在生活的表面，中国当代文学已经进入了机械复制的时代，世纪之交还出现了小说消亡的论断，难道文学真的只能走向‘微缩’、‘深奥’、‘先锋’、‘荒诞’和‘下意识’、‘下半身’吗？我想，真正的文学绝不是个人自恋式的精神抚摸，或卖弄文化、戏说历史，而是像《红楼梦》和《人间喜剧》那样的百科全书式的文学经典。然而知识储备的不足和精神的浮躁却使相当一部分作家有意识地回避重大的历史文化题材，《敦煌·六千大地或者更远》的作者冯玉雷却具有丰富的历史文化知识——动植物、环境学、生态学、考古学、文化学、人类学、宗教，尤其是神话和绘画艺术的深厚功底使小说犹如一座巨大的知识宝库，它需要我们用心去阅读，从中不仅能了解历史，获得人生的启示，还能获取知识，净化心灵。”①李清霞一针见血地指出了新时期文学创作中的主要弊端：大多数作家只是浮躁地反映表象化的生活，却忽略了自身学术修养的充实、提高和对时代需求的敏感把握。冯玉雷的敦煌书写以一种截然相反，甚至令人费解的手法给我们创作了当代人最需要的文学文本，他带给我们的不仅仅是对历史文化等方面的弥补，更是有效地阐释了敦煌的历史文化和人的生存状态所带给我们心灵的栖居——自由、浪漫、真诚。“诗意漫游中开启人所居住

---

① 李清霞：《博大：源于对存在的敬畏——评冯玉雷长篇小说〈敦煌·六千大地或者更远〉》，《西北成人教育学报》2009年第2期。

的精神家园的道路”[①]，这不是所谓的“精神快餐”，这些正是我们现当代文明迷失的理想碎片。《敦煌遗书》的主人公斯坦因在面对死亡的终极思考时最后悲痛而后悔地说：“我忽然迷失了方向，不知道自己多年来究竟追逐什么”，而斯坦因死后所有四次中亚考察的奖章都不翼而飞的事件，引发了现代人对生存意义的思考。冯玉雷敦煌书写的这种独特性在当代作家中是独一无二的，是一种文学创作与敦煌文化共融共生的结晶。

冯玉雷每一本书写敦煌的小说都如砖头般厚重，作者写起来必然是皓首穷经，能够让读者一本又一本地读完也是需要耐力的。他的小说既有叙事方面的难度，又有理解方面的难度，那么是什么吸引我们一直坚持到底读完呢？答案就是冯玉雷小说所具有的不同于传统，也不同于其他作者的高度。这里既有历史、地理、人文、传说等领域的知识，让我们大开眼界；更有那后现代手法天马行空般的自由书写、丰富象征意象的审美、人物的质朴天然、情感的自由流露，让我们在陌生化体验之后达到“极乐”[②] 世界。当然，这里面最重要的莫过于读完小说后久久萦绕在脑际的那种心灵的释放。在这样一个物欲横流的物质时代，我们的灵魂再一次受到了净水般的洗涤，这种持久的心灵的栖居让我们对神圣的敦煌产生了无限的遐想与向往。

总之，笔者以青年作家冯玉雷的敦煌书写为例，对其小说所呈现的难度进行分析，就是想以这样一种方式对中国当代长篇小说的创作观念方面存在的问题作一回应，以试图“‘解脱’种种外在观念的捆缚，突出重围，以恢复一种自在、自觉的文学行为”[③]。雷达先生认为，当代“长篇小说的创作观念出现了诸多症候：一种非写百年长度的‘史诗观念’，破坏了语言艺术的完整性；一种非要追求虚悬思想深度的‘宏大目标’，牺牲了叙事艺术的审美性；一种为通俗而通俗的‘趣味性’写作，使创作沦为商业行为的奴隶”[④]。正是这种创作观念使然，使得中国当代长篇小说的创作难以“突破”，难以产生具有世界意义的作品。

---

① ［德］海德格尔：《荷尔德林诗的阐释》，孙周兴译，商务印书馆 2000 年版，第 46 页。

② ［法］巴尔特：《文本的快乐》，上海译文出版社 1987 年版，第 118 页。

③ 雷达：《亟需“解脱”的中国当代长篇小说》，《西北师大学报》（社会科学版）2013 年第 5 期。

④ 同上。

冯玉雷的这种创作理念和手法，打破了这一“僵局”，为当代敦煌文学以及当代文学提供了一种参照，这也许就是冯玉雷敦煌小说创作的文学意义之所在。

文化理想的寻踪与历史镜像的呈现

——评冯玉雷的敦煌书写系列作品

冯玉雷是一位执着追求敦煌文化和西部精神的寻梦者，在多年的文学创作实践中，他始终将自己的写作视角聚焦在敦煌，用文学的形式以赤子般的情怀虔诚地进行着敦煌文化艺术的追求和精神超越。从最初的《敦煌百年祭》《敦煌：六千大地或者更远》到后来的《敦煌遗书》都是这一段精神巡礼的真实见证，其通过敦煌这一丝绸之路的文明集结点所构筑的文字王国承载着多元的文化意象和厚重的精神含量，字里行间充满了丰富的历史内蕴和生命张力，其作品不论是从表现的文本意义和历史内蕴还是对当下人文精神的拷问都堪称精品。

一　文化理想的寻踪

雷达先生在其文章《敦煌：巨大的文学意象》称："冯玉雷是一个顽强的文学寻根者，一个试图还原丝路文明的梦幻者，一个追寻敦煌文化的沉醉者，一个执拗的非要按照自己的文学理想来建构文字王国的人。"[①] 在冯玉雷的敦煌系列作品中，文本所展开的时空大多是借助一定的历史真实和文化意象来构筑的，其笔下既有对西部大地经历文化创伤的感慨，也有对生长于这片土地上的各类人们独特命运的关注，"具有丰厚历史沉淀的西部文化走向世界、同西方现代文明进行的一次碰撞、对话与交流，由

① 雷达：《敦煌：巨大的文化意象》，《甘肃日报》2006年6月12日（006）。

此，中国传统文化更深地融入世界文化”①。冯玉雷在不同文化价值的交流中，和相异生存状态的对比下对敦煌文化的现实意义进行追问，从精神层面上对现代人的价值理念进行审视，在作者的艺术构思中把小说内涵的着眼点放在了精神世界的沟通和文化理想的探寻上，其笔下呈现的文化意象既是一次敦煌古代社会文化的现代透视，又是一次敦煌民俗志基础上的文学文化学的历史整合。

从文本上看，作者在构筑故事空间和探寻作品文化理想时并没有把笔触简单地停留在历史事件的叙述和众多文化意象的罗列上，而是选取典型的历史事件和独特的文化现象在充满神韵色彩和文化气息的文学艺术空间中开始了一段卓绝的精神寻根之旅。这种写作手法容易塑造出具有敦煌文化特色的典型人物形象，这样的典型人物也往往能够承载起敦煌文化特有的博大和精深，他们的文化寻根伴随着故事情节的发展在富有召唤力的六千大地上成为心灵超越的终点。文本中的人物每一次出场无不是以精神世界的代表和文化理想的守护者的身份来塑造的，在虔诚的信仰追逐中寻求心灵超越者们以跨越时空、贯通古今的执着身影对传统文化进行着传递和保留。

在敦煌系列作品中作者把具有丰富精神内涵的人物着意塑造出来体现敦煌大地的厚重。小说《敦煌：六千大地或者更远》中就着意刻画了一个个活生生、有血有肉的文化理想探寻者和朝拜者形象。生活在六千大地上的骆驼客作为六千大地的生灵就好像是这片大地上的文化血液，穿梭在六千大地的各个角落，既给六千大地带来生机，也把西域独特的信仰和文化传播到四处。“这些天地之间流浪的汉子，以对祖先、对历史、对家园、对信仰的责任和虔诚守护这块大地，在生与死的边缘坦然以对。”②他们不仅是为了个人生计和职业的需要四处奔走，更是为了守护心中的那份执着、纯净和西域文化的传递。他们在小说中以坚韧、虔诚、豪迈的品格体现出心灵的澄明和厚重，他们虽然忍受着旅途的孤独但却执着地守护着自己的信仰。在被异族蹂躏后，他们还能以宽容的胸怀为蛮横的异乡人运送物资，用行动拯救迷失在六千大地上的莽撞生灵，这种“一个六千世界的宗教圣地竟然允许外乡人自由抒情”的博大胸怀和坚守信仰的精

① 赵录旺：《面向家园的守护与召唤——〈敦煌·六千大地或者更远〉审美意境的形而上之思》，《小说评论》2008年第2期。

② 赵录旺：《后现代主义小说叙事的新实践——冯玉雷小说书写艺术的一种阐释》，中国社会科学出版社2011年版，第51页。

神值得称赞，异族的蛮横最终被西部的文化内蕴所感化，他们找回内心的平静就好比："人类是一根系在兽与超人间的软索，一根悬在深谷上的软索。往彼端去是危险的，停在半途是危险的，向后望也是危险的，战栗或不前进，都是危险的。人类之伟大正在于它是一座桥而不是一个目的。人类之可爱处，正在于它是一个过程与一个没落。我爱那些只知道为没落而生活的人。因为他们是跨过桥者。我爱那些大轻蔑者。因为他们是大崇拜者，设想彼岸的渴望之箭。"[①] 在被西部世界的精神内蕴照亮他们的精神世界后，蛮横的掠夺者成为六千大地文化精神的传递者。

小说中夸父的形象十分值得品味，夸父作为精神守护的代表在文本构筑的历史环境中穿梭，他时而成为执着追求爱情的痴情者，时而成为开天辟地、巩固山河的智者，夸父这种意象化的形象所蕴含的意义始终体现着对传统文化的传递和继承，他在文本中营造的精神之旅进行着对生命意义的拷问和召唤。作品中来自异族的斯坦因是执着追求敦煌文化、向往西部大地的欧洲人，在敦煌六千世界的深情召唤下走向了寻求精神世界的圆梦之旅。探寻的道路上他感受到了六千大地巨大文化力量的召唤，体悟到了西部大地的神韵，对敦煌文化的内蕴进行深度体验后，西部世界这片广袤大地便成了他精神旅行的皈依之所，毕生事业奋斗的动力之源。来自西部文化内蕴强大的感召力就连与"下一辈子结下不解之缘"的赫定也把自己"嫁给"了六千世界，他在内心经历了一场旷世爱情后，将这种美好的情愫转化为对博大的敦煌、美丽的楼兰姑娘、神奇的西部土地的精神爱恋，最终在"物我合一"的精神领悟中让敦煌的文化力量走进他的人生体验中，这种感悟是具体的、真切的，也是刻骨铭心的。

六千大地的文化内蕴是圣洁的，更是古老文化气息与现代人生体验的结合，这些寻梦人以执着的信仰和超人的气魄来挖掘和践行西部的文化理想，作者也在多层次的人物刻画、多角度的事件续写中把"敦煌"的深厚内蕴连根拔起，让不同的自然风情和西部的人文意象结合起来，使探寻者的脚步和价值追求能够在神圣的土地上空谷回响，至此，具有丰富意义的西部神韵在冯玉雷用文字构筑的王国里首次以文化理想孕育者的身份在纵横、动静中不断清晰，启人心智，发人深省。

面对雄奇、壮观的西部世界，来自生命的呼唤和文化感召使得作者笔

① ［德］尼采：《查拉斯图拉如是说》，尹溟译，文化艺术出版社 2003 年版，第 7 页。

下的各种意象都十分饱满，这些意象集中起来组成文化的集合体，共同指向了西域圣境的内蕴。游走在西部世界的生灵们，感受到这片土地古老而又深情的精神召唤，在穿越时空的体验中进行着内心的洗礼，虔诚的朝拜者、执着的探寻者、朴实的骆驼客、痴情的骆驼城女人们不论是对信仰的坚守还是对西部文化的感悟，他们都作为六千世界的文化精神而存在，他们不同的感悟方式在有着虔诚信仰的敦煌大地上积累了深厚的内蕴，传递着西部丰厚的精神理想。这些人文精神以其博大的胸怀和虔诚的信念在文化理想与历史镜像里守护着六千大地众生的灵魂，它们在历史的追问中找回了西部世界这一文化家园的精神真谛。

敦煌作为文化意象对人文精神的塑造无疑是巨大的，其深厚内蕴所积蓄的信仰和价值成为六千大地上每一生灵精神回归和价值认同的目标，也使得敦煌这一西域圣境更具有了传奇色彩。在作品构筑的意象世界里，河内、赫定、斯坦因、普尔热、瓦尔特等人都没有因为尘世的喧嚣和繁华停住自己探寻的脚步，这里厚重的人文和历史使得每当探索者心灵迷失时，对于西部“敬畏感的每一步都能向我们显示出新颖的、青春的、闻所未闻的、见所未见的事物”[①]。他们虽然怀揣各种阴谋以文化掠夺者的身份来到了西部圣地，但他们都被六千世界的文化所吸引，向往能够亲身拥抱西部文化，希望在历史的印痕中重新整合这片大地上已经消失了的文明，这些探寻者的足迹使得本已归于平静的文明大地上又萌发出勃勃生机。

作品中人物执着的文化理想探寻旅程使得西部世界的人、西部土地的物都作为六千大地的文化内涵而存在，都以充满灵性的意象而共生，它们在充满激情的精神召唤中演绎着西部世界的文化传奇，在充满文化内涵的大地上丰富着关于敦煌圣地的文化乐章。

二　历史镜像的呈现

从冯玉雷敦煌系列作品所阐述的历史事件和文本展开的语境来看，冯玉雷的敦煌书写也可以被看作是记述敦煌文明的历史性文本。走进他的系

① ［德］舍勒：《舍勒选集》，刘小枫选编，上海三联书店 1999 年版，第 727 页。

列作品仔细品味，其绝不是简单地书写当时的历史事件和还原历史本身，其作品在敦煌文化的寻根之旅的同时还挖掘出了厚重的精神理念和人文信仰，呈现出多彩多样的西部神韵和历史镜像。

在《敦煌百年祭》《敦煌：六千大地或者更远》和《敦煌遗书》中都有很多虚构的笔法存在。虚构作为作品创作的主要方式，也是塑造人物形象和营造环境的重要方法，在虚构的文本中作者可以尽情地张开想象的翅膀，运用各种艺术技巧来构建自己的作品，小说中的人物、环境和情节也可以在虚构的时空里得以全面展开，但是仔细品味冯玉雷的作品，其虚构的成分巧妙地与具体的历史事件结合起来，二者相互穿插，虚构的文本中有真实事件的陈述、具体事件的陈述也有文本虚构带来的细节润饰。这样的艺术手法不但没有丝毫的失真，反而让整个文本的历史阐述显得更加饱满、细腻，这一手法的运用使得敦煌系列作品焕发出深厚的历史积淀和强大的生命气息，小说从真实的历史事件入手，在虚构中展开历史事件与人文精神的交流，在有着现实意义的笔墨里流淌着关于人类精神困境的忧思。

难能可贵的是冯玉雷的敦煌书写在文化寻根和精神召唤的基础上，进行着文明碎片的拾遗和历史镜像的反观，“如何组合一个历史境遇取决于历史学家如何把具体的情节结构和他所希望赋予某种意义的历史事件相结合。这个做法从根本上说是文学操作，也就是说，是小说创作的运作”[①]。小说在不同人群的寻根之旅中挖掘着消失的历史和文明，他们在追逐自己梦想和文明印迹的拾遗的双重任务中进行着由“蛮横”到“感悟”的内心变化，在西部意象的体悟中实现着历史的“镜像”反观，冯玉雷的文本结构正是在历史拾遗的基础上对深厚的文化内涵进行解读。当然任何历史都离不开人的参与，作者在历史性的叙述和传神的人物塑造上表达的是鲜明的时代意识和丰富的精神内涵，作品表面上是续写历史，而在深层意义上关注的是现代人精神的缺失和在全球化语境下价值体系的不足，小说在充满历史意味的叙述里呼唤着精神家园的回归，进行着生命意义、现代文明和人文精神的思考，把历史碎片所承载的人文气息和精神理念从西部文明的尘埃中释放出来，灌输到当代人的精神内核里。

---

① ［美］海登·怀特：《作为文学虚构的历史文本》，张京媛译，见张京媛主编《新历史主义与文学批评》，北京大学出版社 1993 年版，第 165 页。

面对雄浑壮阔的西部文化意象群，带着现代文明足迹的西方探寻者抛弃了自身的高傲与偏见，逐渐被西部大地的神圣、纯洁所同化，六千大地上的文化、宗教和磁场般的心灵感召力使得这些探寻者慢慢地归于平静，在历史碎片的召唤中走向灵魂的反思。一批又一批的异国文化探寻者来到西部大地上，他们走进西部世界，挖掘西部历史，他们向前迈进的每一步都能感受到西部历史的厚重和六千大地的神圣，小说中探险家们对西部世界的迷恋和倾听，都来自于心灵深处对西部雄浑文化气象和厚重历史积淀由衷的感悟，探险家斯坦因发出“这简直就是一部意味深长的文化史诗啊”的感叹正说明了在这片古朴大地上流淌着关于西部的神韵和传奇，它的深情召唤和历史镜像散发着一种不可抗拒的邀请，这也是西部大地厚重历史、人文精神交汇的精义所在。

这片神秘土地发出的深情呼唤和魅力把探寻者掠夺文化遗产企图征服世界的蛮横野心幻化为被六千世界所吸引、所征服的精神感召力，他们与西部大地上的生灵对话，和神圣土地上的精神沟通，在被西部厚重的历史文明净化的同时这些来自异域的文化强盗们找到了支撑自己灵魂的根基，找到了走进精神家园的归途。六千世界深厚历史所蕴含的精神是源于心灵深处的，这些呈现在当代人眼前的历史镜像代表着虔诚、神圣、纯洁和善良，而冯玉雷在运用好走进人的内心世界的叙事模式基础上把探寻者走过的足迹还原到了西部深厚的历史环境中，以六千大地多样的文化意象来丰富当代人的精神世界，在西部大地人文精神中感悟这种跨越时空的生命意义，在还原历史碎片的旅程中丰富自己的人生内涵。

作者敦煌系列作品中所包含的丰富文化意象和历史碎片以丰富的内蕴和深刻的感召力在时空变幻的环境下依然保持着自身的品格，万物虽然在轮回中经历了一场巨大的改变，但是具有伟大气象的西部神韵依然存在，这里的天与地、人与物所具有的深厚神韵依然流淌于他们的灵性之间，它们始终守护着六千大地的神圣和纯洁，始终传唱着关于西部的生命之歌。居住在这片土地上的人们，也并没有因为异域文化的到来而改变自己的初衷，依然保持着固有的纯洁和虔诚，面对现代文明和利器带来的威胁和杀戮，他们顽强地守护着自己心中的净土，他们用生命捍卫着西部的神圣和纯洁，用自己的灵魂和信仰传递着这里的文化和历史，任何探寻者的蛮横和无理都会在西部诗意般的空间里消失得无影无踪，西部世界深厚的历史底蕴以其强大的感召力使得任何一个高傲的旅行者都会抛掉内心的浮躁，走向精神世界的皈依。就像梵歌说的那样“西方世界的文明让人感到压抑，让人找不到自己，找不到家，灵魂永远处于飘摇状态，所以，我宁肯长年累月浸泡在沙漠和古城的荒凉中寻找真实，让西伯利亚的刺骨寒风告诉身体，我的神经还发生着作用，我的血肉之躯还存在着……”

西部的历史和意象是在天地交融、物我合一的状态下演奏的精神乐章，是在文化寻根的旅途中传唱的生命之歌。如果说西部雄奇多样的文化意象是一幅清秀隽永的山水画，那么散落在六千大地的历史碎片就是记录和传承这幅图画的笔和纸。西部土地呈现的历史不仅仅是被埋葬在大漠的文明碎片，更是当代人寻找精神皈依走向内心澄明的诗意旅程，回顾这段历史，它能够用其博大的胸怀和壮阔的记忆来追问当代人的精神世界，在这片大地上用心去倾听、去发现、去感悟，能够在文化与历史演奏的音符中找到关于生命意义和内涵的最强音。

三　结语：走向内心的精神之旅

冯玉雷的敦煌书写与其说是关于敦煌历史碎片的拾遗和文化意象的整合，倒不如说其作品是对当代人文精神的大拷问。他的系列作品是走向内心、对话灵魂的窗口，关注人、理解人、与精神世界进行对话是其作品不变的主题。作品不仅通过深邃的意象来讲述故事，还通过美丽的神话和执着的信仰构筑着人文精神。在这片土地上不论是易喇嘛的守候、罗布奶奶的讲述，还是河口和尚的虔诚和历史碎片遥远的呼声都作为六千大地的精神元素而长久存在，它们都以其特有的气质体现着西域的文化内核。走进小说营造的艺术空间，作者以梦幻般的笔触书写着西部大地的传奇，挖掘着被埋葬在茫茫戈壁中的文明碎片，丰富的文化意象和深厚的历史积淀在穿越时空的历史语境中阐述着敦煌意象所特有的精神内蕴和人生体验。作品丰富的文化意象和精神世界使得每一个阅读它的人都能领悟到西部丰厚文化的真谛，在穿越时空的语境中以优雅深邃的精神读本与内心进行对话，召唤人文精神的回归。作者通过传神、新颖的文字把西部世界的万物刻画得亦幻亦真，他笔下的河流、沙漠都披上了一层神圣的外衣，在充满奇幻的语言里西部世界被塑造得既有灵魂，也有血肉，天地万物在唱响灵性之歌中守护着内心世界的安宁，在审美静观中领悟到精神世界的纯洁。

小说在丰富的人文意象和壮阔的历史语境中开始了文化寻根，文本中讲述着关于敦煌的历史和记忆，文字间流淌着西部世界的神韵和纯洁，作品在文化寻根中将笔触一次次地指向了人的内心世界，在不同文化价值的交流和碰撞中寻找精神的皈依。仔细品味冯玉雷的作品，小说的叙事让人惊奇，故事的逻辑耐人寻味，蕴含的思想更是让人深省。每一个在这片土地上出现的意象都永远地被定格在这里，它们的前世今生都会在西部这片神奇的土地上生根发芽，它们是敦煌的影子，更是敦煌的文化内涵，在文化理想的寻踪和历史镜像的呈现中构筑了一个斑斓多彩的精神世界，敦煌这一灵性大地在历史的镜像和文化的感悟中始终保持着西部生灵的纯洁和执着，守护着心灵世界的至善至美。

石在，火种不灭。在当下的文学创作中，冯玉雷的敦煌书写为缺失文化思想的文学写作补了一次“钙”，是一次引领文学返璞归真的精神超越。

“普世”况味的真诚表达与“蹉跎”生命的精神书写

——评弋舟的中篇小说集《刘晓东》

弋舟是我熟悉而陌生的70后作家。说是熟悉，是因为我熟悉他的作品，他2000年以来的作品我都关注过，尤其是近年来的作品；说是陌生，是因为我们虽然都生活在兰州市，但彼此从未见面。弋舟是作家，主要是文学创作，我在大学教文学理论和美学，疲于应付各种教学和科研任务，很多文债难以偿还。甘肃省作协主席邵振国先生曾赠送我几本他签名的长篇小说，我也为他写了两篇半成品评论文章。马步升先生和我同住一个小区，他的作品我基本都读过，但到现在也没有写过一篇完整的评论，有时候见了面老是感觉欠了什么似的。雪漠的新作《野狐岭》我急速读完，但在开作品研讨会的时候临时有事未能参加。叶舟是我所在学院中文系毕业的，他的小说、散文、诗歌我都比较熟悉，但也没有写过成型的文章。冯玉雷和我一个单位，同住一个小区，是《丝绸之路》杂志的主编。他的敦煌系列小说很有特点，我写了两篇较长的评论文章，直到2014年才在《北京联合大学学报》第4期发出一篇来。徐兆寿是我所在大学传媒学院的院长，因为开作品研讨会的需要，赶着写了一篇评论。我解释这些原因，是想说明我生活在甘肃，并且吃文学研究这碗饭，我不是不关注甘肃的文学创作，只是琐事太多，无可奈何而已。当然，这也有逃避的嫌疑。甘肃近年来的文学创作成绩斐然，产生了很多较有影响的作家和诗人，譬如“小说八骏”“儿童文学八骏”“诗歌八骏”等。这些作家的文学创作很好地诠释了甘肃作为文学大省，尤其“小说八骏”，其产量之高、质量之优令文坛瞩目。弋舟就是“小说八骏”之一。他的作品主要有长篇小说《跛足之年》《蝌蚪》《战事》《春秋误》，长篇非虚构作品《我在这世上最孤独》，中短篇小说集《我们的底牌》《弋舟小说》《所有的故事》，中篇小说集《刘晓东》等。弋舟的小说往往以他生活的城市兰州（小说中是兰城）为背景，书写城市中各种各样的芸芸众生，以及城市病相，并试图通过对这些人物的精神和灵魂的拷问，来表达作家的生命理想和美学信仰。

一 “普世”况味的真诚表达

弋舟在《刘晓东》自序《我们这个时代的刘晓东》中说：“当我必须给笔下的人物命名之时，这个中国男性司空见惯的名字，几乎是不假思索地成了我的选择。毋宁说，‘刘晓东’是自己走入了我的小说。我觉得他完全契合我写作之时的内在诉求，他的出现，满足、甚至强化了我的写作指向，那就是，这个几乎可以藏身于众生之中的中国男性，他以自己命名上的庸常与朴素，实现了某种我所需要的‘普世’的况味。”[①] 这是弋舟对“普世”况味的真诚表达，也体现了作家创作的价值追求。弋舟将三篇中篇小说的名称都用中国人最熟悉，也最普遍的一个人名“刘晓东”来命名，很好地诠释了他的文学主张，即“降低生命姿态的写作”。他的这种写作理想，是朴实而真诚的。他以自己的方式来建构他的文学世界，表达他对最广大的城市人民及生活的理解和认识。他的这种文学表达的方式是独特的，是“弋舟式”的。弋舟以艺术的方式，试图通过刘晓东及其相关人物在城市生活中的是是非非，来探讨我们这个时代中一些重要的精神命题。这是弋舟小说思想的力量，也是他的作品获得广泛赞誉的奥秘所在。我们可以说，弋舟的小说是一种满含着力量的文学。我们这个时代最缺乏的就是弋舟这种有力量的文学，弋舟给我们的当代文学带来了正能量。他以文学的方式思考着这个时代。

弋舟的文学创作有着自觉的社会使命意识，是一种思想性写作。他能够敏锐地把握住时代发展的脉搏，进入时代的肌肤，对时代发问，书写思想中的时代。也正因为作家有这种写作之时的内在诉求，使得他不得不面对现实的困境。我们也可以这样说，弋舟的写作是一种直面现实困境的写

① 弋舟：《刘晓东》，作家出版社 2014 年版，第 1 页。

作。弋舟就是试图通过小说的形式来思考当下的题材，这也是一种挑战难度的写作。这种难度既有生活层面的难度，也有精神层面的难度。诚如弋舟所言：“天下雾霾，我们置身其间，但我宁愿相信，万千隐没于雾霾之中的沉默者，他们在自救救人。我甚至可以看到他们中的某一个，披荆斩棘，正渐渐向我走来，渐渐地，他的身影显现，一步一步地，次第分明起来：他是中年男人，知识分子，教授，画家，他是自我诊断的抑郁症患者，他失声，他酗酒，他有罪，他从今天起，以几乎令人心碎的憔悴首先开始自我的审判。他就是我们这个时代的——刘晓东。”[①] 这个刘晓东就是他这几部中篇小说的主人公，也可以说是他面对的世界的众多人物的一个缩略符号。这时候的主人公刘晓东就不仅仅是一个简单的具体人物了，而是具有某种象征意味的存在。可以说，弋舟笔下的“刘晓东”既是一个很好的文学形象，也是一个思想意象，或者说是精神意象，其间隐含着作家的精神密码。面对城市的斑驳与浮华，作为知识分子的作家与小说的主人公都很困惑。作家让他小说的主人公刘晓东自我诊断为抑郁症患者，一方面体现了作家人文精神的坚守，另一方面也表明了他的无可奈何。这是当下知识分子真实精神状态的写照。在《等深》中，刘晓东矛盾地面对着自己曾经的女朋友——茉莉，以及茉莉的丈夫，他的大学同学周又坚，他的儿子周翔。在刘晓东心目中，“现在的茉莉，一定比从前更具魅力，应该像一把名贵的小提琴了吧”[②]。作家把茉莉隐喻为小提琴，具有了某种象征性意味。在作品中，多次出现了小提琴这个词。譬如：“恋爱的时候，我觉得茉莉的身体之于我，就像一把没有完成的小提琴，怎么拉，都是艰涩的。”[③] “茉莉穿着件窄肩的连衣裙，下摆很宽松，浅咖啡色，配合着她的肌肤，像一把优雅的小提琴嵌在幽暗的门框里。”“她的身体如琴身一样和谐，奏响之后发出的声音如一道匪夷所思的光芒将我笼罩。”[④] “这把小提琴，在大多数时间里，不会让自身顺从于我的聆听。”[⑤] “但越是这样，越令我想起茉莉，想起在她身上如奏琴弦般的迷醉，想起

---

① 弋舟：《刘晓东》，作家出版社2014年版，第2页。

② 同上书，第6页。

③ 同上书，第19页。

④ 同上书，第22页。

⑤ 同上书，第40页。

那个犬声如沸的夜晚。”[①] 作品中的“小提琴”正如作品的题目《等深》一样，是一种较为深刻的隐喻。在作品中，甚至让人物也成为某种隐喻，比如《所有路的尽头》中的诗人尹彧，尹彧的谐音就是隐喻。笔者以为，弋舟在文本中表现出的这种自觉不自觉的隐喻，从另一个角度达成了对社会和人性的深度解析。这个本应该由刘晓东拉响的女人，由于她的善良，她的同情心，或许还有别的因由，“茉莉这把小提琴，也许早已被周又坚和谐地拉响过了”[②]。爱情的诗学被城市这把利剑击得粉碎，沉重的肉身在无奈的现实中泅渡。“灵魂与肉身在此世相互找寻使生命变得沉重，如果它们不再相互找寻生命就变轻。”[③] 弋舟以温暖的笔调，书写着城市生活的无奈与荒诞。这也许就是他将三个中篇的主人公都命名为“刘晓东”的内在诉求，也是一种普世“况味”的真诚表达。这实际上也就是克尔凯戈尔所强调的“那个个人”[④] 才是他唯一的出发点。笔者以为，弋舟之所以将多重身份的城市生存者，或者是患有抑郁症的城市思考者集于一个符号化的人物形象，原因可能有三：一是变化着的城市、城市生活是偶然的、不可知的；二是充满宿命意味的当代文化心理结构使然；三是历史记忆与现实情境虚实交相辉映。思想和变动着的当代中国，在发展中裂变。这种裂变既凸显出了历史发展的必然，同时也暴露出了许多复杂的问题。对这些复杂问题的认识，抑郁症患者的视角，是一种别样的视角，它是一种不同于一般的思考角度。弋舟的这种书写和想象，其实也就是海登·怀特所说的任何历史都是“作为修辞想象的历史”，只是弋舟的作品更有诗性意味而已。

诺思洛普·弗莱曾说：“文学位于人文学科的当中，它的一侧是历史，另一侧是哲学。由于文学本身不是一个系统的知识结构，于是批评家必须从历史学家的观念框架中去找事件，从哲学家的观念框架中去找思想。”[⑤] 我们面对弋舟的《刘晓东》，如果从历史和哲学的双重视角去把握，就可以窥视出作家对城市人生、城市生活的普世情怀。城市发展变动

---

① 弋舟：《刘晓东》，作家出版社 2014 年版，第 51 页。

② 同上书，第 19 页。

③ 刘小枫：《沉重的肉身》，华夏出版社 2007 年版，第 102 页。

④ ［丹麦］克尔凯戈尔：《那个个人》，引自［美］考夫曼编著《存在主义》，陈鼓应、孟祥森译，商务印书馆 1987 年版，第 93 页。

⑤ 转引自盛宁《历史·文本·意识形态——新历史主义的文化批评和文学批评刍议》，《北京大学学报》（哲学社会科学版）1993 年第 5 期。

的历史让主人公刘晓东成为聚焦的对象，而以哲学家的观念去找思想又无疑成为作家创作的价值指向。譬如，在《等深》中的周又坚。这个人物看起来是一个精神失常者，但实际上作家是想通过这个人物表达自己的某些观点和思想。“周又坚就是这么一个怒吼着的男人，他总是令人猝不及防地从沉默中拍案而起，对生活进行激烈的斥责。他不宽恕，一个也不宽恕。”[①] 当纯洁的精神面对污黑的世界的时候，要么沉默，要么抑郁或者精神分裂。周又坚在沉默中爆发，他注定就是一个精神分裂者。正如作家所言：“整个时代变了，已经根本没有了他发言的余地。如果说以前他对着世界咆哮，还算是一种宣泄式的医治，那么，当这条通道被封死后，他就只能安静地与世界对峙着，彻底成为一个异己分子，一个格格不入、被世界遗弃的病人。”[②] 周又坚的正义行为在现实世界中处处碰壁，他内心的羞耻心在聚集中走向毁灭。“他生理上的痼疾，其实更应当被看作是一种纯洁生命对于细菌世界的应激反应。”[③] 在《而黑夜已至》中，徐果这个悲剧性的女孩，是善良和爱的代名词，甚至她的诈骗行为也获得了某种崇高的意味。一个可恶的罪恶的行径，在她的身上就变得温暖起来，怎么也生发不出一点恨意。在《所有路的尽头》，邢志平这个充满悲剧意味的人物，是被那个理想主义时代的大火灼烧和毁灭的。刘晓东送给他的那幅画，和他目睹的现实，成为他挥之不去的记忆。画和现实在爱情和欲望的同构中，形成一张巨大的精神之网，让他无处躲藏。他这个“弱阳性”的人，这个多余的人，替一个时代背负着谴责。

刘晓东不是城市结构中的“个人悲伤”，而是社会悲伤的符号化表达。这种悲伤是社会的集体的悲伤，其间包含着作家对这个时代人的命运的思考和叩问。诚如吴铭在《中国文学重新出发》中所言：“绝望感突出为一种醒目的社会存在，是一种新状况。……在这一问题上，中国当代文学似乎重新拥有了介入当代社会进程的强烈愿望、动力与能力，并获得多年未见的反馈。”[④] 在弋舟的小说中，绝望感突出地成为一种挥之不去的底色，这也从另一个层面表明弋舟的文学创作已经成为变动着的中国的一

① 弋舟：《刘晓东》，作家出版社2014年版，第15页。
② 同上书，第39页。
③ 同上书，第76页。
④ 吴铭：《中国文学重新出发》，《21世纪经济报道》2013年9月23日。

个组成部分。思想着的中国需要弋舟这样有思想的作家，伟大的作家往往也是伟大的思想家。弋舟以文学的方式重述社会经验，真诚地表达了“普世”的况味。

二 “蹉跎”生命的精神书写

玛莎·努斯鲍姆在她的《诗性正义：文学想象与公共生活》中说：“文学在它的结构和表达方式中表达了一种与政治经济学文本包含的世界观不同的生命感受；而且伴随着这种生命感受，文学塑造了在某种意义上颠覆科学理性标准的想象与期望。”① 她所说的这种诗性正义和诗性裁判有着人性关怀的温情，她试图在文学中寻找一种重构人类正义伦理的诗性准则。弋舟小说《刘晓东》中所展现出来的就是这样一种丰富的人性本能，尤其是那种富有疼痛感的爱情与情欲的书写，把人类隐秘河流中的景观呈现无遗。譬如在《等深》中，我与茉莉“在那个夜晚我们进行了淋漓尽致的演奏。……我可以感觉到她起伏的波动，却听不到她的声音。……我沉溺在一片凄凉却又迷人的乐章里，整个世界仿佛都陷入在一场辽阔的交响乐中”②。在《而黑夜已至》中，我与杨帆的暧昧说明“人的欲望很糟糕，可以和自己儿子的小提琴教师上床……可是，起码每个人都在憔悴地自罪，用几乎令自己心碎的力气竭力抵抗着内心的羞耻”③。在《所有路的尽头》中，邢志平这个被时代和爱情打湿的男人，“臆想着丁瞳，臆想着尹彧，忧伤地抚慰着自己”④。作家打破单纯的审美标准，从更宽的层面和更多的角度来阐释人类精神的阔大空间。弋舟将人物生命内在的丰富性和复杂性努力地呈现出来，并试图将其悬置于生活现场，“蹉跎”生命的精神昭然若揭。

张存学说，弋舟小说是“将人的被忽视的，其实也是人最重要，最

① ［美］玛莎·努斯鲍姆：《诗性正义：文学想象与公共生活》，丁晓东译，北京大学出版社2010年版，第12页。

② 弋舟：《刘晓东》，作家出版社2014年版，第76页。

③ 同上书，第168页。

④ 同上书，第243页。

根本的生命底色呈现了出来”。[①] 这种生命底色的呈现，让弋舟的小说获得了“沉默的尊严”。弋舟说：“如果我的小说中，具有这样的一种力量，那么这样的力量只能来自于我们描述的对象本身——人。是‘人’最重要、最根本的生命底色令我们颤栗。这种底色被庸常的时光遮蔽，被‘人’各自的命运剪裁，在绝大多数的时刻，以卑微与仓皇的面目呈现于尘世。”[②] 弋舟以自己的创作实践，诠释着自己的这一观点。在《刘晓东》中，不管是刘晓东，还是茉莉、杨帆、徐果、邢志平、丁瞳、尹彧，作家都将其置身于阳光与苦难之间，以降低生命姿势的方式将他们卑微与仓皇的面目呈现出来。这实际上也体现出了作为小说家的弋舟的敏感和创造的勇气。弋舟所说的卑微，是小说家特有的谨慎与悸动。弋舟所说的仓皇，是小说家写作之时内心的那种匆忙。这些谨慎、悸动与内心的匆忙，让作家摆脱了一切俗世的羁绊，获得了人格的独立和心灵的自由，能够站在人类性的高度来表现生活、刻画人物。“弋舟的小说容纳了对生命最敏锐的觉察，他作品中的人物庄严、孤独、犹疑，保存了梦想的活力及现实中精神的闪电。他在文本中建立了一个个有秩序的心灵体，他们的故事则是人物在这世界的深刻划痕，那蜿蜒跌宕的情节或可称之为命运的轨迹。他用作品不断提醒我们：小说深入潜意识，描绘人物行为潜在出发点的必要性；小说是为人们渴求的生活，发出内心的声息。弋舟试图在词语中挣扎，强烈的瞬间情感在他小说的生命体中发出电击般轻微的冲击波。弋舟注重小说中生命意识的呈现，注重文本的建构，他的叙事在潜意识、行为、命运间架设桥梁，他的写作实现内容与形式的深度融合。有鉴于此，我们将本届的‘青年文学创作奖’颁给弋舟。”[③] 弋舟用小说的笔触拨开城市生活的根脉，他从现实出发，他又往往能够摆脱现实的束缚和羁绊，他从日常重复的生活中，发现自我的世界，成为真正关注自己内心的作家。小说之于弋舟的价值，不仅仅是倾诉与书写，可以说，“写小说不是为了讲述生活，而是为了改造生活，给生活补充一些东西”[④]。这也许才是弋舟“蹉跎”生命精神书写的价值和意义之所在。

---

① 弋舟、张存学：《最好的艺术表现最多的生命真实》，《写作与评论》2013 年 7 月号下半月刊。

② 同上。

③ 弋舟：《跛足之年》，安徽文艺出版社 2015 年版，见后记。

④ ［秘鲁］略萨：《谎言中的真实》，赵德明译，云南人民出版社 1997 年版，第 72 页。

贺绍俊说："小说并不是为了告诉人们现实发生了什么事情，而是要告诉人们，作家是如何对待现实的。小说正是以这种方式，抵达了现实的纵深处和隐蔽处，我们从小说中看到了别样的风景。"① 弋舟的《刘晓东》就让我们看到了这种别样的风景。在《所有路的尽头》中，邢志平暗恋着丁瞳，崇拜着尹彧，丁瞳更是近乎痴狂地追求着尹彧，崇拜着这个"伟大的诗人"，可是邢志平在女友尚可所写的《新时期中国诗歌回顾》中找不到尹彧的名字。他被告知，尹彧当年的诗"不足以进入文学史"。内心当中的精神雕像轰然坍塌，一个曾经让人激情澎湃的时代黯然地消失在历史的长河中，甚至激不起一点波澜。"他这个无辜而软弱的人，这个'弱阳性'的人，这个多余的人，替一个时代背负着谴责。"② 弋舟以小说的方式书写那些城市生活中的失意者、失败者、无奈者、患病者，并让这些人物吐露自我心声，从而不仅丰富和扩展了自己的生命，也同时通过这些人物来呼唤诗意而温馨的生活。面对生活中阴霾重重的世界，弋舟思考人类生存的价值和意义骤然升温，发出耀眼的光芒，激活了的精神能量拨开生活的雾霾，以道德和阳光的名义抚慰人们受伤的心灵。弋舟小说中的主人公刘晓东是一个精神疾病的患者，正是这样一种超乎常人的视角，让我们看到了世界的真与丑。这也是作家艺术手段的高妙之处。小说的合理与不合理都在这样的叙述视角中展开和延宕，艺术之真与生活之真在同构中走向圆熟。弋舟小说呈现出的这种生命关怀，寄托着他对蹉跎岁月的理解与思考。

好的小说"帮助人理解自己，提高他对自己的信心，发展他对真理的志向，反对人们的庸俗，善于找出人的优点，在他们的心灵中启发羞愧、愤怒、勇敢，把一切力量用在使人变得崇高而强大，并能以美的神圣精神鼓舞自己的生活"③。《而黑夜已至》中的徐果，本是一个善良、孤独，甚至是可怜的女孩，但她为了说不清楚算不算男朋友的左助出国，和给她的老师买套房子付首付，不惜勒索别人，并最后遭遇车祸而亡的悲剧人生，读来令人心酸。在这里，我们读出了人性伟大的善良，"伟大即善

① 贺绍俊：《别样的风景——2014 年中短篇小说评述》，《光明日报》2015 年 1 月 5 日 (013)。

② 弋舟：《刘晓东》，作家出版社 2014 年版，第 244 页。

③ ［苏］牟亚斯尼科夫：《高尔基与文学问题》，转引自赵侃等：《高尔基与俄罗斯文学》，上海新文艺出版社 1957 年版，第 44 页。

良，它意味着虔诚和敬畏，意味着爱和牺牲，主要是指在日常生活的考验情境中所表现出来的执着而慷慨的利他主义精神”①。爱和牺牲在日常的平凡生活中获得了高尚的意义，徐果的善良行为很好地诠释了这一命题，也直击人们灵魂深处的“小”，让我们在疼痛中收获了启迪。同时也让我们深刻地感受到“美丽而圣洁的东西，在这个罪恶的时代无法生根，其无可挽回的毁灭，给我们灵魂带来震惊、洗礼以及对美丽圣洁的永恒向往”②。弋舟以小说的方式叩问人性的善良与美好。不管是《等深》中的茉莉、周又坚、周翔，《而黑夜已至》中的杨帆、徐果、左助，还是《所有路的尽头》中的邢志平、丁瞳、尹彧，他们都是这个城市生活中芸芸众生中的一员，他们面对城市生活的无奈，发出富有隐喻性的声音，“我们是等深的”“而黑夜已至”“所有路的尽头”。这三篇中篇小说的题目就构成了城市生活的隐喻系统，小说的主题意义凸显明朗。弋舟借助徐果反复唱的一段歌词来表达他对城市的真切感受。“这城市那么空/这胸口那么痛/这人海风起云涌/能不能再相逢/这快乐都雷同/这悲伤千万种”③，弋舟喜欢用诗句和歌词来点化主题和营造氛围，这从另一个角度表现了弋舟小说的诗化追求和思想性品格。弋舟喜欢和现实对话，这种对话既凸显出了作家思考问题的能力，也从一定意义上决定了小说的深度。弋舟以一种力透纸背的精神之力来书写“蹉跎”生命，他在完成人物形象的塑造的同时，建构起了崭新的精神世界，从而实现了对现实的超越性认识。

总之，弋舟的中篇小说集《刘晓东》是一部中国当代文学不可多得的精品力作。作品以刘晓东这个当代城市生活的抑郁症患者为视角，来透视城市中的人和事，书写他们的无奈与困惑，发掘他们精神深处的美好与浅薄。弋舟的小说既对人性的复杂性进行了深刻的思考，也对社会生活进行了理性的发掘，这让他的作品在保证小说艺术品质的同时，附上了诗性的光芒。当然，弋舟的小说也有一些值得注意的地方。譬如，小说中有好几处用“觳觫”一词，有点频繁；小说在叙述的过程中，叙述节奏的理性把握不够圆熟；小说中有意而为之的一些象征的使用，如“等深”“尹彧”等有刻意为之的嫌疑；小说观察城市生活的视角显得偏狭，作品中

① 李建军：《苦难境遇与落花生精神——许燕吉论》，《小说评论》2014年第2期。

② 王鹏程：《置身于阳光和苦难之间——论小说的反叛精神》，《小说评论》2014年第2期。

③ 弋舟：《刘晓东》，作家出版社2014年版，第113页。

所表现的生活和现实生活有一定的距离，虽然说小说是虚构之作，但这种虚构是建构在合理的现实基础之上的，小说遮蔽了城市生活的阳光和美好。当然，弋舟小说中的这些问题整体上瑕不掩瑜，弋舟小说为中国当代文学创作所提供的鲜活的美学经验和他对生活的哲学般思考，足以说明他是一个优秀的作家。他的作品是一个时代的见证。他以热忱的道德关怀和炽热的精神，点燃了城市生活的亮光，他从城市生活的丑陋与驳杂中发现了人性的美好，他拷问生命存在的意义，他倔强地固守着人类精神的园地。

爱情的童话与精神的寻踪

——评徐兆寿的长篇小说《荒原问道》

在2003年杭州作家节上，中国的一些知名作家就“中国当代文学缺什么”这个话题展开了热烈的讨论。与会作家畅谈了他们的观点，如陈忠实先生认为中国文学缺乏“思想”，莫言先生认为缺乏“想象力”，铁凝女士认为缺少“耐心和虚心”，张抗抗女士认为缺“钙”。这些观点都从一个方面道出中国当代文学存在的问题，可谓“仁者见仁，智者见智”。其实，关于这个问题的讨论一直伴随着中国当代文学的发展。雷达先生就写过一系列文章，如《新世纪长篇小说的精神能力问题——一个发言提纲》（《南方文坛》2006年第1期）、《现在的文学最缺少什么》（《小说评论》2006年第3期）、《原创力的匮乏、焦虑，以及拯救》（《文艺争鸣》2008年第10期）、《中国当代文学呼唤人道的精神资源——雷达先生学术访谈录》（《甘肃社会科学》2009年第6期）等。这些文章就当前文学创作的一些重要问题作了学术性思考，并提出了很多富有建设性的意见和建议。这对于我们当代文学的发展有着很好的促进作用，同时也催生了一些优秀作品的产生。在李建军看来，“我们时代的相当一部分作家和作品，缺乏对伟大的向往，缺乏对崇高的敬畏，缺乏对神圣的虔诚；缺乏批判的勇气和质疑的精神，缺乏人道的情怀和信仰的热忱，缺乏高贵的气质和自由的梦想；缺乏令人信服的真，缺乏令人感动的善，缺乏令人欣悦的美；缺乏为谁写的明白，缺乏为何写的清醒，缺乏如何写的自觉”①。在中国当代文坛，有一些作家，他具有几重身份，既是作家又是学者和评论家。徐兆寿先生就是这样一位作家。他一方面进行着学术研究和文学评论，另一方面又积极地创作。他在创作的过程中，抽象、升华、提炼出一

① 李建军：《当代小说最缺什么》，《小说评论》2004年第3期。

些重要的理论命题，如《论伟大文学的标准》(《小说评论》2007 年第 4 期)、《“接地气”与“接天气”——兼谈对“人学”的超越》(《小说评论》2012 年第 4 期)、《人学的困境》(《小说评论》2012 年第 5 期）等。他的这些理论思考指导着中国当代文学的创作，同时他也践行着自己的理论主张，譬如他的新作长篇小说《荒原问道》就是一个很好的范例。该著随处可见他对人学的思考，人学的“困境”与“超越”成为一个永恒的主题。他“接地气”，他以“荒原”为意象，他思考着爱情、生命及其存在的意义和价值；他“接天气”，叩问爱情之道、生命之道以及人生之道。他以一种“问道”的方式，彰显了新型知识分子的价值立场，“洗濑两代中国知识分子的文化命运”[①]，中国当代知识分子的精神“焦虑”在光荣与苦难中“涅槃”。

一　哲学抑或童话：爱情的两个诗学命题

有人说，爱情是两个人的哲学。而我认为，如果从温暖和美好的层面上来讲，爱情是两个人的童话。在徐兆寿的《荒原问道》中，“哲学”与“童话”都成为他表达爱情的诗学命题。作家以一种哲学的高度和终极关怀来直面爱情。譬如，小说的开篇第一句话就说：“远赴希腊之前，我又一次漫游于无穷无尽的荒原之上。”[②] 作家以“荒原意象”撕开爱情的哲学内涵，让读者一下子获得了某种爱情的高尚与纯粹，爱情之河的闸门打开了，小说的叙事之门也打开了。小说就在这种“俗世远去，永恒回来”[③] 的“荒原问道”之中展开了。小说的结尾，再次回应了“我”的爱情坚守：“八月底的时候，我坐上了去希腊的飞机。我的怀里抱着她的骨灰。我要将她撒遍世界。我看着天空中的云彩，又一次想到了十六岁时的梦。不知过了多少时间，我看见一片蓝色的大海，我在心里默默地对她说，瞧，那就是爱情海。”[④] 作家的这种爱是圣灵和道的爱，是大爱至真。

---

① 徐兆寿：《荒原问道》，作家出版社 2014 年版，见封面页。

② 同上书，第 1 页。

③ 同上。

④ 同上书，第 374 页。

正如汤因比所言："我相信圣灵和道是爱的同义语。我相信爱是超越的存在，而且如果生物圈和人类居住者灭绝了，爱仍然存在并起作用。"[1]

一个伟大的，或者说是优秀的作家，往往是一个生活的理想主义者，他用爱点燃人类和世界。徐兆寿就是这样一位作家，他用自己的新著《荒原问道》诠释了这一追求。他的内心充满着深沉的忧愤深广情怀和忧郁博大的爱恋精神。他有着建构理想人生的精神追求和逐梦现实生活的美好愿望。他试图通过他的文学创作告诉人们，如何面对爱情、死亡，以及苦难的人生。不难看出，他的文学创作有着自我的"影子"，自我体验成为他叙述的重要内容，但这些体验超越了"自我"和"个体性"，上升到一种对人类命运的深刻领悟和终极关怀。他通过对现实人生的不断发问，"使人的心魂趋向神圣，使人对生命有了崭新的态度，使人崇尚慈爱的理想"[2]。小说通过两个主人公好问先生和陈十三的人生经历和爱情体验，阐释了作家自己的爱情诗学。好问先生出身于书香门第，但一生命运多舛。他在人生的低谷来到了钟家，认识了钟家的三位姑娘。面对钟家的三位姑娘，"他觉得春华懂事，漂亮，大方，沉稳，三个姑娘中他最喜欢她；秋香最漂亮，大胆，热情，给他还送过一双手套，对她既喜欢又有些拿不稳；冬梅当然就不能选了，漂亮是漂亮，但她还小，再说也太倔。他说，其实都挺好的"[3]。就这样右派的夏木就变成了钟家的二女婿夏忠了。其实，钟家的三个姑娘都喜欢夏木，这里既有大姑娘春华的理性，也有二姑娘秋香的大胆与火辣，还有三姑娘的把爱埋在心里。王秀秀的出现，打破了夏忠的乡村医生的生活。他说不上喜欢和爱这个女人，但这个女人却常常激起他的欲望之火。渴望爱情的王秀秀千方百计地接近夏大夫，为的就是和这样一位"乡村另类人"有关系。她爱得艰辛，甚至以一种玉石俱焚的姿态逼迫夏大夫遂了自己的心愿。欲望的心草一旦疯长起来，枝枝蔓蔓，无法抑制。这也注定他们的悲剧结局。作家把王秀秀写得很丰富，也很真实。我们在扼腕她的悲剧命运的同时，也禁不住要反思乡村伦理，正是这种乡村伦理的存在才埋下了她不幸婚姻的祸根。他们之间谈不上爱情，但他们之间的爱情真的疯了。这些爱情的描绘与书写，既有哲学的味

---

① ［英］汤因比：《一个历史学家的宗教观》，晏可佳、张龙华译，四川人民出版社1990年版，第344页。

② 史铁生：《对话练习》，时代文艺出版社2000年版，第221页。

③ 徐兆寿：《荒原问道》，作家出版社2014年版，第21—22页。

道，又充满童话的色彩，让人读后回味悠长。

陈子兴是小说的另一个主人公，也是作家的某种自我隐喻。在现实世界中，人们面对理想、学术、精神、爱情，以及性和欲望等，都会产生或多或少的无奈与怅然。作家借助陈子兴这样一个“当代知识分子的缩影”人物形象，展开对人生、命运、理想、精神、爱情、性等的“荒原问道”。陈子兴在初三的时候，以十四岁的花季年龄喜欢上了美丽、漂亮的英语老师黄美伦。用主人公陈子兴的话说：“她就是一个女人，一个我此生无法惑解的女人，一个我深深爱过的女人，一个什么都不能替代的女人。”[①] 他们之间的爱情，贯穿了小说的始终。他们的这场轰轰烈烈的爱情，既有青春的欲望发泄，又诠释着爱情的真谛；既有理性的分手与重归于好，又有着童话般的甜蜜与美好。这段“传奇爱情”一直温暖着“我”，在“我”的心中挥之不去。这也使得“我”不管和谁恋爱，永远想着的是“我的美伦”。“我”的爱情从美伦开始，也结束于美伦。“她曾经对我说，我的理想就是将来能去一趟国外看看，我特别想去希腊和雅典看看。”[②] 也正是她（黄美伦）的这一句话让我（陈子兴）难以释怀。小说的第一句话就是“远赴希腊之前……”[③]，小说的最后一段的第一句话又是“八月底的时候，我坐上了去希腊的飞机”[④]。这两句话形成了小说爱情诗学的张力结构，也似乎有着某种隐喻的意味，在中国传统文化当中找不到“爱情之道”，那只有到西方世界的思想和哲学源头，也就是古希腊去寻找。这也正好回应了作家在作品封面页所写之言：“从西部至北京遭遇从西方到东方。”[⑤] 在陈子兴后来的爱情世界里，又出现了很多女人，但这些女人“只是我生活中几朵幻彩，而她才是我真正的天空”[⑥]。陈子兴守望着自己的爱情天空，把它描绘成了美好的童话世界，也同时给予了哲性的沉思，爱情之“道”获得了丰富的人文内涵。在作品中，“爱情决不仅是欲望的满足或建构小家庭的途径，而是一直信仰和奉献，是两个人的宗教：一旦爱了，就意味着把自己的全部无保留地奉献给对方，就像奉

---

① 徐兆寿：《荒原问道》，作家出版社 2014 年版，第 32 页。

② 同上书，第 119 页。

③ 同上书，第 1 页。

④ 同上书，第 374 页。

⑤ 同上书，见封面页。

⑥ 同上书，第 205 页。

献给神一样；同样，对方也将自己的一切无保留地奉献给你。有了爱，就有了信仰和活力，就能够忍受任何的苦难，甚至死亡。”① 我们在徐兆寿的《荒原问道》中，读出了伟大的俄罗斯文学书写爱情的味道。爱情之“道”也许就是爱的信仰和活力，有了爱的信仰，让爱释放出生命的活力，“道”的韵味就会丰富而绵长。

二 “荒原”与“道”：生命之路的两道窄门

“荒原”与“道”是这部小说的两个关键词。“荒原”是整部小说得以展开的一个意象背景，是“问道”的现实场域。“问道”是知识分子的精神寻踪，是一种生命叩问。小说从“荒原”和“道”两个层面对两个主人公夏木和陈子兴展开生命叙事。两个主人公代表着两代知识分子，他们的人生求索就是两代知识分子人生求索的缩影。他们都在努力寻找未被污染的自然生活和社会生活，他们在精神的寻踪中不断体悟人生之道。他们在人生不同的阶段，对“道”的理解和体会也有所不同。事实上，何为“道”？真的很难用一个简洁明了的词或者句子来概括，也许还是老子的“道可道，非常道”最具解释的张力。诚如叶嘉莹对顾随先生所悟之“道”的理解，“一个人要以无生之觉悟为有生之事业，以悲观之体验过乐观之生活”②。叶先生以她的人生和诗词事业很好地例证了她所悟之“道”。小说中夏木的最后出走，也许就是一个很好的诠释。

“荒原”与“道”也是打开理解小说的两把钥匙，是生命之路的两道窄门。小说中有大量关于“荒原”“荒原意象”的文字，如：“我又一次漫游于无穷无尽的荒原之上。”“只有我知道，是那浩茫的荒原在吸引我。” “我不禁长叹一声，望着高天上的长云，走进茫茫荒原。”“荒原无边无际，一直到天边。”主人公夏木被打成右派，来到戈壁荒

① 徐葆耕：《叩问生命的神性——俄罗斯文学启示录》，广西师范大学出版社 2009 年版，第 11 页。

② 李舫：《诗词的女儿叶嘉莹》，《书摘》2014 年第 6 期。

原。他冒死逃出戈壁，来到钟家，成为钟家女婿。他跟着钟老汉在无边的荒漠上放羊。他从一个荒原来到了另一个荒原。“他几乎热爱上了大地，热爱上了无边的荒漠。他既不愿意在土地上劳作，也不愿意走进教室，他就愿意这样在荒原上虚度岁月。”① “他觉得真正的荒原是这世道，而戈壁荒原才是他丰盈的家园。只有那荒原认可他的一切，只有那荒原不需要他来隐姓埋名。有的时候，他看着茫茫戈壁，就觉得踏实。仿佛那里有真的东西，仿佛那里有他的灵魂。”② 与其说夏木在茫茫戈壁上放牧，不如说他在进行灵魂的巡礼。他问道荒原，在荒原中发现了“真”，找寻到了他的灵魂。他的精神在荒原的游牧中得以升华，进行着精神的“涅槃”。

“荒原”与“道”是走进小说内部的两个通道，但这两个通道却能殊途同归，共同诠释着小说的真谛。苦难的生活环境和不幸的时代让小说的两个主人公夏木和陈子兴不得不面向“荒原”而“问道”。他们两个都曾经充满自信与豪情，但这些与时代的“硬壳”一经碰撞就已灰飞烟灭。夏木的人生历程就是一个很好的证明。他出身于书香门第，他热衷于学术，他两度进入西远大学，他曾经是西远大学最优秀的学生，也是最受欢迎的老师，他是最富有学术洞见和智慧的学者，他只能述而不著……他面对这些“硬的乌托邦主义”③ 理念，只能选择沉默或者出走。这种沉默或者出走的姿态本身就很好地隐喻了“荒原问道”。如果说夏木的这种“荒原问道”是消极的、被动的话，那么陈子兴的“谎言问道”就显得较为积极和主动。这种“主动被理解为那种能够将人们内在力量带动，并表现出来的东西，有助于新生，给我们身体感情以生命，并给予我们以知识和艺术的力量”④。陈子兴从小生活在茫茫的荒原之中，荒原是他的最初世界，也是他一生守候和“问道”的世界。他以生命原初的方式叩问荒原，他的梦中总是出现那只迷失的小羊羔，他的生命历程是在荒原上展

---

① 徐兆寿：《荒原问道》，作家出版社 2014 年版，第 40 页。

② 同上书，第 41 页。

③ 这是美国哲学家尼布尔的观点。他说：“他们宣称代表着完善的社会，因此他们觉得自己在道理上有理由使用任何诡诈或强暴的手段，来反对那些不赞成他们所自以为完善的人。”（［美］詹姆斯·利文斯顿：《现代基督教思想》（下卷），四川人民出版社 1999 年版，第 931—932 页）

④ ［美］埃里希·弗洛姆：《生命之爱》，天大鹏译，国际文化出版公司 2001 年版，第 16 页。

开，在荒原上绽放。陈子兴在精神上皈依传统文化，在现实中膜拜夏木，传统文化和夏木的精神理想共同熔铸了他的文化人格。不可否认，陈子兴这个人物形象中有着作家的“影子”。作家在现实人生中有着很多的人生困惑，他试图借助陈子兴这一人物形象来表达他的观点。中国社会的快速发展，全球化浪潮的席卷让人们应接不暇。人们面对这个日新月异的社会显得无所适从。人们的世界观、价值观、人生观发生了很大的变化，传统文化和观念受到了严重的挑战。物质的、欲望的东西充斥世界，道德和伦理成为摆设，问题的严峻性不言而喻。作家面对这样一个无奈的社会，以一个知识分子的良知来思考和书写这一问题，以期引起疗救的注意。这也许是作家写作的终极价值取向。作家以荒原为隐喻背景，以问道的方式直指现实社会和现实人生。“荒原”和“问道”成为作家表达思想和理念的策略和方式，也成为读者接受的两条通道。“荒原”和“问道”以互文的方式“澄明地显身敞开”。

人生的苦难与不幸是开启“荒原问道”的有效之门。小说的两个主人公都是苦难与不幸的化身。他们苦难与不幸的人生历程让他们不得不深思，不得不寻求“荒原问道”。不管是命运多舛的夏木，还是历经爱情伤痛的陈子兴，他们都是历经磨难的痛定思痛者。作家的这种表达也契合了史铁生的观点，他说：“我越来越相信，人生是苦海，是惩罚，是原罪。对惩罚之地的最恰当的态度，是把它看成锤炼之地。”[①] 小说的两位主人公通过人生苦难的锤炼，夏木选择了“远方”，陈子兴选择了远赴希腊。他们似乎在多年的“荒原问道”之中有所领悟，读者也似乎明白了一些东西和道理。小说很好地诠释了“无缘无故地受苦，才是人的根本处境”[②] 这个道理。夏木总是无缘无故地受苦，也正是在这种苦难经历中，让他明白了自我的有限性和无限性，让他产生了向上的动力。诚如乌纳穆诺所言：“受苦是生命的实体，也是人格的根源，因为唯有受苦才能使我们成为真正的人。”[③] 两个主人公在受苦的过程中不断历练，从而成为真正的“得道”之人。

---

① 史铁生：《对话练习》，时代文艺出版社 2000 年版，第 142 页。

② 同上书，第 131 页。

③ ［西］乌纳穆诺：《生命的悲剧意识》，北方文艺出版社 1987 年版，第 124 页。

三 信仰抑或精神：荒原叙事的艺术策略

信仰叙事抑或精神性写作是该著叙事的又一大明显特点。人类进入21世纪以来，遇到各种各样的生存困惑。海德格尔“存在的忘却”，布伯“上帝的暗淡”、拉纳“冬天的宗教”，以及欧阳江河所说的“拥有财富却两手空空，背负地狱却在天堂行走”，还有赵本山小品中小沈阳所说的“人没了，钱还没有花”，这些共同表达了人类面临的困境。徐兆寿正是基于这方面的思考，以“荒原问道”的方式直面人性和人的存在。小说的主人公夏木虽然历经艰辛，但他有着自己的信仰，可以说，他的信仰支撑着他的生命。小说的另一位主人公陈子兴面对爱情、事业和他热爱的学术，也是信仰，爱的信仰让他获得了生命的力量。“人生就是这样，当我们觉得山穷水尽的时候，恰恰是另一条道路的开始。那就是我和张蕾的开始。我们都告别了过去，没有多少痛苦，因为在此之前我们早已进入彼此的生命。”[①] 爱情让陈子兴的生命变得精彩而灿烂，生命在爱情的涅槃中得以再生。面对人世间的不幸与苦难，儒家主张顺则兼济天下，逆则独善其身，主张“上达”以契证天道、天德，“下学”以明通人事。徐兆寿深受中国传统文化的影响，他本人也在讲授和研究中国传统文化。可以说，中国传统文化深深地浸染了他，他有着浓郁的中国传统文化情结。他思考中国当下问题的逻辑出发点和归宿都离不开传统文化，传统文化成为他“接地气”的背景基础，也是他表达思想的依据。在小说中，这种思考和表达有着很好的体现。夏木无奈地出走，既是对中国传统文化的精神寻踪，又是一种精神皈依。也许，对现实的逃离恰恰是以这样一种方式试图寻找解决现实问题的办法和途径。这给我们带来很大的冲击，让我们不得不深思。陈子兴的童年在荒原中度过，他在荒原的徜徉中学会了思考，也是在荒原中让他产生了走出去“问道”的想法。他崇拜夏木，事实上也就是崇拜“传统文化”。传统文化成为他“荒原问道”的终极世界。

关于信仰叙事，吴子林先生有过很好的阐释。他说：“何谓信仰叙事

① 徐兆寿：《荒原问道》，作家出版社2014年版，第187页。

或神性写作？首先，作为文学叙事言说的对象，信仰成了文学作品的具体精神质素，提升了文学的审美品格，建构了文学的崇高、英雄主义、浪漫主义的美学意义；其次，作为‘根植于我们人类生存的结构本身之中的东西’（麦奎利），信仰与‘中国问题’对接，回到人的真实存在之中，提示、呼唤人类回归曾有的终极信赖，建立人的尊严和荣耀：这既是对自身生命力量展现的认可，也是对生命责任的承担。这两个维度的统一便是信仰叙事或神性写作的真义所在。”① 在徐兆寿的《荒原问道》中，信仰是整个叙事言说的对象，也正因为信仰这条内在的精神主线的存在，丰富了作品的内涵，提升了作品的精神质素。小说在书写和表达“荒原”及“荒原意象”的时候，我们读出了文学的崇高；小说在书写和表达爱情的时候，我们读出了浪漫主义的温馨；小说在书写和表达荒原逃离、深入荒原等的时候，我们读出了英雄主义。人的存在的真实在回归中得以展开，在展开中绽放。这种生命力量的展现和对生命责任的承担才是人的真正的尊严和荣耀。《荒原问道》的这种深意彰显了作品的价值和意义。

“唯有通过灵魂之‘眼’和灵魂之‘耳’，信仰叙事或神性写作才能开启出新的视域，倾听和凝视那来自另一个生命源头的声响和光亮。”②《荒原问道》就是通过灵魂之眼和灵魂之耳来进行神性写作的。小说的主人公一次又一次地莫名其妙地梦到“迷失的小羊羔”就是一种灵魂之耳的谛听。譬如，“但我回到北京后，那只小羊又来找我了。每天夜里，我都回到童年，梦见那只失散的小羊，我又陷于一个没有人烟的陌生村庄，到处是苍白的月光和月光下村庄与树的阴影。我先去寻找着那只从来都不知道什么形象的小羊，后来就只能听到它若有若无的惨叫，最后我忘记了那只小羊，只想着自己如何从那个荒凉而又陌生的村庄里突围，再次回到辽阔的戈壁上”③。灵魂之“眼”成为小说精神扣问和“荒原问道”的原点，小说中不断地出现这样的语句：“我无限悲哀地又一次发现，荒原也彻底地向我隐身了。”④“荒原啊，在你死去之前，我要离你而去。”⑤“这

---

① 吴子林：《信仰叙事的内在难度》，《小说评论》2014 年第 3 期。

② 同上。

③ 徐兆寿：《荒原问道》，作家出版社 2014 年版，第 195—196 页。

④ 同上书，第 178 页。

⑤ 同上书，第 197 页。

个时候，他又一次感觉只有大地是宽广的。”[①]“你看，城市越大，世界越荒凉。其实，这才是真正的荒原。”[②] 这些富有信仰叙事和神性写作的语言，是神圣感性的直觉观照。作家正是有了这种在人的心灵深处筑起精神之座的支撑，才获得了作品的生命意义和文学意义。我们可以这样说，徐兆寿将“普遍的东西赋予更高意义，使落俗套的东西披上神秘的外衣，使熟知的东西恢复未知的尊严，使有限的东西重归无限”[③]。徐兆寿的这种信仰叙事和精神性写作是富有启示性的艺术创造，他的作品直面生命的意义和人的存在的终极问题。他是一位真正的作家，一位真正的创造者，一位世俗世界的颠覆者，他立足于现实，他接地气，他从自己的灵魂中本原地创造出一种理想，一种诗化语言，并用它来观照世界。徐兆寿的“问道”带有某种宗教般的精神，似乎有些“神的显现”和“神性昭然”的意味。徐兆寿的这种“问道”精神，是对人的本原的向往，是对生命价值的深刻感悟。他以一种“救世”“救心”的姿态，让人类绝境边缘的“心魂”得以复活。这也许就是“荒原问道”的终极旨归。

总之，徐兆寿的《荒原问道》是一部比较优秀的当代小说，其思想价值大于艺术价值。小说也存在一些明显的问题，比如叙事背景设置中重复出现的荒原及荒原意象；比如，西远市还是兰州市？实指和虚指的相对混乱；比如，缺乏有节制的过渡和铺陈；等等。这些问题的存在并不影响小说的价值和意义，只是有些遗憾而已。徐兆寿的《荒原问道》对信仰和俗世困境对立主题的探讨和揭示，是其主要的美学内涵。这种美学内涵的丰富和呈现，是他对中国当代文坛的一大贡献。中国当代文坛缺乏的就是这种精神性和思想性写作，徐兆寿以自己的文学创作实绩，诠释了他那伟大文学的标准。

---

① 徐兆寿：《荒原问道》，作家出版社 2014 年版，第 236 页。

② 同上书，第 321 页。

③ 刘小枫：《诗化哲学》，山东文艺出版社 1986 年版，第 33 页。

信仰的固守与创作的回归

——评了一容的《挂在月光中的铜汤瓶》

了一容的中短篇小说集《挂在月光中的铜汤瓶》（作家出版社2005年版）入选二十一世纪文学之星丛书，荣获2008年全国少数民族文学创作“骏马奖”。这位曾在天山草原牧马、巴颜喀拉山淘金的东乡族汉子，以他质朴而涌动着暗流的文字，带着浪迹西域的生命体验，把我们带入到荒凉而厚重的西部原野和独特而传统的穆斯林生活当中。他的语言，平静而包含厚重；他的视觉，冷静而不乏细腻。这个充满乡土气息的年轻作家，以一颗情感丰富的心，描绘了一幅幅西部穆斯林人民的或坚强、或喜悦、或悲重的生活画卷。他对苦难的思索融合了对生命的礼赞、对宗教的虔诚和对死亡的淡定以及生者的坚强。他独特的人生经历铸就了他对社会的独特关注和思考角度。他习惯于从自己所熟悉的领域表现人情世态，从一个小窗口反映大世界。在他的文字里，没有大波澜，没有纠结的愤怒或者伤感，但通篇文字却弥漫着一种深层次的无言疼痛。

当今的一些网络作家、欲望化书写作家，他们往往都是通过对生活光怪离奇的另类描写来反映现代人生存的困境，而了一容则用最简单的语言直逼生命的本质。在他的笔下，人的命运，准确地说那些小人物的命运，似乎没有任何对抗困顿的挣扎。在无事的岁月里日复一日困顿下去，似乎生来如此，理所应当。然而，在这平凡的日复一日中，真正体现的是生命的坚强与坚韧，体现的是生命在悲苦当中磨炼成的一股韧劲。传奇的经历与苦难生活的体验都使得他超越了无病呻吟的感伤与温情，表现出了对生活探索的现实主义追求。

一　民族文化魅力的展现

作为一位少数民族作家，了一容的作品包含着作家自身丰富深沉的人生体验，闪现着独特的民族魅力。他作品的最大特点，来源于民族性，来源于一个少数民族作家所展现出的他所在民族的独特文化。他身上最大特点，也是他本人最大的特点：他是一个少数民族作家，一个东乡族作家。通读《挂在月光中的铜汤瓶》，一股浓郁的民族风扑面而来。

在历史的长河中，人数稀少的东乡族，一直虔诚地保持着对伊斯兰教和《古兰经》的信仰。作为这个民族的一员，了一容天生便是一个虔诚的伊斯兰教徒。了一容曾这样描述他的写作："我之所以写作，是因为我的身后站立着一个独异的民族，那就是中国信仰伊斯兰教的一个少数民族东乡族。"[①] 对民族文化的体验与挖掘，成了了一容赋予自己的一个理想与任务。而东乡族这个民族最大的特点是对伊斯兰教的信仰。他的作品既是主人公的精神居所，也属于独特民族的精神家园。与此同时，以作品为载体，他自身也在有意与无意之间被烙上了深深的民族符号与宗教符号。

在生命的独特体验中，作家铸就了《挂在月光中的铜汤瓶》这一代表作。这部作品集，取其中一篇的题目《挂在月光中的铜汤瓶》为名，便是最明朗的民族特色与宗教信仰的体现。翻开世界国旗图集，我们会发现伊斯兰国家的国旗上多半以"弯月"为标志。"弯月"是伊斯兰教的标志，是对于新月的崇尚。新月不仅是长达一个月之久的穆斯林斋月始末的信号，也是整个伊斯兰教历法规律的标记。在宁夏有这样一句回族谚语："回回家里三件宝，汤瓶盖碗白帽帽。"汤瓶是穆斯林沐浴净身的专门用具，是中国回族、东乡族、撒拉族等穆斯林群众生活中不可或缺的一件用品。按伊斯兰教法规定，在做大、小净时，除按顺序洗涤每个器官外，举意[②]要想到"省察己躬，罚赎过错，节欲俭行，止恶扬善"，"不起妄念，举止口佳，敬语默惟恭"，做到自我反省。这样不但卫生健康，也能修身

① 了一容：《第三届春天文学奖致答辞》，2004 年 4 月。

② 举意：伊斯兰教宗教用语，意义包含想象，设想，动念（产生想法）。

养性、陶冶情操。[①] 汤瓶在回族穆斯林中有举足轻重的作用，正如回族谚语说："吃喝不成都能行，没一把汤瓶不行。"女子出嫁，母亲首先要交代小净和大净的顺序和洗法，陪嫁时要陪一把汤瓶，让女儿牢记"清洁是穆斯林的本分"。家里若有人去世，必须用汤瓶为亡者沐浴。按教法规定，穆斯林在房事、月经、产后，必须用汤瓶做大、小净。婴儿出生、老人病故都离不开汤瓶。在小说《挂在月光中的铜汤瓶》中，有关汤瓶的描写出现了六次之多，每次都在安详宁静的氛围中出现。似乎在用汤瓶里的水细细净身的同时，母亲苦难的心灵也慢慢地得到净化获得安宁。作家将穆斯林净身用的汤瓶所代表的底蕴和母亲执着的行为融合为一体。汤瓶给予母亲的力量正是来源于母亲对真主的信仰。作者用《挂在月光中的铜汤瓶》作为写作的题材和作品的名称，奠定了这部作品集的语言的基调。作家本身的信仰和对穆斯林的了解投射到作品中的人物身上，形成了独具特色的民族风格，带给我们耳目一新的视觉效果。

作者在整部作品中描写了很多人物，他们的名字便具有典型的穆斯林人的特征。比如《小说三题——清水河岸的群山》当中的年轻主人公伊斯哈尔，《挂在月光中的铜汤瓶》中瘫痪的尤素福和好心的施舍人伊斯玛乃，《日头下的女孩》中的主人公——东乡族丫头阿喜耶，《火与冰》中老实木讷的尕细目，《废弃的园子》中"大人拳头那么大的""超级别矮人"易斯哈，等等。这些名字，都带有典型的民族特色，尤其像"尤素福"这样的名字。

伊斯兰民族最大的特色，无疑是它的宗教信仰。宗教意识，是东乡族不可或缺的必要成分，只要他是这个民族当中的一员，他必然带有深深的民族烙印。不可否认的是宗教情结中多少包含有一个作家的生命哲学和人的终极关怀期待。[②]《样板》写的是在西海固某学区大狼窝小学发生的故事。文中提到大狼窝小学所在地是一个一年三百六十天不见一丝雨星或者一下雨就是卷房子卷牛羊的暴雨。为了不遭暴雨袭击，村民们要请阿訇"把那最高的山头给闸了，压一压，过会儿雨大约就会止了"[③]。这是一种独特的宗教仪式，类似于和尚念经祈雨。这种独特的仪式是穆斯林所特有

① http://baike.baidu.com/view/742792.html? fromTaglist.

② 袁国兴：《宗教意识的链接与文学的选择》，《北方论丛》2003年第6期。

③ 了一容：《挂在月光中的铜汤瓶》，作家出版社2007年版，第18页。

的，而“阿訇”也是伊斯兰教宗教人员的专属称呼。在《小说三题——鸽子的眼泪》中，作者描写了一位穆斯林救了两只鸽子而后却又把鸽子宰杀的一系列心理变化。在伊斯兰教教规中，宰杀动物必须有特定的人选，并且在宰杀前要念诵《古兰经》。在文章里，主人公四处寻找“宰牲人”。在找到“宰牲人”后，“宰牲人”却说：“一个鸽子要七头牛的命哩”，还说：“鸽子、蜘蛛、蚂蚁都救过圣贤的命。”[①] 这都是穆斯林生活当中特有的内容，作者的写作也反映了作者自己的信仰。

了一容的作品，从风格到内容，从宏观到细微，到处体现着东乡族独特的民族文化和东乡族人民对伊斯兰教的虔诚信仰，展示着这个民族特有的气息和魅力。

二　蕴藏于新月与汤瓶中的独特语言

在语言的运用上，了一容的作品也有着鲜明的特点。他作品的文字具有简洁、淳朴、生活化、习惯使用口语等特点。

了一容的多数作品语言具有浓郁的地方特色，方言的运用恰到好处。在《样板》中，当主人公在冰面上落难时，喜生林喊道“张老师，张老师，你不要害怕，我大（父亲）说咧，在冰块往下踏时你趴倒”[②]，喜生林的父亲在后面说：“我那时节，应该不要叫娃出去的，娃可怜着还给家里面寄回来二十个元。”[③] 在《独臂》中，主人公说：“也是电打的，差点烂得连骨头一搭淌了”[④]，还有“你跛子心还汪得很，真是异想天开”[⑤]！在《历途命感》中又有这样的话，“这地方麻达得很……”[⑥]，“尕娃，有啥（音 Sa，平声）事吗？”[⑦]，等等。这些方言的运用，简洁、淳朴，弥漫着浓郁的西部乡土气息。

① 了一容：《挂在月光中的铜汤瓶》，作家出版社 2007 年版，第 67 页。
② 同上书，第 28 页。
③ 同上书，第 37 页。
④ 同上书，第 75 页。
⑤ 同上书，第 82 页。
⑥ 同上书，第 217 页。
⑦ 同上书，第 221 页。

在文字表现力上，了一容与另外一名著名的穆斯林作家张承志一样，都有着质朴的反映，并在质朴中透露着坚硬，直击读者心灵。在《绝境》中，作家描述了戈壁滩上苦寒而肃杀的恶劣环境，淘金的沙娃们以命相饲的虎狼般劳役，老板和打手们毫无人性的欺凌压榨。作者用冷静的笔调描写淘金工人的苦难、淘金工人的悲惨命运和金矿主的无情与残酷。沙娃章哈和虎牛的对话简单直白："你为何不好好念书，跑出来做啥呢?""那你呢？你他妈不也跑出来了吗，那你又是为了啥呢?"[①] 老板和沙娃间的对话则冷漠凶残。给沙娃们的饭里不放盐遭到质问，反而更凶狠："日妈妈你没看到这鬼地方的气候和水土，为了生存，明白吧?"[②] 虎牛被迫害死，老板只简单说了句："虎牛是病死的，知道吗?"[③] 言语的威胁不假掩饰。在《大姐》中，生性开朗又心慧手巧的乡村女子麦燕，过早地挑起维持家庭生计和照料弟妹的重担，婚后又备受夫家的虐待，她却独自承受了内心的痛楚，任由鲜灵的生命迅速苍老。大姐由一开始的泼辣和胆大妄为，在村里刚通班车时，率先拼命价儿撵班车，带头高喊班车赶快停下来。又在众人担心回去迟的时候，满不在乎地说："咱长这么大，见过这么好的班车吗？从来没有！这次我带你们竟白坐了一趟，那是多稀罕的事儿！你们不感谢我也就算了，还丧的哪门子神！"[④] 再到最终认命地做了个最普通的卑微的农村妇女。平凡的大姐遭遇了婚姻的不幸，作家对男尊女卑的思想痼疾进行了控诉。《历途命感》描写的是一老一少在青藏高原遇到的困难和内心的冲突。在残酷的环境下凸显了善的高贵。撒拉族老头最终战胜了自己的贪欲，也因此最终没有被残酷的自然环境吞噬。几乎在了一容的每篇作品中，都随处可见类似的语言描写。作家用一种贴近土地、贴近底层人民的悲壮情怀描写了生命的坚强与高贵，悲怆地反映了不为人熟悉的边缘的底层的人民生活。

了一容以本民族的宗教情怀和他独特的语言方式，书写了中国西部农村人民的悲悯和对"真""善""美"精神的追求。这种宗教情怀的介入使作者对笔下的人民、土地、生命怀揣着一种神圣和敬畏感。同时，宗教的情怀也让作家的心灵变得澄清、纯净，于是以善意的眼光去解读世界。

① 了一容：《挂在月光中的铜汤瓶》，作家出版社 2007 年版，第 3 页。
② 同上书，第 8 页。
③ 同上书，第 16 页。
④ 同上书，第 40 页。

《挂在月光中的铜汤瓶》中用轮椅推着瘫痪的儿子四处求医、沿街乞讨的老奶奶,《独臂》中在县城的街巷里代人刻章的独臂青年,《向日葵》中穷困潦倒的作家……作家使用的文字朴素、不事雕琢却又处处闪烁着纯净的光芒。宗教因素的介入为他的作品打下了语言的基础以及独特的风韵。

三　回响在西部的青铜之音

了一容这个传奇、纯朴、独特的青年作家的文字中充斥着西北特有的地域特色。他从西海固的乡民生活写到河湟谷地的萨拉族、东乡族等多民族聚居地区的异域风情;从内蒙古到西藏、到新疆,再到云南、青海……在了一容所描写的这一个个故事中,展现了一幅幅西部辽阔沧桑的生活画卷。

"生命的坚硬",唯以此可以形容了一容和了一容笔下人物的主体情感特征。海明威笔下的硬汉形象是我们熟悉的,了一容也曾自述自己受海明威影响很重。了一容笔下的人物外在表现有一种坚忍、内敛和骨子里的坚强,内在表现为柔情、敏感和内心的忧伤。这种忧伤又因为精神的坚韧而变成生命的倔强。在了一容的笔下,小人物虽然卑微但却真实地生活着。真实、质朴,如同西部的黄土地和永远刮不停的西北风,这是生命中永恒存在的本质。他的作品既坚硬又有张力。坚硬是在考验人的内心所能承受苦难和罪恶的极限,表现为一切外在的环境和人性恶的东西无法摧毁的善良。同时作者又暗示生命体是那么容易熄灭和腐朽,直接撞击人们的良知和灵魂。有别于当下一些作家描写的另类都市人的情感生活和信仰的迷失所带来的价值观的混乱,了一容在宗教的精神生活和个人的内心搏斗之间写出自己人物较为纯粹的"形象",这更加显示出了一容小说内在品质的可贵意义。

了一容的文字是生命裸露的感念与悲歌,心灵决绝的个性独白与坚守,使我们不容忽视其存在的真实和价值。作者笔下西部生存的艰辛与人性的虚妄真实而惨烈,在西部粗犷严峻的自然条件和不堪忍受的卑贱穷困中,经历着人性和自我尊严的精神炼狱。与此相照应的,是人们并没有因此丢掉人类"爱"这个最美好的情感。《绝境》《大姐》都是这样的人生写真，但作家并没有停留在这点上，他将笔墨更多地触向残酷环境下的人性。在《绝境》中，金矿老板用枪、铁锹和打手置矿工们于冰天雪地之中，疯狂的压榨和剥削这些社会最底层的人们，视这些人的生命如草芥。人性的残暴和冷漠甚于严冬的寒冷。在《大姐》中，大姐的善良成为在“姐夫”家受累挨打的因由，反映了男权伦理与权力专制的罪恶，以及从精神到肉体女性要承担的艰辛。在《日头下的女孩》里，阿喜耶与姐姐们的美丽善良成为命运的诅咒，遭受无情的凌辱，生命变得无力，人性变得无耻。在《火与冰》中，愚昧无知的尕细将贪婪的村主任一家灭门，还杀死村主任的情人——老白的孙子媳妇核澈。在《历途命感》中，撒拉族老头差点为了贪图金钱而将年轻人伊斯哈尔击杀。在《样板》中，作者直接针砭那些不为民做主的“父母官”，那些浑浑噩噩、头脑里只有升迁与金钱的官员嘴脸昭然若揭。在种种罪恶中，作者却又不停地反映着底层人物的善良、无知与隐忍。作者直白的写作是以冷酷对冷酷，是真实与虚伪的直接对话，是高尚与卑劣的正面较量。种种人性，在了一容的文章里对立着，纠结着，诉说着那片土地上的苍凉与阵痛，揭示着那里不为人知的现实与罪恶；众多主人公的遭遇，是真正澎湃着的愤怒力量的抗击与呐喊，是对现实的深刻揭露。“了一容小说创作的审美追求与美学走向，使他的小说在写自然环境极度恶劣与人生艰难时极为凄婉悲壮。”[①] 相比较而言，了一容的小说不是精致的瓷器与贵妇人珍贵的珠宝，他特有的平民视角和悲悯情怀是苍凉古朴、感情强烈的青铜器，直接接触大地，带给我们厚重的震撼，让生命在生活的真实里发出了青铜般的回响。了一容，虽然为“命”而活着，但了一容和了一容笔下的人物坚信：“在生命的旅途中，人的信念是压不垮的。”[②] 了一容的小说，就是现实的冲突与心灵的对抗，是以卑微生命的不屈不挠幻化出的高尚。

西部地区自然条件恶劣，反映在作家的作品中，结合严峻的外界条件，更突出了人物内心的坚硬和生命的顽强。了一容了解这些生活在贫瘠土地上的人们的悲苦和喜乐，并用文字平静地表述出来，表面波澜不惊，实则倾注了自己对这方土地和人们的深厚感情。他对这方土地与人民的热爱、他对这土地上人们生活状态的忧患渗入到他文字的写实力度和深度

① 汪政：《了一容的苦难美学》，《长江文艺》2006 年第 5 期。

② 了一容：《挂在月光中的铜汤瓶》，作家出版社 2007 年版，第 226 页。

中，成了他独有的文学特色。

四　厚重、苍凉的生命体验

把了一容称之为中国新一代流浪汉作家的代表，无可厚非。在漫长而艰辛的流浪旅途中，作家因为他本身的关系，关注各地底层人民的悲苦。他不仅描绘了故乡西海固的生活，也描绘了青海淘金地“沙娃”们的苦难生活，从山村到谷地，从大山到戈壁，从柏油马路到冰冻的河流，无一不成为他的写作对象，无一不倾注着他的感情。在他起初的人生经历中，他是怀揣着《新华字典》与《老人与海》[①] 开始他的生命之旅与文字之旅的。在流浪中，他接触了形形色色的底层人民，对他们的生活有着直接的体验和了解。正是这种经历与体验，使他写出了不为一般人所熟悉的最独特的底层生活。他的小说充满了生存艰难和心灵负重的苍凉悲壮之美。他的经历是传奇的，他的体验是独特的。他的很多作品，都因此触及死亡。正是对死亡的直接面对，才使他对生命有着本真的认识与回归。比如《绝境》《日头下的女孩》《挂在月光中的铜汤瓶》《废弃的园子》等，没有一起死亡是“重于泰山”的。他所描绘的死亡是直白的，铺陈在那里不加掩饰地给读者看。他所要表达的意义，不是死亡所具备的某种内涵或者崇高远大的价值体现，只是简简单单的面对。死亡在这里并没有被赋予多大的意义，却自然而然地在死亡中升华了生的执着。

这其中也包含了作者本身的宗教体验。在伊斯兰教中，有着前定观、平等观和“两世吉庆”[②] 的思想。穆斯林们都较早地接受了死亡教育，他们珍惜生命，努力生活，同时也能宁静坦然地对待死亡，接受死亡。前定是安拉的安排，《古兰经》第三章第四卷第 145 条说：“不得真主的许可，任何人都不会死亡，真主已注定每个人的寿限了。”穆斯林们把死亡看成

---

① 赵磊、李徽：《了一容笔下的荒凉与坚韧》，2008 年 11 月 19 日（EB/OL）。

② 前定观，平等观，两世吉庆：穆斯林的死亡观就是由“前定”的信仰支持的，他们认为生命的长短是由安拉定夺的，任何人都无法更改，安拉给予生命，也是生命的唯一主宰者；平等既是一种信仰、观念、原则和目标，又是一整套社会政治制度和生活方式；“两世吉庆”是穆斯林的人生哲学，不主张脱离红尘也不提倡苦行，而主张两世兼顾。

是生物的必然现象、人的必然归宿，《古兰经》第三章第四卷第185条说："每一个有生命之物都要尝到死的滋味。"把死亡称作"归真"，意为人生的复命归真。从这一点我们可以看出，了一容在生命的体验中，是在不断完善着自己的宗教意识与信仰。

了一容在新疆牧过马，他曾用雪洗澡，磨砺意志。他学习武术，这除了受家乡尚武之风的影响外，也是作家本身的意愿。这个意愿表现了作家敢于接受与准备接受艰辛旅程的心态。这是他对生命体验的准备。他要去的是边穷之地，是自然条件恶劣的地方，没有足够的心理准备与勇气，绝难踏上这种旅程。在这样的旅程中，作家曾"陷于"《绝境》，也曾碰到《颠山》[①]，并且还有了《历途命感》。他在谋生的困境中用信仰、用坚强、用文字艰难地前行。在度过最初最艰难的时段后，他的意识开始觉醒，开始关注底层人民——那些卑微者的生活。这时，他的作品中不再有自己，而是开始了人本关怀。小说是生活的艺术，小说也只有在现实生活中才能找到它的审美价值，这就触及小说真实性的命题，了一容的大多数小说都是在明确的故事化前提下，以逼真的写实作为基础，使小说文本拥有足够的现实性，使读者在思维的发展过程中保持着高度的真实性。"了一容作品的自传性以及由自传性而获得的真实性，的确构成了他小说对于虚假的胡编乱造者的压倒性的价值取向。"[②]《断臂》《挂在月光中的铜汤瓶》和《大姐》，是卑微者生活的困境，是卑微者的凄苦命运与浑浊的泪水。在辽阔的大西北，有多少艰辛的人们祖祖辈辈在与严酷的自然环境做抗争。他们贫苦，他们卑微，他们不为人所知。然而在这些人身上，往往才体现出生命的坚强与隐忍。了一容没有忽视他们，而是将视线始终放在这些人身上。他用他的信仰为这些人呐喊，努力将他们的人性表现出来，无论是光辉的，还是愚昧的。他的体验是质朴的，因此他的文字也是质朴的。在了一容身上，我们真切地体会到了，什么才是一个作家的本真情怀。

这些也是作者民族特色所展示的一个重要方面。以《挂在月光中的铜汤瓶》为例，主人公尤索福天生残疾，被哥哥讨厌，七八岁开始出门

---

① 颠山：西部方言，指因为各种原因而从家中出逃的行为。

② 牛学智：《文学：去掉"自传"以后——了一容小说创作的一些基本走向》，《小说评论》2006年第4期。

打工，常常露宿在荒郊野外。生活的艰难使得他变成了一个哑巴，身子也渐渐收缩成一个冻得蔫蔫的洋芋疙瘩的形状，无法再像正常人一样站立。作者又通过大量丰富细致的细节描写了尤索福对不幸生活的坦然接受：用脚夹东西、捉弄别人后得意扬扬、亲热地用头蹭妈妈的手、和别人下象棋……在这些令人心酸而又充满温馨的描写中，尤索福看似麻木的大脑下是一种近乎固执的生存理念。了一容在描写底层人物的悲喜时，将理想主义与现实主义深刻结合起来。在无休止的困境中，尤索福表现出的反复无常，甚至故意与唯一照料他的老妈妈作对，尤索福变得脆弱又敏感，对母亲是否真爱自己疑神疑鬼，但最后死的时候却有清泪滑过尤索福肮脏的脸颊。作家在这里表现的是生存的绝望与渴望。唯有渴望生存，才对现实的无路可走深深绝望。想生存，又无力。挣扎既无济于事也毫无必要。这种找不到出口的矛盾心理在了一容笔下被挖掘得淋漓尽致。如果说尤索福是作家笔下表现出来的现实主义，那么，母亲则是作家要表现的理想主义的化身。母亲的坚韧几乎升华成一种生存的信念，尤索福代表的外在的恶劣环境，而母亲的坚持、宽容、不抱怨、不倒下，虽然无言却充满了与命运的抗争，也可以说，正是尤索福的存在给予了母亲活下去的坚定信念，甚至最后成了她和苦难做抗争活下去的理由和动力。对尤索福所做的种种无微不至的关怀已经超越了母爱的范畴而上升到了人生信仰的高度。母亲和尤索福更像两个互相鼓励互相取暖的伙伴。无论是母亲还是尤索福，都不能失去对方而存在。尤索福越是变本加厉地折磨母亲，越激起母亲生存的耐性。母亲美好的品格代表着生活的希望，小人物的生活虽然卑微得令人心酸，却充满了生命的柔软和坚韧。母亲所代表的信仰在文章中则固化为那安静的挂在轮椅上供他们一生一世用来净身的红铜汤瓶。

五　结　语

总之，这部作品体现出来的是对生存的思索，作家通过这个小窗口表现出对民族性的探索，对生命中的美好感情、对人性中的伟大品质的肯定。他那简单朴素的语言，粗犷与细腻的融合，现实与理想的交接，使整部作品弥漫着大西北的沧桑与悲怆，反映了西部边穷地区人民的艰难与坚强，展现了东乡族这个少数民族所特有的文化与生活。在物质喧嚣的现代社会，了一容更像是一位精神家园的守护者，他挖开浮华，追寻生命本源。通过他的作品，我们或许可以理解，那宛若伊斯兰古歌的空幻的从铜汤瓶中发出的轻灵的声音，也正是了一容自己的人生信念。

在对新月的虔诚信仰与汤瓶传统的固守中，我们看到了了一容独特的富有民族色彩的文字。他的这些文字形成了他独特的语言特色，拥有独特的文学艺术表现力。他的作品富有典型的地域特色。广袤的西部地区，给了作家无穷的艺术资源与生命感触。他描写西部，感悟西部，反映西部。西部是他广阔的草原与无垠的天地。他的作品，却也敲出了响亮、凝重如上古的青铜之音。他的作品充满了厚重、苍凉的生命体验。他的作品是对生命本真的反映，他朴实无华的描写是文学创作上的回归。他的生命体验，给了我们一次次心灵的震撼与冲击。

思想在文学现场(代后记)

这是我近几年发的一些文章。收集的时候，也有所考虑，一些理论性研究和中国现代文学研究方面的文章没有列入。

回想漫长的文学之路，甘苦自知。从最初的喜欢文学创作，到后来所从事的文学批评与文学理论研究，让我在不断的学习和研究中得以“涅槃”。我曾经有一个想法，把以前稚嫩的诗文收集起来，出一本小集子。但由于搬了几次家，丢了很多书和东西，以前发表的大部分东西找不到了，只好作罢。从2016年的除夕之夜诗歌短章开始，我今年又有意地写一些诗歌和散文随笔，目的是以自我的创作经验去感知具体的文学文本。这样得出来的研究结论，可能更接地气，更走近真实的文本世界。

中国当代的文学研究成就不菲，但也病象丛生。问题意识的匮乏和聚焦问题能力的欠缺使得我们的文学研究难以良性发展。缘于此，有的学者提出重返20世纪80年代，试图在80年代的文学研究氛围中找到某些有价值有意义的东西来。这种重返的目的就是想进入具体的历史语境，在具体的历史语境中揭示作家和作品的产生、文学问题的提出、文学现象的出现，以及文学思潮的更替。80年代是思想活跃、方法热的年代。思想在文学现场是那个年代的可贵品格。当今我们的文学研究、文学理论研究缺乏的就是这种以思想的方式进入文艺创作实践，从而提出一些更具学理性的问题和解决问题的方法。宏观和微观都是文学研究不可或缺的视角。刘勰在《文心雕龙·章句》篇中就提出了“章明句局”的理论。他说：“夫人之立言，因字而生句，积句而成章，积章而成篇。篇之彪炳，章无疵也；章之明靡，句无玷也；句之清英，字不妄也。振本而末从，知一而万毕也。”刘勰阐述的就是全篇和章节之间的关系。

文学也应该以思想的方式表征时代。文学应该成为思想表征时代的有机构成。这种构成具体表现为对构成思想的基本信念、基本逻辑、基本方式、基本观念，以及哲学理念。这既体现了文学的感性品相，同时也表达了文学研究的理性诉求。文学研究独特的活动方式和特殊的理论性质，展现了文学发展的活力和文学研究理论空间不断拓展的可能。思想在文学现场，对文学的生成性和历史性作思想批判，对文学构成的基本观念作理论分析。当然，每个时代的思想往往隐匿在构成其自身的基本观念之中，并深层地表现为该时代的哲学理念。我们的文学研究，就是以思想的方式对构成思想的哲学理念进行前提性批判。这时候，我们既可以对文学生产、文学生态、文学环境、文学与社会、文学与自然、文学与人生、文学与道德等方面作宏观的研究和批评，同时也可以从文学语言、美学意蕴、叙事艺术、修辞方法等方面进行文本细读。我们要在这种大文化批评和文本细读中寻找思想、激活思想，让思想在这两者结合和融通的缝隙中生成新的意义共同体。

文学作为“思想中的时代”的表征，它是以感性的方式把握和表达时代。文学研究，尤其是文学理论研究，是对这种“感性的思想表达”的反思，拉开文学与现实“间距”，正是这种“间距”才让文学研究更加科学、客观、理性。文学表象的繁杂性、流变性，文学情感的主观性、随意性，文学表达的个体性、时代性等得到全面观照。文学才能全面地反映现实、深层地透视现实，文学研究才能理性地解释现实、理智地反观现实、理想地引导现实。这样的文学写作和文学研究，才能不断地被赋予深刻的思想内涵，才能不断地调整人与世界的关系，才能塑造和引导新的时代精神。

回到文学现场，回到文学生成的历史语境，是我研究中国现当代文学的逻辑起点。文学研究中“合法的偏见”是我一直以来思考的重要命题，换句话说，文学研究也需要相对主义。文学研究要充分尊重文学自身发展的规律性，要摒弃非此即彼式的正确与错误的对立。文学语言不是简单的工具，而是对人自身存在方式的诗意呈现。这样，语言构成的历史与现实之间，个人视野与历史视野之间，形成一种同构的张力。文学既在历史中生成，也在历史中更新“理解”的方式。历史文化对创作主体意识活动和文学文本的意义生成的影响，既构成了理解方式的更新，也凸显出了文学在历史发展中的“合法的偏见”。这实际上就是说，文学在历史化的实践过程中，超越了实践本身，从而丰富和拓展了接受意义的理论空间。以这种方式思想文学和进行文学研究，既体现了形而上的理论抽象和概括，又表达了形而下的实践指向和努力，文学研究的理论价值和现实意义得到充分彰显。

思想在文学现场，就是思考中国文学的当代意义。文学所表达的“人类性”问题，文学中的“哲学思想”问题成为前置性思想命题。这就要求文学书写和文学研究不得不思考“越是人类的，越是当代的”的问题。对人类性问题的时代性课题的理论自觉，是文学的责任，也是文学研究者的意指所在。因此可以这样说：“越是自己时代的，越是当代的。”文学是自我的，是个体性求索，文学是生命对人类性问题的当代追问。从这个意义上讲，“越是具有独创性的，越是当代的”。文学的这种“当代性”内涵和诉求是我以“文学现场”来思想文学论题的逻辑原点。

思想在文学现场，就是要直面当代人类生存困境，并以文学的方式来表达这种困境。20 世纪 90 年代以来，中国社会的政治、经济、文化、思想等都发生了结构性变化，尤其是新媒介的兴起，更加凸显了“全球化”问题和人的“物化”问题，而人的“物化”问题又是“全球”问题的根本问题。以物的依赖性为基础的人的独立性，逐渐成为当代人类的基本的存在方式。物的依赖性造成了严重的人的“物化”问题。这也是以思想的方式进入文学对时代困境的书写与表达。文学是思想中的时代的表征，是对自己时代的人类性问题的感性倾诉和理性表达。21 世纪新语境文学的根本使命，就是对当代人类生存困境的自觉表达，从而为中国的发展中国梦的实现提供文学智慧。

思想在文学现场，就是为了更为理性地把握文学所表达的人的发展的有意义的生活世界。人与世界的关系，以及由此关系所构成的“意义世界”是文学永恒的内容。从人类创造的生活世界的意义这个视角去理解文学文本，就会发现“意义”的个体自我意识与生活自我意识的交融与同构，就会发现文学与时代精神的融通与升华。文学是作为“意义”的社会生活自我而存在的，这种存在的“意义世界”是通过人的“生活世界”的“意义”建构呈现出来的。这种呈现既凸显了生活之于文学的意义，同时也表明了文学之于人类生活的价值。

思想在文学现场，就是为了将文学研究的“学术性”和文学书写的“现实性”同时强调，做到双重自觉。文学以“感性的方式”表现“最现实的存在”，这种表现涵盖着情感意愿和经验事实，既有着理想性的价值诉求，也有着“现实思想”和“时代精神”的超拔凝聚。文学研究要有历史的维度，强调历史与逻辑的统一，把文学史展现为思想性的历史。

文学研究的“历史性的思想”与“思想性的历史”的双重自觉是思想在文学现场的必然诉求。这就要求文学研究既要强调“专门化”研究的学术属性，又要彰显“个性化”探索。文学研究的“基本问题”是元问题，但文学研究同时也得承担“时代课题”。“基本问题”和“时代课题”的融通才是文学研究的价值指向。文学研究既要追求“民族特色”的自我认同，同时也要具有“走向世界”的胸怀和眼光。我推崇“思想在文学现场”，就是既想强调“思想”在文学研究中的高度和重要性，同时又重视“文学现场”的直接经验和当下性。

自从踏上学术之路，思考和写作就成了生活常态，尤其是从事了文学理论研究，理论思考更是必不可少。面对浩如烟海的中外文学，我常常慨叹自己才疏学浅，不能有效解读出沉潜其中的“美好”来。但我又天生执拗，努力以思想的方式进入文学现场，发掘出其中的意义和价值来。努力不一定有效，这些论文一定还存在着这样或那样的不足和缺陷，在此恳请同仁专家学者和读者批评指正。

韩　伟

2017 年 7 月 12 日于西安寓所